新编农技员丛书

毛皮动物生产配套技术手册

安铁洙　宁方勇　刘培源　编著

中国农业出版社
·北京·

本书有关用药的声明

兽医科学是一门不断发展的学问。用药安全注意事项必须遵守，但随着最新研究及临床经验的发展，知识也不断更新，治疗方法及用药也必须或有必要做相应的调整。建议读者在使用每一种药物之前，参阅厂家提供的产品说明以确认推荐的药物用量、用药方法、用药的时间及禁忌等。医生有责任根据经验和对患病动物的了解决定用药量及选择最佳治疗方案。出版社和作者对任何在治疗中所发生的，对患病动物和/或财产所造成的损害不承担任何责任。

中国农业出版社

前　言

我国毛皮动物养殖业开端于1956年，与畜牧生产的其他养殖项目相比，毛皮动物养殖历史相对较短，养殖水平相对较低。但经过50多年的发展，我国毛皮动物养殖业在活跃农村经济、农民增产增收和促进国民经济发展中已发挥重要作用。

我国毛皮动物养殖业在改革开放后所实施的新产业政策下得到了迅猛发展。进入21世纪以来，随着国民经济持续高速发展和加入WTO的影响，我国毛皮动物养殖规模和数量进入了鼎盛时期。但是，进入2007年后，国际经济危机使我国的毛皮动物养殖业受到巨大冲击和影响，毛皮动物养殖走入低谷。经过几年的调整，我国的毛皮动物养殖正逐渐走出低谷，并以新的面貌焕发出巨大的生机。

与毛皮动物养殖业发达的北欧等国家相比，我国的毛皮动物养殖历史短、科技水平低。但经过科技工作者和广大养殖者50多年的不懈努力，我国毛皮动物养殖在品种培育、饲养管理、疾病防治等方面，已逐渐缩小和毛皮动物养殖发达国家的差距，甚至在个别领域我国的毛皮动物养殖科技已达世界领先水平。在新的历史时期，我国毛皮动物养殖将以崭新的面貌屹立于世界毛皮动物养殖之林。

目前，在我国已有多种毛皮动物进行人工饲养。本书以追求科学性、系统性、完整性与实用性为目标，在多年研究成果的基础上，参考了大量的相关文献资料，力求使内容全面、系统，具有较高的实际应用价值。为了便于广大基层工作者和养殖人员参考应用，本书在文字叙述方面尽量做到言简意赅，通俗易懂。全书共分绪论和6章：绪论主要介绍毛皮动物养殖业的发展历史和前景，第1～3章分别介绍了狐、貉和水貂的养殖技术，第4章阐述了獭兔、海狸鼠和毛丝鼠的养殖技术，第5章介绍了毛皮动物产品的加工方法，第6章介绍了毛皮动物常见疾病的防治技术。

尽管我们为编写本书做了很大努力，但毕竟水平有限，加之时间仓促，疏漏之处在所难免，望读者不吝赐教，以便再版时修改。

编　者

2013年6月

目录

绪　论

毛皮动物是指能够利用其毛皮作为制裘原料的动物。毛皮动物养殖是指人工饲养毛皮动物并最终以获取其毛皮为目的的相关生产活动。发展毛皮动物养殖业，对人类的生产和生活都具有极其重要的意义。

一、毛皮动物的养殖历史

毛皮动物饲养最早始于北美洲。据记载，早在1883年，加拿大人工养殖野外捕获的野生银黑狐获得成功，并于1894年建立起第一个养狐场。1912年以后养狐业崛起，并走向企业化，日本、瑞典、挪威、苏联等国家相继从北美洲引种并发展了规模化养殖生产。

与国外相比，我国的毛皮动物养殖业相对滞后。1956年，我国首次从苏联引进水貂、银狐、海狸鼠、麝鼠等毛皮动物，并在黑龙江省、山东省和北京市等地建立了饲养场。与此同时，1957年我国野生紫貂、貉子等驯养繁殖获得成功。经过近20年，毛皮动物的养殖业获得了较大的发展，至1978年，全国已有近2 000个饲养场，其中，种貂的养殖数量达到30多万只，年取皮量达75万张。

自改革开放以来，随着我国农村产业政策和结构的重大调整，毛皮动物养殖业获得了快速发展，至1988年，全国种貂饲养量约达300万只，年取皮量达500万张，约占世界水貂皮产量的10%。另外，20世纪70年代起，随着国际市场需求的增加和价格升高，貉的养殖业得到快速发展，至1988年，全国种貉饲养数量达到30多万只，年产貉皮近100万张，成为世界养貉第一大国。

随着毛皮动物繁殖、饲养、疾病防治等技术的不断完善，毛皮动物的繁殖率和生产性能得到很大提高。自20世纪90年代以来，由于沿海地区具有丰富且价格廉价的用于毛皮动物食料的海杂鱼，毛皮动物的养殖获得快速发展，其中，山东、辽宁等沿海地区的狐、水貂和貉等毛皮动物的养殖业已成为部分地区的经济发展支柱。目前，毛皮动物养殖业已成为畜牧生产的一个重要组成部分，毛皮动物养殖在广大农村已成为农民增产增收和发家致富的重要途径之一。

二、常见的毛皮动物种类

毛皮动物人工养殖种类较多，常见毛皮动物品种如下：

1. 狐 赤狐别名红狐、草狐，具有多个亚种。狐在我国分布广泛，主要有4个亚种：西藏亚种见于云南、青海、西藏；华南亚种见于浙江、福建、广东、广西、湖南、湖北、四川、云南等地；北方亚种分布于河北、山西、陕西、甘肃等地；东北亚种分布于黑龙江、吉林、辽宁、内蒙古东部。银狐别名银黑狐，原产地为北美洲北部和西伯利亚的东部地区，我国现已引种大量饲养。蓝狐别名北极狐，产地为欧洲、亚洲、北美洲的高纬度地区。我国现已引种大量饲养。

2. 貉 貉又称貉子、狸、土狗子等。貉包括指名、东北和滇西等3个亚种。此外，按照其产地又可分为乌苏里貉、朝鲜貉、阿穆尔貉、江西貉、闽越貉、湖北貉、云南貉7个亚种。貉在全国分布广泛，其中指名亚种分布于浙江、江西、福建、江苏、四川、广西、山西、河北、河南、陕西等地；东北亚种见于黑龙江、吉林、辽宁等地；滇西亚种分布于云南。生存的地理差异而造成不同貉的皮张质量存在很大的差异。

3. 水貂 水貂英文名为Mink。水貂有3个种，即欧洲水貂、美洲水貂和海水貂，其中海水貂已经绝种。人工饲养的水貂被毛呈暗褐色，称之为标准色水貂。目前，通过基因突变，或者人工选育，已培育出白色、银蓝色、钢蓝色、咖啡色、米黄色、蓝宝石色、红色、黑十字色、白十字色、紫罗兰色等100余种特色被毛的水貂。我国自1956年从苏联引种，目前全国各地均有饲养。

4. 紫貂　紫貂又称貂、黑貂、赤貂，英文名为Sable。紫貂属于食肉目、鼬科、鼬属动物。我国的紫貂分为4个亚种，即阿尔泰亚种、大兴安岭亚种、小兴安岭亚种和长白山亚种，其中，分布于新疆的阿尔泰山区的阿尔泰亚种和见于长白山及大、小兴安岭的大、小兴安岭亚种已驯养成功并人工饲养。

5. 其他人工饲养的毛皮动物

（1）獭兔　獭兔又称为力克斯兔，英文名为Rex rabbit。獭兔属于兔形目、兔科、兔亚科、穴兔属、穴兔种、家兔变种。目前，全国各地均有人工饲养。

（2）海狸鼠　又称河狸鼠、狸獭、泽狸、沼狸等，英文名为Nutria。海狸鼠属于啮齿目、海狸鼠科。包括*M. coypus bonariensis*、*M. coypus coypus*和*M. santa cruz* 3个亚种。

（3）毛丝鼠　又名绒鼠、美洲栗鼠、龙猫、金丝鼠、金耗子、琴其拉，英文名为Chinchilla。毛丝鼠属于啮齿目、豪猪亚目、毛丝鼠科、毛丝鼠属动物。毛丝鼠原产于南美洲智利、玻利维亚和阿根廷等国家的安第斯山区。野生毛丝鼠有短尾毛丝鼠、长尾毛丝鼠和原始毛丝鼠3种。目前人工饲养的有长尾毛丝鼠和短尾毛丝鼠两种。

（4）黄鼬　俗称黄鼠狼、黄皮子、黄狼。黄鼬属于食肉目、鼬科动物。我国黄鼬分为东北亚种、华北亚种、东南亚种、西南亚种、西藏亚种和台湾亚种。其中，东北亚种分布于东北三省；华北亚种分布于黄河中、下游各地；东南亚种分布于长江下游东南各地；西南亚种分布于云南、四川、贵州、青海、甘肃等地；

西藏亚种分布于西藏；台湾亚种分布于台湾省。

（5）水獭　又名獭、獭猫。水獭属于食肉目、鼬科、水獭属。国内大部分省、自治区、直辖市均有分布，共有4个亚种。其中指名亚种分布于辽宁、吉林、新疆；滇北亚种，分布于云南西北；中华亚种体型较小，分布于河南、陕西、山西、甘肃、浙江、江苏、四川、湖北、福建、台湾、广东、广西、云南等省、自治区；青藏亚种体型较大，毛密厚，分布于西藏、四川、青海，现有人工养殖。

（6）果子狸　又名花面狸、玉面狸、香狸、白媚子、白额灵猫、白鼻狗等。果子狸属食肉目、灵猫科、果子狸属。在我国有指名、台湾、海南和华南4个亚种，其中，指名亚种分布广泛，见于陕西、山西、河南、河北、湖北、湖南、江苏、浙江、福建、广东；台湾亚种分布于台湾；海南亚种分布于广东省及海南省；华南亚种分布于四川、云南、贵州、广西等地。

（7）艾鼬　又称艾虎，别名地狗，英文名为Steppe-polecat。艾鼬属于食肉目、鼬科、鼬属。包括指名、小兴安岭、大兴安岭、甘肃、藏南和河北6个亚种，其中，指名亚种分布于新疆北部；小兴安岭亚种分布于黑龙江小兴安岭和吉林；大兴安岭亚种分布于黑龙江、辽宁；甘肃亚种分布于山西、甘肃、陕西、青海、四川等地；藏南亚种分布于西藏南部；河北亚种分布于河北，现已人工驯养成功，饲养于东北。

（8）麝鼠　又称为青根貂、水耗子、水老鼠，英文名为Muskrat。麝鼠属于啮齿目、仓鼠科、田鼠亚科、麝鼠属，有14个亚种。麝鼠原产北美洲的森林地带。现已在我国北方各地放养及人工饲养。

（9）香鼠　又称香鼬。属哺乳纲、食肉目、鼬科、貂属，包括指名、青藏、华北和柴达木等4个亚种，其中，指名亚种的被毛呈淡棕黄色，分布于新疆、甘肃；青藏亚种的被毛呈褐黄色，分布于西藏和青海巴彦克拉山以南；华北亚种的头部呈浅灰，体背棕黄，腹面淡黄，分布于辽宁、吉林、黑龙江、山西、内蒙古等地；柴达木亚种的体背呈浅黄褐，腹面呈黄白，分布于青海省。

(10) 旱獭　在我国境内包括灰旱獭、西伯利亚旱獭、喜马拉雅旱獭和长尾旱獭 4 个亚种。灰旱獭又称为阿尔泰旱獭，主要分布于新疆天山一带；西伯利亚旱獭又称为蒙古旱獭，分布于内蒙古和黑龙江；喜马拉雅旱獭别名塔尔巴干旱獭，分布在青藏高原及四川；长尾旱獭分布于新疆西部。

三、毛皮动物的经济价值

1. 制作服饰、药材和食品　以往，珍贵动物毛皮主要通过捕杀野生毛皮动物获得。但是，随着人类对自然资源的不断开发利用，野生毛皮动物种类和数量急剧减少，甚至有些动物濒临灭绝。为此，各国已制定有严厉的有关野生动物保护的法律和法令，严禁捕杀野生动物。因此，人工饲养毛皮动物已成为不依赖于野生资源而获得珍贵毛皮的主要途径。目前，人工饲养水貂、狐、貉、紫貂等毛皮动物的养殖业的生产水平，基本能够满足对裘皮这一高档消费品的需求。

20 世纪 90 年代以前，我国生产的毛皮动物产品主要用于出口。随着经济体制改革的不断深入，我国人民生活水平不断提高，国内市场对裘皮制品的需要量逐年增加，到 1994 年，我国已成为世界毛皮原料及其制品的主要进口国。目前，裘皮制品的消费观念由以防寒为目的，逐步转向为以装饰为目的。今后，我国的毛皮动物产品的需求量将大幅度增加。

毛皮动物的肉以独特的风味和珍稀而闻名。人工饲养的毛皮动物主要提供毛皮产品外，同时还可提供大量的肉类作为人们所喜食的野味佳肴。在我国，果子狸肉历来被认为是传统的野味佳品，貂肉、狐肉、貉肉在我国东北和南方需求量也在逐渐增多，日益受到青睐。

我国传统中医学中，常常利用毛皮动物的组织或器官作为重要药材。例如，治疗心脏病的方剂中添加水貂心脏制成的“利心丸”，对风湿性心脏病具有显著疗效；大灵猫的灵猫香和麝鼠所产的麝鼠香具有麝香的相似药性；狐、貉、貂的雄性生殖器制成药酒可提高生殖能力；獾油具有补中益气、清热解毒作用，内服可治咯血、子宫脱垂，外用可治痔疮、烫伤、疥癣等症；水貂脂肪含有丰富的不饱和脂肪酸，是制作高级化妆品的原料。

2. 裘皮及其制品的出口创汇 毛皮动物的毛皮属细毛皮，轻软柔韧，美观保暖，可制作各种高档防寒服装，有“软黄金”之称。加工珍贵毛皮动物的毛皮，通称裘皮。裘皮及其制品在国际市场上具有广泛的市场，目前，我国的裘皮及其制品已畅销世界几十个国家和地区，赢得了外商的赞誉。通过出口裘皮及其制品，可获得大量的外汇。

3. 城乡经营的多样化 毛皮动物养殖具有较高的经济价值，因此，可促进毛皮动物养殖业的投资。近年来，我国粮食、畜牧和水产品的生产稳步发展，产量大幅度提高，许多地方的农牧渔业产品或下脚料急需加工转化，这为毛皮动物饲养业的发展提供了良好的饲料条件。发展毛皮动物饲养，既有利于发掘当地的资源，发展多种经营，又有利于组织农村闲散劳动力，发展集体或个体经济，必将成为农业经济的重要增长点。

4. 振兴毛皮加工工业 目前，由于原料皮不足，与国外先进的毛皮动物养殖业发达的国家相比，我国的毛皮加工工业还比较落后。大力发展毛皮动物饲养业，扩大饲养数量，增加饲养品种，生产出更多更好的高质量原料皮，不仅逐渐缓解“货源不足”的问题，而且必将促进我国新型的现代化毛皮工业发展。

5. 保护野生动物资源 毛皮动物饲养和其他野生动物驯养，是近年来新兴的和发展速度较快的一门新的学科。发展毛皮动物饲养业，不仅获得经济利益，同时应注重野生动物资源的保护。随着毛皮动物养殖业的发展，人工驯养毛皮动物种类和数量不断增加，从而起到保存自然种源和活体基因库的重要作用。

四、中国毛皮动物养殖现状

1. 毛皮动物养殖的区域分布　我国的狐、貉和貂等毛皮动物的养殖区域主要分布于山东、河北、辽宁、吉林、黑龙江、内蒙古、山西、宁夏等地，其中山东、河北和辽宁养殖数量占全国饲养数量的70%左右。近年来，吉林和黑龙江充分利用东北地区气候寒冷优势，加快了在市场上具有明显竞争力的优质毛皮生产为特征的毛皮动物养殖业发展，毛皮动物的养殖数量逐年增加。

2. 毛皮动物养殖方式　毛皮动物源于野生，由于对其驯化方法尚不完善且时间较短，仍具有较强的野性，因此，毛皮动物饲养需要较高的技术。此外，与畜禽相比，毛皮动物的繁殖性能和适应圈养的能力较低，且集中饲养极易发生细小病毒等引起的传染疾病而影响生产效率。这些因素往往严重地阻碍了毛皮动物养殖行业的健康良性的发展。

以往，在毛皮动物的养殖过程中，主要以个体小规模饲养为主。由于个体小规模养殖户通常资金规模较小，不具备配备专职专业技术人员的条件，市场信息不灵通，因此，在生产过程中发生传染病、饲料性疾病或气候性病等疑难问题时不能及时处理，直接影响动物生产，抗风险的能力较弱，在直接面对市场时往往处于被动局面。近年来，通过毛皮动物养殖经验的积累，个体小规模养殖户的养殖技术获得极大提高；与此同时，各级政府畜牧兽医部门及时为养殖户提供技术服务，保证小型养殖户的生产，加快了毛皮动物的养殖业的发展。另外，经济结构的调整引导大量基金涌入动物养殖领域。毛皮动物养殖方式逐渐向大型规模化的方向发展。大型毛皮动物饲养场不仅硬件设施完备，而且配备有饲养和疾病相关的专业技术人员。此外，随着互联网的发达，掌握市场信息更便捷，可随时调整养殖规模，以减少不必要的损失，保证了毛皮动物养殖的持续快速发展。

3. 毛皮动物养殖的技术保障 为了适应毛皮动物产业的快速发展，我国相继建立毛皮动物生产相关的研究机构，农业院校设立了相关的专业。这些高等院校和科研院所围绕毛皮动物产业获得与培养了大量研究成果和专业技术人员，其中，中国农业科学院特产研究所、东北林业大学野生动物资源学院、军事医学科学院兽医研究所、吉林大学农学部等单位，在毛皮动物疾病的监控、重大疾病的疫苗生产、狐人工授精技术的普及应用、饲料生产、新品种的培育和饲养管理等领域获得重大的研究成果，并广泛应用于毛皮动物生产，为我国毛皮动物养殖业的快速发展和获得最高的经济效益提供技术保障。

4. 毛皮动物养殖业的前景 利用毛皮动物毛皮能够制高档的服饰品，因此，毛皮动物的养殖业历来被众多国家所重视。我国为发展中国家，与发达的毛皮动物主要饲养国家比较还有许多差距。发达的毛皮动物饲养国拥有价格相对低廉的饲料来源，较为成熟的技术体系和服务体系，具有较多的优势。随着国民经济的快速发展、农业生产结构的调整及其政府部门的扶持政策的落实，近几年，我国毛皮动物养殖业的养殖业得到快速发展。目前，毛皮动物的养殖业已成为部分地区的重要经济支柱。此外，随着人民生活水平的不断提高，毛皮动物产品的需求必将不断增加，我国毛皮动物饲养拥有价格较为低廉的劳动力，对毛皮动物养殖这一劳动密集型产业，我国拥有自己的优势。近年来，中国已经成为全球最大的裘皮生产与加工中心。目前，世界裘皮消费中心、加工中心和裘皮动物养殖中心正在由发达国家转移到中国。随着中国经济的快速发展，中国裘皮市场潜力非常巨大，必将进一步促进我国毛皮动物养殖业的快速发展，并获得巨大的经济效益。

五、我国毛皮动物养殖存在的问题及应对措施

（一）毛皮动物养殖存在的问题

1. 毛皮动物养殖的科技含量低 毛皮动物养殖业的高效益

需要相关科学技术支撑。毛皮动物养殖属于特种养殖行业，动物的驯化时间较短，具有较大的野性，饲养上有一定的难度。与国外先进的毛皮动物养殖技术相比，我国在毛皮动物的选种、优良品种的培育、重大疾病的预防监控、营养调控和动物行为管理等方面仍有许多问题没有解决，部分已获得研究成果未能真正指导毛皮动物养殖技术的改良。此外，养殖企业，特别是养殖个体户对科学养殖的认识不足，仍采用传统的随意饲养方式，使毛皮动物繁殖效率低下和疾病诱发的死亡率增高，导致毛皮动物养殖缺乏科学性和计划性，严重地阻碍了毛皮动物养殖行业的健康良性的发展。

2. 养殖规模小，规模效益难以实现 目前，我国毛皮动物养殖行业主要以个体小规模饲养为主，投入较少，但是相对成本却很高。由于小规模养殖户通常不具备专业技术人员，因此，在生产过程中出现的问题不能及时解决。与此同时，由于规模小，因此，抗风险的能力较弱，而且市场信息不灵通，在直接面对市场时往往处于别动局面，还没有形成规模饲养，难以产生规模效益。

（1）*养殖效益波动较大* 我国毛皮动物的养殖是直接面对市场，所以，市场氛围直接影响毛皮动物养殖业，市场的毛皮价格变化影响着养殖者的投资和饲养规模。目前，我国尚未建立较为规范的毛皮拍卖制度，通过中间商进行买卖，养殖户的利益很难得到保护，从而阻碍了毛皮动物养殖业的良性发展。

毛皮动物产品属于高档产品，当国家或世界经济形势发生危机的时候，高档裘皮市场首先受到冲击，而中、低档裘皮（如羊皮、兔皮等）市场却可能继续保持活跃。从我国毛皮动物养殖现状来看，饲养方式以一家一户的个体养殖居于主导地位，受限于养殖户的知识水平和认识程度，养殖户的饲养规模和数量计划性差，盲目跟风现象严重，毛皮动物养殖效益波动较大。

（2）*环境污染严重* 在我国经济快速发展的大环境下，毛皮动物养殖产业也得到快速发展。但是，目前，我国毛皮动物养殖人员的素质良莠不齐，毛皮动物养殖呈现出走传统畜牧业弯路的趋势。由于毛皮动物本身的消化生理特点决定了其代谢速度快，粪污产出多。很多的养殖户养殖之初就没有考虑到粪污处理问题，因此，很多地方由于饲养规模和数量较大，环境污染问题非常严重和突出，已经严重影响了当地人民日常的生产和生活。

（二）中国毛皮动物养殖发展对策

1. 调整经营方式和规模 从我国的经济发展特点来看，个体和私营毛皮动物养殖将进一步快速地发展，占我国毛皮动物产业经济模式的主体。毛皮动物养殖行业涉及的产业环节多，从生产、加工、销售到裘皮服饰市场等方面，私营饲养模式将最大效力地运用价格杠杆调节平衡发展，在行业竞争中将处于优势地位。国有或集体企业可能有一定的规模及技术优势等，但同时也可能负载着较重的遗留问题、经营机制灵活性差、成本过高等瓶颈，在直接面对市场时常处于被动地位，将逐渐失去原有的竞争力。

国际裘皮市场是一个非常活跃的市场，又是一个价格波动的市场。目前毛皮动物的个体养殖非常广泛，分散在每家每户，进行独立经营的农户对市场的应答能力较差，难以掌握国际毛皮市场的走向和起伏，分析整体经济形势、掌控养殖规模乃至及时调整经营方向的能力有限，抗风险能力较弱，一旦处于行业低潮时就可能被淘汰出局。因此，个体规模化经营是今后毛皮动物养殖行业发展的趋势。

经济在发展过程中总是要经历一个整合的过程才能逐渐成熟，毛皮动物养殖业将从高利润形式下的个体独立分散经营，走向较低利润条件下的个体联合经营或个体规模经营，适应市场及经济环境的变化。毛皮动物养殖行业技术要求高、风险大、市场变化活跃，个体规模经营将是适应较低利润环境的经营模式，在市场竞争中将处于优势地位。正是预测到行业的这种发展趋势，我们非常鼓励很多地方成立行业协会，壮大行业队伍，把小力量合并成大力量，共同面对市场的变化，保护养殖者利益。

2. 建立完善的养殖标准化 随着毛皮动物养殖业的规范发展，养殖的标准化将逐渐在有规模的养殖场实施，这是与国际接轨的重要步骤。标准化将有利于生产规格统一的毛皮，预防重大疾病，提高生产效益，降低生产成本，增强我国毛皮产品的国际竞争力。标准化也有利于市场的规范化，促进产业的良性发展。在我国经济快速发展的今天，标准化是产业发展的必然趋势。

3. 广泛使用配合饲料 毛皮动物配合饲料产业在近几年得到了迅速的发展，也将是我国毛皮动物饲料产业今后发展的方向。有些毛皮动物为食肉动物，海杂鱼一度是我国毛皮动物的主要饲料来源，但目前由于我国近海渔业资源的过度捕捞，使得海杂鱼日益稀少，捕捞成本增加，加上我国季节性海上禁渔，使得毛皮主要饲料海杂鱼的价格升高，贮存成本增加。采用容易常温贮存的鱼粉、肉骨粉、膨化大豆及玉米、维生素及微量元素等配制蛋白质及能量适宜的全价干粉或颗粒饲料，使使用配合饲料的毛皮动物能生产出优质的毛皮，同时降低养殖的饲料成本，增强人为控制因素。因此，配合饲料将成为我国毛皮动物饲养的主要饲料来源。

4. 加大重大疾病的预防和监控的力度 目前，影响毛皮动物产业的三大疾病基本能得到很好的监控，使得产业的发展持续稳定。但是随着狐、貉人工授精技术的广泛应用、毛皮动物新品种及引进品种的推广，新的传染病可能威胁毛皮动物产业的持续发展。为了稳定产业的发展、控制人及动物传染病，国家将会加大重大疾病的研究经费，增强人为控制水平，影响产业发展的疫苗研制将进一步得到加强，使得重大疾病的预防和监控能力进一步提高。

（安铁洙）

第一章 狐的生产

狐是所有狐品种的总称，许多国家广泛饲养的一种珍贵毛皮动物。狐属于大毛细皮品种，其被毛细柔丰厚，色泽鲜艳，皮板轻便，御寒性强。狐的毛皮产品在国际裘皮市场上占有重要地位。

第一节 狐的生物学特征

一、狐的品种及其分布

狐在动物分类学上属于动物界（Animalia）、脊索动物门（Chordata）、脊椎动物亚门（Vertebrata）、哺乳纲（Mammalia）、食肉目（Carnivoraes）、犬科（Canidae）、狐属（*Vulpes*）或北极狐属（*Alopex*）动物。人工饲养的狐主要有赤狐、银黑狐（又称银狐）和北极狐（又称蓝狐）。除此之外，人工饲养的还有由狐属和北极狐属各种突变型或突变组合形成的蓝霜狐、琥珀色狐、铂色狐等彩狐。彩狐以其独特的毛皮色彩而备受消费者的青睐。

（一）狐属及其分布

目前，世界上有9种狐属，其中3种分布于我国。

1. 赤狐 赤狐（*Vulpes vulpes*）在狐属中分布最广、数量最多的一种，又称为草狐、红狐或火狐。赤狐的体型细长，颜面长，耳直立，四肢较短，嘴尖，尾巴长而蓬松。毛色呈火红或棕红，四肢呈黑褐色，腹部黄白色，耳背面黑褐色，尾尖白色。成狐体长60～90厘米，平均70厘米。尾长25～30厘米，体重2.5千克，赤狐的外貌参见图1-1。在我国有5种赤狐亚种分布。

图1-1 赤 狐

(1) 蒙新亚种 蒙新亚种(*Vulpes vulpes* karagan)主要分布于蒙古中部，往西经陕西、甘肃、宁夏北部至新疆北部等地的草原及半荒漠地带。蒙新亚种毛色浅淡，呈草黄色。

(2) 西藏亚种 在国外，西藏亚种(*Vulpes vulpes* montana)主要分布于印度北部、尼泊尔等地，在我国分布于西藏及云南西部。西藏亚种毛色赤红至棕黄色，尾毛为黑色。

(3) 华南亚种 华南亚种(*Vulpes vulpes* hoole)分布于福建、浙江、湖南、河南南部、山西、陕西、四川(不包括西康地区)、云南等地。华南亚种毛被较短疏，灰褐色。

(4) 东北亚种 东北亚种(*Vulpes vulpes* dauriea)分布于我国东北地区和俄罗斯西伯利亚地区。东北亚种背毛呈鲜亮的赤红色，尾粗大。

(5) 华北亚种 华北亚种(*Vulpes vulpes* tschiliensis)分布于河北、河南北部、山西、陕西、甘肃等地。华北亚种被毛呈棕褐色，毛较短、稀，尾短。

2. 沙狐 沙狐(*Vulpes corsac*)的体型比赤狐小。体长45～60厘米，尾长24～35厘米，体重2～3千克。全身毛色较淡，冬毛棕褐色，夏季毛近于淡红色。沙狐的外貌参见图1-2。沙狐在我国有2个亚种。

(1) 指名亚种　指名亚种(*Vulpes corsac* corsac)主要分布于内蒙古的呼伦贝尔盟等地。指名亚种的体背呈棕褐色。

(2) 北疆亚种　北疆亚种(*Vulpes vulpes* turkmrnica)见于新疆北部。北疆亚种的背部锈褐色。

图1-2 沙　狐

3. 藏狐　藏狐(*Vulpes ferrillata*)的体型大小与沙狐相似，无亚种。在国外见于尼泊尔。在我国分布于海拔约3 600米的云南、西藏、青海、甘肃等地。藏狐的体背呈沙黄色，腹部呈白色，四肢呈草黄色，除针毛尖部呈黑色外，尾尖呈白色。

4. 银黑狐　银黑狐(*Vulpes fulvna*)又名银狐，是北美赤狐(*Vulpes fuivna*)的一个毛色突变色型。银黑狐体躯较细长，尾毛蓬松，体长63～70厘米，体重5～8千克。银黑狐吻部、双耳背部、腹部和四肢毛色为黑褐色，背部及体侧毛色呈现银白色。银黑狐原产于北美大陆的北部和西伯利亚的东部地区，包括东部银黑狐和阿拉斯加银黑狐2种。银黑狐是目前人工养殖的主要品种，其外形参见图1-3。目前，野生银黑狐比较少见。

图1-3 银黑狐

(二) 北极狐属

北极狐(*Alopex lagopus*)又名蓝狐，主要分布于欧洲、亚洲、北美洲北部的高纬度地区，即阿留申、普列比洛夫、北千岛、格陵兰岛等地和西伯利亚南部。北极狐人工养殖历史较早，在我国也有一定的饲养量。由于北极狐的毛色变异较大，因此，又称为彩色狐育种的主要“基因库”（图 1-4）。

图 1-4　北极狐

二、狐的生物学习性

1. 狐的栖息特点　野生赤狐的栖息环境较为多样，包括森林、草原、沙漠、高山、丘陵和平原。常以石缝、树洞、土穴或灌木丛为巢。沙狐生活于荒漠和半荒漠地区，一般无长久窝穴，常常居于旱獭废弃洞。蓝色北极狐多分布在很少下雪的海岸和接近北冰洋的沼泽地区及部分森林沼泽地区。

2. 狐的生活习性　野生狐昼伏夜出，白天隐藏在洞穴内休息，晚间出来活动。狐不善爬树，但有时爬到树干上睡觉。狐行动敏捷，善于奔跑。嗅觉和听觉灵敏，能发现由 0.5 米深雪掩盖的干草堆中的田鼠，能听见 100 米内的老鼠轻微的叫声。狐汗腺不发达，以张口伸舌、快速呼吸的方式调节体温。在繁殖季节成小群，其他时期则单独生活。

狐每年换毛一次。从 3～4 月开始，先从头部、前肢开始换毛，然后依次颈、肩和后肢、前背、体侧、腹部、后背、臀部和尾部等顺序换毛。到 7～8 月时，冬毛基本脱落。春天长出的毛，在夏初便停止生长，7 月末开始新的针、绒毛快速生长。

3. 狐的食性　狐的食性较杂，其食物的种类常随季节、环境和地形地势不同而发生改变。通常狐以动物性食物为主，常以中小型哺乳动物、爬行动物、两栖类、鱼类、昆虫、动物的腐肉为食，也能捕捉鸟类、鸟蛋作为食物。有时采食集浆果、植物籽实、茎、叶。狐的食物中鼠类约占 3/4，一昼夜可捕食 15～20 只。野生北极狐主要以海鸟、鸟卵和北极鼠、啼兔和其他小型啮齿类为食。它们时常形成小群寻找食物。若食物缺乏时，也跟在北极熊后面食用海豹或鱼类的尸肉。同伴间有时互相争夺食物，有时会共同进食。北极狐行动敏捷，有时也会窃取印第安人和爱斯基摩人的存食。

狐一般在晚间出来觅食，但是，当饥饿时也白天寻食。狐常以埋伏的方式猎取食物，有时以戏耍的方式接近猎物，然后快速跳跃捕捉后食用。当有食后剩余食物时，将其贮存在松土、树叶或积雪下并对其进行伪装，然后排上尿液做标记，以备饥饿食用。

狐具有极强的耐饥饿性，即使几天得不到食物也能忍耐。

4. 狐的繁殖习性 狐属于季节性发情动物，每年发情一次。不同狐种发情期不同，而且，即使同一种狐，常因生存的区域不同其发情期也发生变化。狐在出生后的第 9～10 月达到性成熟。

雌性的赤狐和沙狐每年 1～3 月发情并与雄性狐交配，妊娠期 60 天，每只母赤狐平均产仔 5～6 只，而每只母沙狐平均产仔 3～5 只；银黑狐 1～3 月发情配种，妊娠期 51～53 天，每只平均产仔 4～5 只；北极狐 2～5 月发情配种，妊娠期 49～58 天，每只平均产仔 8～10 只。在人工饲养的条件下，作为种用狐可使用 3～5 年。

5. 狐的寿命与天敌 狐的寿命为 10～14 年，可繁殖年限为 6～8 年，人工养殖的最佳繁殖年限为 2～5 年。野生狐的寿命 10～14 年，其主要天敌是狼、猞猁、鹰、鹫等。

第二节　狐饲养场建设与引种

狐的人工饲养是指将野生狐进行驯化，或者通过引进已驯化的狐，采用人工饲养的方法，增加狐数量，以获得大量狐毛皮的

生产过程。与其他毛皮动物一样，狐的人工饲养需要掌握一定的狐的相关知识的基础上，应根据狐的养殖规模，科学合理设计饲养规模、准备各种饲养设施和器具、饲料、预防疾病措施和管理等，以保证狐正常生产，获得最大的经济效益。

一、人工饲养狐的基本条件

在引进种狐之前，应根据已有的资金和拟要饲养规模等，建设和准备狐的饲养笼舍（图 1－5）。

图 1－5　狐的饲养场

选择饲养场址是开展狐的人工饲养的基本条件，场址直接关系到狐养殖效益及发展。因此，在建场前要认真考察，根据下列条件科学合理地选择饲养场址。

（一）自然条件

自然条件是狐场建设的首选条件。选定场址的自然环境条件必须符合狐的生活习性，使其能在该地正常繁育、换毛，并能提供优质产品。在我国，北方地区的气候适合狐生活、繁殖和毛皮成熟等，而西南地区按垂直分布高海拔的地方也可饲养。通常，当地理纬度高于 30°时可作为养狐地区。除气候外，选择狐饲养场时，应考虑地形、地势、风向、水源和土质等条件。

（1）地形地势　养狐场应修建在地势稍高、地面干燥的地方，如背风向阳的南面、或东南面山麓、或能避开强风吹袭和寒流侵袭的山谷、平原等地方。由于低洼泥泞的沼泽地带易引起细菌和各种病原体大量繁殖，往往造成病患增多，影响狐的健康和生产，因此不适于修建养狐场。此外，为了防止山洪冲刷或山口风侵袭而导致幼仔大量死亡，不宜在山坡下建场。

（2）风向　由于风向直接关系到狐舍的冬季防寒和夏季通风防暑等问题，因此，选择狐饲养场时，应考虑现场的风向。我国地处北纬20°～50°，北方冬季寒冷，南方夏季炎热。因此，北方应注意狐舍的防寒问题。由于北方冬季大多为西北风，所以狐舍应坐北朝南或坐西北朝东南。严禁狐舍的长轴朝向西北，造成冬季西北风穿堂而过，给冬季保温带来困难。而南方夏季的东南风较多，所以应使狐舍的长轴对着东南以便在炎热的夏季获得更多的穿堂风。

（3）水源　由于狐饲养场需要大量水用于饲料加工、清扫冲洗、动物饮用等，因此，场址应尽量选在具有符合饮用水标准的小溪、河流、湖泊等地带，或有丰富清洁的地下水源的地方，绝不能使用死水或被污染的水。由于地下水未经污染，而且，水中含有某些对动物和人类有益的微量元素，因此，地下水为最好的水源；此外，不易被污染的山间溪水、自来水厂加工过的水也可作为水源。由于江河水常流经人口密集的市区，容易受到污染，因此，通过净水设备净化后可作为水源。

（4）土质　修建狐饲养场应选择透水性能较好和容易清扫各种污物的沙土、沙壤土或壤土的区域。透水性能较差的黏土区域，由于不易排出积水、阴雨天易造成潮湿泥泞、冬季容易冻结、热胀冷缩容易导致建筑物变形开裂等情况发生，不适合修建狐饲养场。

（二）饲料条件

狐饲养场应建在饲料来源比较广泛，极易获得动物性饲料的

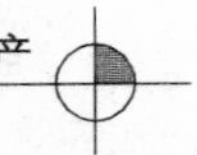

地区，如畜禽屠宰厂、沿海渔场等，以保证饲料供应充足。此外，也可以同时建立养鱼场、养鸡场等，可以保证养狐场动物性饲料终年不断。对所需要的饲料种类和数量应预先计算。

（三）社会环境条件

筹建狐饲养场时，还应考虑交通、电源、环境卫生、土地资源和环境保护等社会环境条件。

1. 交通条件　为了便于饲料及其他物质运输，狐饲养场选址时应考虑交通条件。最好选择便于运输物质又能保持安静环境的离公路和交通要道300～500米的区域建场。如果不能配备冷库时，为了便于贮存动物性饲料，应尽量将饲养场建在离所使用冷库比较近的区域。

2. 电源　电源是养狐场重要的能源，饲料加工调制、饲料冷冻贮藏以及开展相关研究等需要电源。因此，饲养场场址宜选择能够短距离引源的区域。此外，应配备小型发电机，以备停电时应急。

3. 环境卫生　狐饲养场应远离居民区和畜禽养殖场。为了防止传染性疾病的传播，饲养场建在距离居民区500米以上的区域，大型饲养场应远离居民区1千米以外。如果当地曾流行过畜、禽传染病，则应对拟要建场的区域进行严格消毒灭菌，当符合卫生防疫要求后再建场。应在饲养场出入口设置消毒石灰槽，在饲养场周围和场内进行植树绿化，始终保持饲养场……

4. 土地资源　养狐场场地要尽量避免占用农耕地，可利用贫瘠土地或闲置地建场，以保护我国的土地资源。

5. 环境保护　筹建狐养殖场，应考虑狐饲养过程是否诱发环境污染。狐饲养场的主要污物为狐的粪便和冲洗施舍的污水，如果对这些污物处理不当，就会造成对环境的污染。因此，对狐粪便应及时收集并进行发酵处理后，制成农田的有机肥料，或者用发酵的粪便与土壤混合，作为饲养蚯蚓的饲料，以获得大量用于饲喂狐的部分动物性饲料。狐场的污水不能直接排入江、河、湖泊，应进行无害处理后再排放。

（四）技术条件

狐的人工饲养是一项技术性很强的产业。因此，必须事先自己培养技术力量或外聘技术人员来指导本场的技术工作，同时，应加强学习狐人工饲养相关知识，与相关单位建立密切的技术、生产和市场信息等交流关系。

二、狐饲养场建筑

（一）必备建筑

选好场址后，根据狐场规模大小，应全面地、科学地设计各种用于饲养狐用的相关房屋建筑。通常情况下，养狐场必须有狐棚、笼舍、饲料加工室等必备建筑，有条件的大型养狐场还应具备冷库、干饲料仓库、饲料加工室、皮张加工室、兽医室、技术室等。各种房屋的建筑面积及各建筑物的具体位置应合理的布局。例如，饲料加工室与狐棚之间既要保持一定距离，但又不能相距太远，要求做到既符合卫生防疫要求，又便于饲料运输。饲料冷藏室及干饲料仓库应靠近饲料加工室，以便于取运饲料。病狐隔离治疗场应建在离大群场较远的地方，以防疾病传播蔓延。

（二）笼舍建筑

1. 狐棚　狐棚是安放笼舍的地方，具有遮阳、防雨等作用（图 1－6）。狐棚的走向和配置对温度、湿度、通风和接受光照等都有很大关系。设计狐棚时，应考虑到夏季能遮挡太阳的直射光，通风良好；冬季能使狐棚两侧较平均地获得阳光，避开寒流的吹袭。狐棚的走向一般根据当地的地形地势及所处的

图 1－6　狐　棚

地理位置而定。普通狐棚只需修建棚柱、棚梁及棚顶盖，不需要修建四壁。

修建狐棚的材料可因地制宜、就地取材。有条件的狐场可用三角铁、水泥墩、石棉瓦结构，虽然成本高，但耐用；也可用砖木结构。狐棚的长度不限，以操作方便为原则。通常狐棚的脊高 2.6～2.8 米。前檐高 1.5～2 米，宽 5～5.5 米，作业道为约 1.2 米。

2. 笼舍　狐笼和窝室统称为笼舍，是狐活动和繁殖的场所。目前，虽然依地区或养殖户不同，所采用不同形态、材料和大小的狐舍，但设计制作的笼舍，应适应狐的正常活动、生长发育、繁殖和换毛等生理特点。此外，制作笼舍的材料应经济和耐用，而且需要符合卫生要求，狐不易跑掉，便于饲养管理操作。

狐笼和窝室（小室），一般是分别制作，统一安装于狐棚两侧。这样安装的笼舍便于搬移和拆修。

（1）狐笼　狐笼是狐的运动场。狐笼可分为单式、二连式和三连笼三种，可根据狐场自行条件加以选择。单式狐笼规格为长 100～150 厘米，宽 90～100 厘米，高 80～100 厘米，笼腿高 50 厘米。在笼的正面一侧设门，以便于捕捉狐和喂食用，规格为宽 40～45 厘米，高 80～100 厘米。食槽门宽 28 厘米、高 13 厘米。狐笼可采用 14～16 号的铁丝编织，铁网最好选用镀锌铁网，铁丝的直径 2.0～2.5 毫米，笼底的网眼规格为 3 厘米×3 厘米，盖和四周为 3.5 厘米×3.5 厘米。此外，也可以在笼里一端设有跳台，高 30 厘米、宽 30 厘米。木箱的一侧可做成活板，以便随时取下来清扫里面的污物，笼内侧悬挂一只水桶，供狐饮水用（图 1－7）。

图 1－7　狐　笼

(2) 小室和产箱　小室（窝室）和产箱是狐休息、产仔的场所，密封性要好。小室可用木质板材或用砖或洋灰，而产箱需用木质板材制作。木制小室的大小应为长 60～70 厘米，宽 50～55 厘米，高 45～50 厘米（图 1-8）；用砖砌的小室可比木制小室稍大些。用砖砌成的小室，其底部应铺一层木板，以防凉、防湿。小室顶部要设一活动的盖板，以利于更换垫草及消毒。小室正对狐笼的一面要留 25 厘米×25 厘米的小门，以便和狐笼连为一体，便于清扫和消毒。公狐小室可比母狐小室小。产箱用 2.0 厘米光滑木制板，制成长 80 厘米、深 50 厘米、高 50 厘米的木箱。木板衔接处尽量无缝隙，以防止漏风。此外，应在产箱门内设置一挡板。图 1-9 为装有产箱的狐笼。

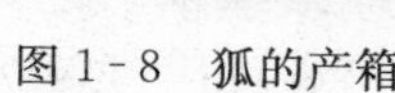
图 1-8　狐的产箱

图 1-9　装有产箱的狐笼

3. 设计和安装笼舍的注意事项　狐笼及小室内壁不得有铁丝头、钉尖、铁皮尖等露出笼舍平面，以防刮伤狐。狐笼底离地面须留 60～80 厘米的距离，以便清扫操作。使用食碗喂食的笼舍，在笼内应用粗号铁丝安装一个食碗架，以防狐把盛有饲料的食碗拖走或弄翻，浪费饲料。水盒应挂在狐笼的前侧，既便于冲洗添水，又便于狐饮用。

（三）取皮设备

在规划设计狐饲养场时，根据饲养场的规划，应设置一个具有一定面积的毛皮初加工间。此外，应配备如下的设备。

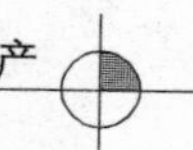

采用手工取皮方法时，应配备用木制材料制作剥皮台、洗皮台和晾皮架等，用于取皮、剥皮、刮油、洗皮和晾皮。

当采用机械进行刮油、洗皮、烘干等操作时，需要配备刮油机、洗皮机、风干机和楦板等设备。洗皮机和楦板可自制。洗皮机包括转筒和转笼。转筒呈圆筒状，直径 1 米左右，用木板或铝板制成。筒壁上装一开关门，放、取皮张用。将圆筒横卧于木架或角铁架上，一横轴连接电动机，用电力启动转筒，每分钟 20 转，每次可洗皮 30～40 张；转笼形状如转筒，但筒壁是用网眼直径为 1.2～2 厘米的铁丝网围成。将洗好的皮张放在转笼中，以甩净毛皮上所附的锯末。楦板是用以固定皮形，防止干燥后收缩和褶皱的工具。楦板用干燥的木材制作，其规格在国际市场上有统一标准。

除上述设备之外，去皮还需要挑裆刀、刮油刀、刮油棒、普通剪刀、线绳和锯末等。挑裆刀用长刃尖头刀，用于挑裆、挑尾及剥离耳、眼、鼻、口等部位的皮；刮油刀可用电工刀代替，用于手工刮油；刮油棒用木制材料制成一头大一头小，圆柱形，长 80～85 厘米，用于套刮油的皮张。

（四）其他设备和用具

1. 饲料加工室 饲料加工室是冲洗、蒸煮及调配狐饲料的场所。加工室规模可根据狐群大小而定，室内应设有洗涤设备、熟制饲料设备及粉碎机、绞肉机、搅拌机、电动机等。为便于洗刷，有利于卫生，室内地面和墙壁下部，应抹水泥，使之光滑。

2. 冷冻贮藏室 冷冻贮藏室主要用于贮藏动物性饲料。冷冻贮藏室是大、中型狐饲养场必备的设备之一。冷冻室内的温度应能控制在－15℃，以保证动物性饲料不致腐败变质。

小型狐场可于背风阴凉的地方或地下修建简易冷藏室，可保证对饲料的短期保存。常用的方法有冰冻密封式土冰窖、半地下平顶式土冰窖、地下夹层式土冰窖和室内缸式土冰库。

(1) 冰冻密封式土冰窖　在北方寒冷季节里，将已冻好的鱼肉饲料，在避风、背阴处，逐日洒水结冰，直至冰层达1米厚时，在其上面覆盖1米厚的锯末屑、稻壳或者其他隔热物质，最外层覆盖30厘米厚的泥土。用时挖开一角，取出饲料后用草帘盖严。这种贮藏方法，可供初春解冻后2～3个月使用。

(2) 半地下平顶式土冰窖　半地下平顶式土冰窖的侧壁分为地下和地上2部分。在地上的外墙壁和顶盖覆以2米泥土作保温层。分两道间距3米的门，门下设有排水沟，于地面和内墙壁处堆放50～100厘米的冰块，将冰冻好的鱼、肉饲料分层放置其中，层间均加碎冰块。

(3) 地下夹层式土冰窖　用砖或水泥建成方形或长方形的双层墙，间距50厘米，两层间隔的内侧墙壁，粘一层刷上沥青的油毡纸以防潮，间隔中间填上稻壳。库房地面按3层处理，底层是50厘米厚的细砂，中间层是50厘米厚的炉灰渣，上层是10厘米厚的水泥。顶盖铺1米厚的稻壳，外有防雨瓦盖。设门2道，间距5米，门下面有通向外面的流水管道，其出口伸入一个保持一定水位并低于库面的水池中，防止空气自管道进入库中。饲料和碎冰混合后送入库内。可保存2周时间。

(4) 室内缸式土冰库　在室内放置数口水缸，缸距30～50厘米，用稻壳和锯末填充到接近缸口，将新鲜鱼、肉饲料和冰混合后放进缸里，缸口盖以绝缘隔热的盖，缸底开一孔，结上胶管或铁管，通向室外，使缸内融化出的水流出。此法可保存5～7天。

3. 综合技术室　养狐规模较大的企业，可根据情况，应设置兽医室、分析化验室及研究室并配备相关技术人员，主要负责狐场的卫生防疫、狐疾病诊断治疗、饲料的营养成分分析及毒物鉴定、研究并解决狐养殖过程中各项科学理论和生产实践方面的技术课题。

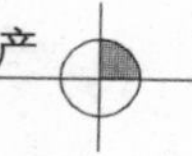

4. 仓库及菜窖 仓库主要用于贮藏谷物饲料及其他干饲料。库内要求阴凉、干燥。仓库应建在饲料加工室附近，以便于运取饲料。菜窖主要用于秋季贮藏饲用蔬菜。

5. 其他 为防止狐逃跑，应在狐棚的四周用土坯、砖石或竹木等材料设置高 1.5 米、内壁光滑的围墙。此外，养狐场还应根据狐场具体情况购置或制作一些常用器具，如串狐箱、种狐运输笼、捕狐网、狐钳、棉手套、食碗及清扫用具和消毒用具等。

三、引种

引进优良的狐种是开展狐养殖业的先决条件。引种包括从养狐发达国家引种和国内其他地区的引种。由于从国外引种手续复杂，价格昂贵等问题，除了大型养殖场之外，很少从国外引进。目前，主要以从国内北方地区引进体质优良，注射过犬瘟热、病毒性肠炎等疫苗并获得免疫的种狐。引进的种狐应符合体质良好、繁殖性能正常、被毛品质优良等标准。经过驯化的人工饲养狐的性情比较温顺而便于运输，但在引进狐种过程中，应选择合适的时期，采用合理的方法运输种狐，以保证种狐的体质稳定和预防常见病的发生。

1. 引种时期 母狐一般 3～4 月份产仔，由仔狐成长为幼狐，一般需要 55～60 天左右。引种在 7～8 月份最为适宜。

2. 运输前的准备 在运输种狐时，应预先准备所用的笼（箱），严禁用麻袋运输。运输笼（箱）的制作材料可选用木板、铁丝网或竹子；一般笼（箱）的大小为长 50 厘米、宽 45 厘米、高 40 厘米。运输笼（箱）上面每隔 5 厘米钉一木条，其余 5 面有铁丝网钉死。笼子一面留有活门。运输笼应保证空气流通，便于在笼外观察。

在运输前，饲喂种狐应适量，八分饱即可。运输前还要准备途中所用的饲料，饲喂工具及运输途中所需用的手套、钉子、锤子、钳子、铁线、铁丝网、电筒、急救药品等。

3. 运输途中的管理 运输途中，将笼（箱）用黑布等遮盖。狐耐饥渴，短途运输，可饲喂黄瓜等水果或蔬菜。长途运输，途中要提供适量的饲料和饮水。注意不要沾湿狐的毛绒，以预防感冒、肺炎或消化系统疾病的发生。途中一定要有专人管理，注意观察，发现异常要立即采取措施。

狐在运输过程中常因受到持续强烈刺激，引起组织器官的机能紊乱，代谢失调，导致呼吸困难、心跳加快，精神沉郁，减食或拒食，运动失调等现象，以致死亡，因此，应尽量避免对狐的强烈刺激。

第三节 狐的繁殖

由于狐在一年中只生产一次，因此，狐的繁殖效率直接影响养殖狐的经济效益。为此应扎实掌握其繁殖特性的同时，建立合理高效的繁殖技术，以提高狐的配种率和产仔率。

一、狐的繁殖生理特点

（一）狐的性腺发育和性周期

性腺发育是指公狐和母狐的生殖系统的个体发育和周期性的发育过程。性周期是指狐的繁殖周期。

1. 公狐的性腺发育和性周期 公狐的性周期分为性静止期和发情期。经过交配期后，公狐的睾丸很小，处于静止状态，重1.2～2.0克，质地坚硬，此时的精原细胞不能产生成熟精子。从外观上看不到阴囊。8月末至9月初，睾丸开始逐渐发育，11月份则明显增大；翌年1～2月份进入发情期，睾丸直径可达2.5厘米左右，阴囊被毛稀疏，松弛下垂，显而易见。此时的精原细胞可产生成熟精子。有性欲要求，可进行交配。

2. 母狐的性腺发育和性周期 母狐的性周期也分为性静止

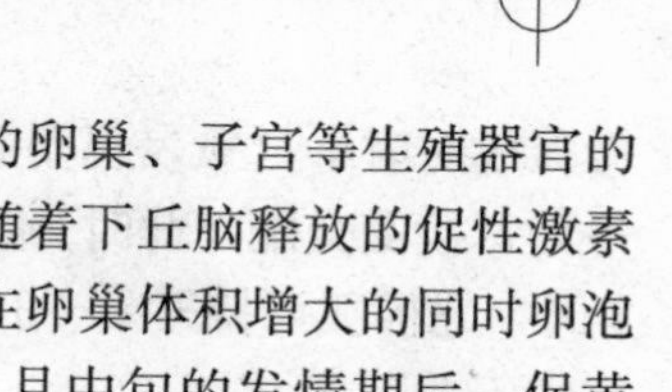

期和发情期。经过分娩后，母银黑狐的卵巢、子宫等生殖器官的体积逐渐变小。从8～10月份开始，随着下丘脑释放的促性激素释放激素诱发促性腺激素的作用下，在卵巢体积增大的同时卵泡开始发育，而黄体开始退化，到1～3月中旬的发情期后，促黄体激素在1～2天内迅速增加而诱发排卵。排卵后，卵泡分化为黄体，黄体产生孕酮。孕酮存在于整个孕期并逐渐减少，在配种后第52天消失。母北极狐的生殖器官的上述变化较母银黑狐相对滞后，发情期为2月中旬至5月上旬。

狐属于自发性排卵动物，两个卵巢可交替排卵。卵泡并不是同时成熟和排卵，最初和最后一次排卵持续时间为5～7天。

（二）母狐的发情期

狐的发情是指阴门等外生殖器官开始出现变化至母狐接受交配的时期。发情期可分为发情前期、发情期、发情后期和休情期4个阶段。

1. 发情前期　发情前期有时又分为发情前一期和发情前二期。

（1）发情前一期　进入发情季节后，开始发情的母狐，出现阴门肿胀，阴毛微分开，阴门露出，外阴稍露，阴道流出具有特殊气味的分泌物，不安好动。此期一般能持续2～3天，但也有的母狐持续达1周左右或更长的时间。

（2）发情前二期　进入此期的母狐，阴门高度肿胀光亮并外翻，外阴部暴露明显，触摸时硬而无弹性，阴道分泌物颜色浅淡。母狐常行动不安，徘徊运动增加，食欲减退。放对时，相互追逐，嬉戏玩耍。公狐欲交配爬跨时，母狐不抬尾，并回头扑咬公狐，拒绝交配。此期可持续1～2天。

2. 发情期　发情母狐阴门肿胀程度减轻，肿胀面光亮消失而出现皱纹，触摸柔软，富有弹性，颜色变淡，呈暗红（银狐）或粉红色（北极狐）。阴道流出较浓稠的白色分泌物，早晨检查裂缝面上有白色凝结长条状分泌物。母狐食欲下降或废绝，排尿变频，用舌舔外生殖器，不断地发出急促的求偶的叫声。这时公母狐放对时，母狐表现安静，当公狐走近时，母狐主动把尾抬向一侧，接受交配，此时为最适宜的交配时期。银黑狐可持续 2～3 天，北极狐可持续 3～5 天。对于初次发情的母狐，上述表现往往不典型。

3. 发情后期 发情母狐外阴部逐渐萎缩，外阴部呈白色，放对时，对公狐表现出戒备状态，拒绝交配，此时应停止放对。

4. 休情期 指母狐发情后期结束至下一个发情周期开始的较长一段时间。从性表现上看，这一时期母狐处于非发情期，没有明显的性欲，已没有很突出的性表现特征。

二、狐的繁殖技术

狐的繁殖技术是指采用人工的方法，提高母狐配种率及其产仔率的一系列与母狐繁殖效率相关的技术。

（一）发情鉴定

发情鉴定是否正确，可直接影响到交配的成败和当年的产狐数量。

1. 公狐的发情鉴定 公狐发情从群体上看比母狐早，也比较集中，从 1 月末至 5 月末均有配种能力。公狐发情时，睾丸膨大、下垂，具有弹性。公狐活泼好动，经常发出“咕、咕”的求偶声。此外，通过触摸公狐睾丸也可判定公狐有无交配能力。当睾丸膨大，质地松软且富有弹性，并下降至阴囊时，表明已具有交配能力，否则，通常没有配种能力。

2. 母狐的发情鉴定 与公狐的发情鉴定相比，母狐的发情鉴定较为复杂，在非繁殖期内，外阴部被阴毛覆盖，到了发情初期，阴毛才分开。目前，鉴定母狐发情常用外阴部观察法、放对试情法、阴道涂片法和测情器法等进行鉴定，一般情况下，这几种方法结合应用。

（1）*外阴部部观察法* 外阴部观察法是通过观察母狐的精神状态、行为变化和外阴部的变化特征来判断母狐的发情情况。当母狐发情时，阴部发生如图1-10所示的红、肿和分泌黏液等变化。该法简便易行，但检查人员需要具有丰富的实践经验。为了确定母狐的最佳交配时间，人为地将母狐外阴部的变化分为发情前一期、发情前二期、发情期和发情后期4个阶段。

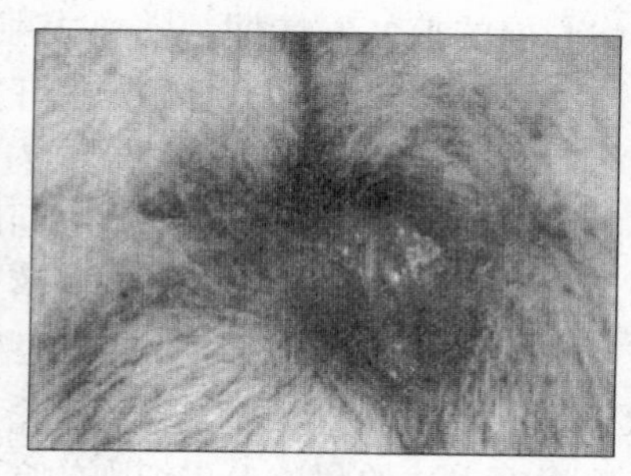
图1-10 发情期狐的阴部形态

（2）放对试情法 放对试情法是将母狐放入公狐笼舍内，根据母狐对公狐的性欲反应表现来判断母狐的发情程度。用来试情的公狐应该是性情温驯，不扑咬母狐。试情时，当发现母狐见到公狐，非常兴奋，主动与公狐玩耍嬉戏，嗅闻公狐阴部，表现得十分亲热，但拒绝公狐爬跨交配，表明母狐开始发情。母狐嗅闻公狐的阴部，抬尾并频频排尿，公狐企图爬跨交配或发出“咕咕”声时，表现温顺，安静站立不动，将尾巴抬起翘向一侧，迎合公狐交配，则可认为母狐进入配种适期，此时应及时初配。若放对后母狐不愿与公狐接近，不理睬对方，甚至互相敌视，则确定为未发情。此时，应立即将母狐分出，避免母狐惊恐。可隔天再放对，或放入其他种公狐笼内试配。

个别或初次发情母狐发情时，外阴部不出现明显变化，这种发情称为隐性发情或安静发情。另外，也有些狐发情时间特别短，即外阴部发情变化不太明显就达到了发情期，称之为短促发情。隐形或短促发情母狐更适合采用放对试情法检查情况。试情放对可促进母狐，尤其是银黑狐（发情持续期短）发情过程。

（3）阴道上皮细胞检查法 母狐阴道上皮细胞为复层扁平上皮细胞，在发情期出现特征性变化。在休情期，阴道上皮细胞层数较少，主要由深层的生发层和棘细胞层构成，细胞增殖速度较慢，脱落到阴道腔中的细胞小，常呈椭圆形或近圆形，有一个大

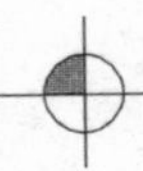

而中心位的核。发情期，随血中雌激素升高，阴道上皮各层增厚，细胞出现核固缩，细胞质中许多细胞器消失，线粒体数量减少，嵴肿胀，靠近细胞膜，导致内层较致密。细胞壁的嵴增多，使细胞间隙增多、增大，细胞之间联系变得松弛，致使大量多角形无核肥大透明的角化细胞膜脱落到阴道中。发情后期，随血中雌激素的降低，阴道上皮中圆形细胞增多，逐渐恢复到休情期状态。

根据上述的阴道上皮细胞的变化，可通过阴道上皮细胞的涂片染色法鉴定狐的发情，即用灭菌棉球蘸取母狐的阴道内容物，制成涂片，然后显微镜下（400 倍）根据下列变化判断母狐是否发情。

当可观察到白细胞而观察不到或极少角化细胞时，判定为静止期；当有核角化细胞逐渐增多至出现大量有核角化细胞和无核角化细胞时，判定为发情前期；当观察到大量无核角化细胞和少量的有核角化细胞时，判定为发情期；当观察到白细胞和大量有核角化细胞时，判定为发情后期。

阴道内容物涂片法主要在狐的人工授精时采用。此外，该方法适合用于隐性发情狐的发情鉴定。

（4）测情器法　测情器是能够检测狐阴道内生理生化变化的一种仪器。养狐业发达的北美和北欧国家上使用该仪器鉴定母狐的发情。使用时，将测情器的探头伸入母狐阴道内，读取测情器显示屏上的数据，每天的同一时间测一次，并将测定的数值绘成曲线图，当所测定值上升到顶峰后开始下降时，此时为最佳配种或输精时期。由于该法操作繁琐，且具有疾病传播的潜在危险，因此，目前在我国很少使用。

（二）公狐精液的品质检测

公狐精液中精子密度、精子活力、异常精子比率等直接影响交配后的受精效率。因此，对于种公狐，应在其第一次交配后，通过收集母狐阴道内的精子，检测其品质，即将经消毒的直径

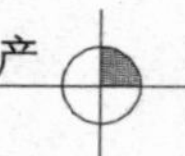

0.5 厘米，长约 15 厘米的带尖端吸管，轻轻插入刚经交配的母狐阴道内 5～7 厘米处，吸取少量阴道内容物，然后迅速送回 20℃以上的检验室，将阴道内容物涂在载玻片上制作涂片。然后将涂片置于 100～400 倍显微镜下观察精子活力、精子密度。精子密度大，多数呈直线运动，形似蝌蚪，头尾清晰，说明精液品质正常时，公狐可用于配种。如果无精子，精子稀少，死精子多，大多数呈圆形运动或畸形精子多时，则不能用于配种。通常，初次交配的公狐应经 3 次的精液品质鉴定后，再决定是否淘汰。

（三）狐的配种

由于狐是季节性单次发情动物，一年发情一次。当发情季节未能配种，再次配种需要等翌年的发情期。因此，在狐的繁殖季节，应准确把握配种时期进行配种，可提高母狐的繁殖效率。

1. 最佳配种时机　一般情况下，笼养的银黑狐的发情配种期为 1 月中旬至 3 月下旬，而北极狐的发情配种期为 2 月中旬至 4 月下旬，初次进入发情配种期的种狐比经产狐的发情配种期延后 1～2 周。狐的最佳配种日期受地区、气候、日照、饲养管理等影响，其中光照和饲养管理是主要的影响因素。通常情况下，母狐的营养状况良好时，配种期提早，反之则会推迟；遗传因素对发情期也发生影响；在配种期间经长途运输、饲养条件突然改变、疾病等，都会使配种时间提前或延后。

近年来，对从美国、芬兰、挪威、丹麦等国引入种狐的观察显示，引种的种母狐的配种期普遍推迟，而且受胎率普遍较低。但是，经过 2～3 个繁殖期后，狐的繁殖性能能够恢复正常。

已有研究证实，环境温度、噪声等因素对自然交配的母狐妊娠产生影响。种狐一般在早晨、傍晚和凉爽天气性欲旺盛，活动较为频繁，配种成功率高，是放对配种的好时机。如果早晨配对未成功，可在傍晚凉爽时再配。应避免在中午炎热时段进行配对；放对时尽量保持周围环境的安静，并在喂食后半小时进行。

2. 配种方法 狐的配种包括自然交配和人工授精的两种方法，其中人工授精需要掌握熟练的采精、精液稀释、输精等技术，适合在配备有专业技术人员的大型狐饲养场采用；自然交配操作简单，是目前不同规模的养殖场普遍采用该方法。

(1) 自然交配 自然交配又可分为合笼饲养和人工放对交配两种方法。

①合笼饲养交配法 合笼饲养交配是指在配种季节内，将选好的公母狐放进同一笼饲养，在发情季节任其自由交配。由于这种方法要求母狐数量一致的公狐，且不易推断预产期，所以，目前很少采用。对那些不发情或放对不接受交配的母狐可采用本方法，以尽量减少空怀母狐。

②人工放对交配法 该法是目前最常用的配种方法。其方法为平时公、母狐隔离饲养，在母狐发情期间将处于发情旺期的母狐放到公狐笼内进行交配，交配结束后再将公、母狐分开。如果母狐胆小，也可将配种能力强的公狐放入母狐笼内交配后再分开，以保证配种成功。

银狐每天可交配 1 次，连续交配 3 天；北极狐应间隔 1 天进行交配；1 只种公狐每天可配 2 只母狐，两次配种时间要间隔 4 小时以上。交配一般以公母狐自愿为原则，如不是特殊情况，不提倡强制性交配。已证实，强行交配会导致空怀率升高。

母狐排卵往往滞后于其发情期，在发情期的卵泡成熟后即刻排卵，排卵可持续 3 天，而精子在母狐生殖道内仅能存活 24 小时，因此，采取连日或隔日用同一公狐进行复配，以提高受胎率。复配次数不宜过多，银黑狐复配 1～2 次，北极狐复配 2～3 次。此外，也可以采用不同公狐的复配；对初配母狐最好连续放对几天；或每天上下午连续放对 5～6 次；采用人工放对交配的养狐场公、母狐比例为 1∶3～6。

放对以后，应在暗中密切观察，确定交配是否成功。狐的交配行为与犬相似，公狐在爬跨时发出一种特殊叫声（性通讯行

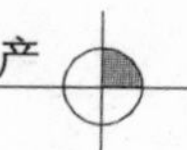

为），出现锁紧现象，此时射精仍在继续，持续时间一般为 20～40 分钟，有时可达 1.5～2 小时。

（2）人工授精　人工授精是指用器械或其他人为方式采取公狐的精液，再用器械将精液输入发情好的母狐子宫，以代替公、母狐自然交配的一种方法。狐人工授精是当今养狐业的一种新技术，该项技术已在养狐业发达的芬兰和挪威等国家已广泛普及。通过人工授精技术，不仅能够减少公狐的饲养数量，而且提高良种公狐精液的利用率，加速优良基因的扩散育种。此外，人工授精技术可用于狐属与北极狐属远缘杂交，解决两属动物因配种时间不一致而造成的生殖半隔离问题；与此同时，通过人工授精可以克服自然交配困难母狐的繁殖和减少疾病传播。

目前，我国的人工授精技术尚不完善，对采精时公狐的保定、精液的稀释液和冷冻程序、采精和输精时的狐的“应激”反应等方法需要进一步研究改进。

狐的人工授精包括精液的采集、精液的冷冻保存和人工输精 3 项程序。

①精液的采集

A. 采精前的准备　采精前准备好公狐保定架、集精杯、稀释液、显微镜、阴道开张管、电刺激采精器以及水浴锅、冰箱、液氮罐等。采精室要清洁卫生，用紫外灯照射 2～3 小时进行灭菌，室温保持在 20～35℃。

B. 采精公狐的选择　用来进行人工授精的公狐必须具有高质量的毛皮和良好的遗传性。选择种公狐的新标准为性行为好、产生有活力精子的持续时间长、精子的质量好、无恶癖。

C. 采精方法　采精方法可分为按摩采精法、电刺激采精法和假阴道采精法 3 种。

按摩采精法也称徒手采精法。采精时，先将公狐固定于采精架内或辅助人员将狐保定，使其呈站立姿势。用温水洗过的毛巾擦狐的下腹部，操作人员用手有规律地快速按摩公狐的阴茎及睾丸部，使阴茎勃起，然后捋开包皮把阴茎向后侧转，另一只手的拇指和食指轻轻挤压龟头部刺激排精，用无名指和掌心握住集精杯，收集精液（图1-11）。此法简单，但要求技术熟练。初次采精时避免急躁，必须经过一定时间的训练后，公狐才能形成条件反射。每隔1～2天可采精1次。

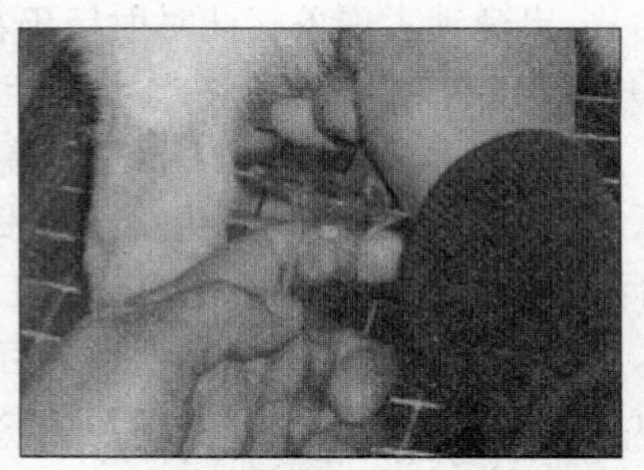

图1-11　公狐的采精

电刺激采精法用牛羊的采精器改进的电刺激采精器。采精时，将采精器插头涂上润滑剂，插入公狐直肠内约10厘米处，然后以适当电压、电流和频率刺激阴茎区域，诱发公狐阴茎勃起和射精。

假阴道采精法主要用于已调教好的公狐精液的采集。选发情好的母狐做台狐，诱导公狐阴茎勃起，人工将其导入用改装的羊假阴道内，诱发其在假阴道内射精。由于调教公狐困难，故此法很少采用。

D. 采精次数　人工采精每天1次，狐每次排精为0.5～1.5毫升，精子数目为3亿～6亿个。根据公狐体况，在连续采精2～3次后应经1～2天再采精。采精后要对精液的品质进行检查。当精液的品质优良时，用于冷冻保存或直接用于人工授精。

②精液的稀释及保存　将采集到的品质优良的精液，用稀释液进行稀释。稀释倍数可根据精子的密度来确定。每次输精量不少于3 000万个精子。精液保存分为常温保存、低温保存和冷冻保存。

精液保存分为常温保存、低温保存和冷冻保存。常温保存是将采到的新鲜精液或稀释后的精液保存于39～40℃的广口保温瓶中，在较短的时间内使用。保存的时间越短越好，一般保存时

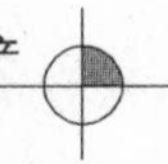

间不超过2小时，最好在30厘米内输精。低温保存是指将稀释的精液在0～5℃冰箱中保存。采用低温保存法保存的精液1～3天后，精子仍具有正常的受精能力；冷冻保存是将稀释处理后的精液保存于液氮中。此种方法的优点是保存时间长，便于携带运输。是一种较理想的精液保存方法。但是，目前，尚未开发出用于生产的狐精液冷冻保存方法。

③人工输精

A. 输精前的准备工作　输精前预先准备好输精器、保定架、水浴锅等。输精器材事先要消毒，放在消毒容器内备用。输精器应每只狐一只，避免交叉使用。输精时，用温肥皂水清洗母狐外阴部。低温保存的精液，在使用前10～15厘米要先在水浴锅内升温至10～40℃，如果是小容器分装的精液，也可置于25℃室温条件下自然升温，一般需放置30分钟。冷冻保存颗粒精液，从液氮中取出后导入含有1～2毫升解冻液的试管中，并置于30～40℃温水解冻。解冻后检查精子活力。当精子活力高于0.7时，可用于人工授精。

B. 输精时间　狐每年只有一个发情周期。公狐的变化在11～12月份就可观察到，而母狐的变化要在来年的2～3月份才可观察到，这主要取决于品种。当母狐进入发情期后，或者经阴道内容物涂片法检测观察到大量多角形无核肥大透明的角化细胞时，或者雌激素曲线中峰值开始下降时进行人工输精。

C. 输精量和次数　每次输精量为1～1.5毫升，精子数不少于3 000万个；每只发情母狐输液2次，第1次输精后经24小时进行第2次输精。若精子品质达不到优良时，可连输3天，每天1次。

D. 输精方法　目前用于狐的人工输精方法有针式输精器法和气泡式输精器法2种。

针式输精器法：输精器和输精操作图1-12。用开膣器撑开狐的阴道，将输精针轻轻通过子宫颈插入子宫后注入精液（图

1-13)。该法操作简便、受胎率高，是当前人工授精最常采用的方法。

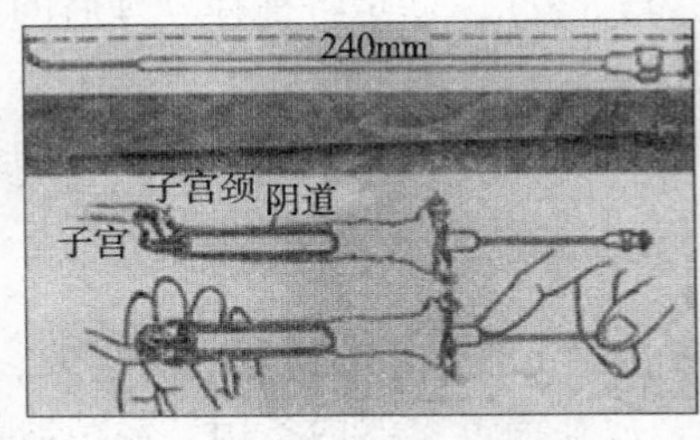

图1-12 狐的针式输精器

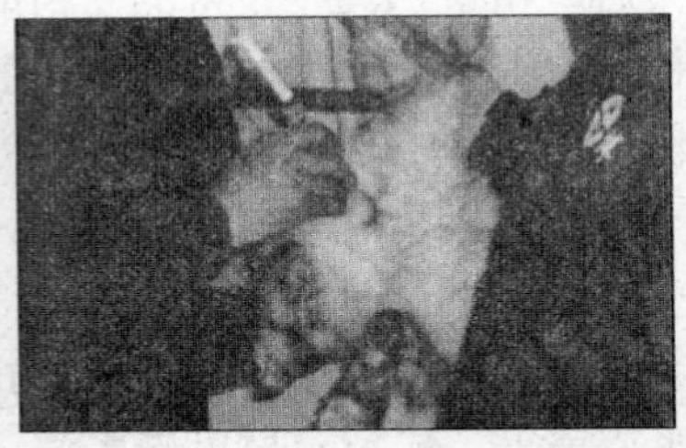

图1-13 狐的人工输精操作

气泡式输精器法：用特制输精器（模拟狐交配的连锁现象制成）输精。将输精器送入阴道后，经通气孔注入适量空气使阴道前腔和后腔隔开，然后再由输精孔注入精液，以保证输入的精液透过子宫颈进入子宫。该法不需麻醉母狐，操作简便。但是，输精器的输精孔难以对准子宫颈口，精液直接进入子宫的机会少，受胎率较低。该法目前很少用。

（3）配种时应注意的事项

①掌握母狐的受配时间　一般通过发情鉴定，可确定母狐的最佳交配时间。但是个别母狐出现有隐性发情和假发情现象。对此，需要饲养管理人员的精心观察，适时放对，谨防失配或空怀。

②狐的捕捉与保定　狐的野性较强，捕抓较难。在配种季节抓狐次数较多，要求饲养人员掌握捕狐技巧，做到熟练、正确，防止人、狐受伤。

③建立配种记录　详尽记录配种日期、公母狐情况、预产日期等。加强饲养管理，饲喂全价饲料，促进提早发情配种。种公狐要加喂营养价值高的新鲜肉、鱼、蛋类，以增强体质。

④促进公狐的性欲　在饲养过程中，公母狐分开养，最好将公狐和母狐饲养在相互不影响的区域。试情的公狐必须是配过种

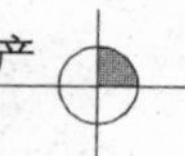

的2年以上的狐。做好种公狐的配种训练。例如，将幼年种公狐放在已初配过的母狐笼内，诱导其交配；对性欲旺盛的小公狐，可选择性情温顺、发情好、择偶性不强或复配的经产母狐与其进行放对，或者公、母狐合养。

⑤合理使用种公狐　公狐在整个配种期内最少交配10次，最多可达25次或更多。一般每天可配2只母狐，每次间隔3～4小时。配种前期和中期，每天每只公狐可接受1～2次试情放对，达成有效交配1～2次。如每天1次，连续使用5～7天后，应休息1～2天再放对。对那些配种能力强、性欲旺盛的种公狐，不能过度使用。

⑥实施人工辅助交配　在配种过程中，狐一般不需人工帮助即可自行完成交配过程。但个别母狐在交配时站立姿势不正，经常走动，抬尾不适当，或阴门向外突出过高等，这种母狐就需要人工辅助公狐完成交配。

⑦保持狐场安静　配种期间一定要保持狐场环境安静，谢绝来人参观。

（四）母狐的妊娠与保胎

1. 母狐的妊娠期　母狐经交配后精子和卵子结合形成合子即进入妊娠期。狐的妊娠期平均为52天(49～58天)。

2. 妊娠期母狐的变化　当妊娠期达到30天时，可观察到腹围增大，稍向下垂，越到后期越明显。妊娠期由于胎儿的发育需要，致使母狐的新陈代谢旺盛，食欲增加。体重相应增加，毛色显得光亮。母狐表现出性情温顺、胆小，对周围异物、异声反应敏感，行动迟缓，喜欢卧着休息和晒太阳。

母狐有4～6对乳头，妊娠后期乳腺区从前向后发育较快，临产时母狐用嘴拔掉乳头周围的毛，露出乳头以便仔狐哺乳。

3. 妊娠期母狐的保胎　为了保证母狐的正常妊娠和胎儿的安全发育，除按妊娠期营养标准供给所需饲料外，还要尽量保持狐场的安静，杜绝参观人员和机动车辆的进入。饲养人员要细心看护，严禁跑狐。预产期前5～10天要对产箱和笼具进行彻底消毒。产箱的缝隙用纸糊好，以防冷风侵入。箱内要垫软草，以防寒流袭击。

（五）母狐的产仔和哺乳

1. 母狐的产仔　银黑狐产仔从3月中旬开始，多集中在3月下旬和4月上旬。北极狐产仔从4月上旬开始，多集中在4月下旬和5月上旬。母狐产前一般停食1～2顿，自行拔毛絮窝或叼草造窝。母性较强的狐，遇到风寒天气常用草将产箱门封住。

产前母狐不安，频繁出入产箱。母狐通常在夜间和清晨产仔。分娩过程一般需要2～3小时。胎儿出生后，母狐将胎衣吃掉，咬断脐带，舔干仔狐身上的黏液。

初生仔狐眼紧闭，无齿，无听觉，身上披有黑褐色胎毛。银黑狐尾尖为白色，初生重80～100克，体长10～12厘米，每胎平均产仔4～5只，最多8只；北极狐每胎平均产仔6～8只，有的达18只。

2. 母狐的哺乳　仔狐出生后即能吮乳。母狐均可精心照顾仔狐，对个别初产、无乳或缺乳的母狐要采取措施保活仔狐。注意观察分娩产仔脐带是否被咬断和缠身、胎衣是否被母狐吃掉和仔狐是否吃上母乳等。当幼仔脐带没断或缠身和带有胎衣时，应及时处理；当母狐乳头没有暴露时，应将乳头周围的被毛拔掉；死胎要及时捡出处理；对那些不会照顾仔狐或弃仔的母狐、产仔多的母狐、无乳的母狐，要选择母性强、产仔数少的同期分娩母狐进行代乳，或者用泌乳的狗或猫用于代乳（图1-14），也可以人工饲喂牛奶和羊奶。对人工哺乳的幼仔应注意保温。哺乳期为55～60天。

图1-14　母猫哺乳仔狐

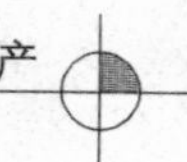

（六）提高产仔率的综合措施

1. 培育优良种狐群 当建场时引入的种狐的生产性能不够理想时。应在实际生产中加强选育，淘汰生产性能低、母性差、毛色差的种狐及其后裔。通常，经过3～5年的精选和淘汰，就能提高狐群的品质。种群的年龄构成应为2～4岁的种狐约占70%，仔狐约占30%。

2. 增强母狐排卵和卵子受精的能力 在进入配种季节前，对公、母狐要给予合理的饲养管理，要保证各种营养物质的供给，使公、母狐进入配种期时能正常地发情、交配和排卵。为了增加母狐的排卵数，可在母狐发情旺期之前皮下注射100～500国际单位的孕马血清促性腺激素（PMSG）。对发情不明显或发情延迟的母狐注射PMSG也有同样效果，并能促进发情旺期的出现。除此之外，应用人绒毛膜促性腺激素（HCG）或促黄体素释放激素（LRH）也能得到理想的效果。

3. 预防流产和减少胚胎死亡 严禁饲喂变质和发霉的饲料，要保证饲料的品质和新鲜，饲养水平要适宜，以防止发生死胎或胚胎被吸收的现象。

4. 预防常见病 要定期检疫和免疫接种，淘汰病狐，净化狐群。尤其对繁殖力具有直接影响的布氏杆菌病、钩端螺旋体病、加德纳菌病更要彻底清除。积极预防其他疾病的发生，以减少疾病对繁殖率的影响。

第四节 狐的选育

发展狐养殖业，不仅要不断扩大狐群数量，又要通过育种提高狐群品质及生产性能，以获得最大的经济效益。狐的育种历史悠久，人们利用不同的选种手段和育种方式，使捕捉到的野生狐在家养的环境中能够生存、繁殖，并由原来的半散放式饲养发展到现代的笼养，其生产性能和产品质量也逐步按着人们所需要的方向发展，并培育出几十种彩狐新类型。

狐育种的目的在于提高狐群品质，不断改良和扩大现有良种，增加优秀个体的数量，培育新的品种。最终目的是改进毛皮质量，如克服北极狐毛皮针毛的色泽及短绒缠结等缺点。

世界养狐业比较发达的国家，都制定有选择和育种的标准。如苏联在20世纪50年代提出银黑狐的鉴定标准。他们不仅重视毛绒品质、生产指标，而且对银黑狐尾部白色毛都有要求（色泽、长短及形状）。加拿大制定了种狐的活体测定标准，对毛的色泽、质地、密度划分了等级。我国20世纪50年代养狐时采用苏联标准，目前也正在制定我国的选育标准。

引入的种狐，一般都有很多不尽如人意的地方，如毛色杂、繁殖力低、适应性差及体型小等。狐育种的方向就是通过合理的饲养管理，采用合理选种选配或杂交等手段，培育出毛绒品质好、体型大、繁殖力高、生命力和适应性强的优良种群，进而培育出我国狐的品种。

在开展狐育种工作前，应了解以下育种学的基本概念，明确育种目标。

一、狐的选种

选种就是要选出好的个体留种。一般情况下，动物的选种都有其标准。但标准中的某些指标并不是一成不变的（如裘皮色泽），它受到裘皮市场需求的影响。动物（品种、品系）不同或育种目的不同，选种标准各异。狐的选种应以个体品质、系谱测定、同胞测定和后裔测定等个体品质的综合指标为依据。

（一）个体品质测定

狐的个体品质测定包括毛绒品质、体型和繁殖能力的测定。

1. 狐毛绒品质鉴定

（1）银黑狐的毛绒品质

①银毛率　根据银黑狐身上银色毛所占的面积确定银毛率。

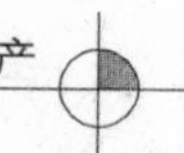

银色毛的分布由尾部至耳根为100%，由尾根至肩胛部为75%，尾根至耳之间1/2为50%，尾根至耳间1/4为25%，种狐的银毛率应达到75%～100%。

②银毛强度　根据银色毛分布的多少和银毛上端白色部分（银环）的宽窄确定银毛强度。银毛强度可分为宽（10～15毫米），中（6～10毫米）和窄（<6毫米）三类。银环越宽，银色强度越大，银色毛越明显。种狐应选择银毛强度大为宜。

③银环颜色　是指银毛上端的颜色。可分为纯白色，白垩色，微黄或浅褐4种类型。种狐应选择银环不超过15毫米的为纯白颜色为宜。

④“雾”　针毛的黑色毛尖露在银环之上，使银黑狐的毛被形成“雾”状。如果黑色毛尖很小，则称“轻雾”；如果银环较窄且很低，而黑色毛尖较长，则称“重雾”。用于种狐的“雾”应适当，“轻雾”或“重雾”狐均不适合用于种狐。

⑤黑带　由脊背上针毛的黑毛尖和黑色定型毛所形成黑颜色带。有时狐的黑带从表面看不清，但用手从腹侧面往背侧轻轻滑动时可观察到黑带。种狐应选择黑带明显者为宜。

⑥尾　尾的形状可分为宽圆柱形和圆锥形。尾端可分为大（>8厘米），中（4～8厘米），小（<4厘米）3种类型；尾的颜色包括纯白，微黄和掺有黑色等3种类型。种狐尾以大而宽圆柱形、毛色为纯白而适度稠密、毛无缠结而有弹性、针毛长50～70毫米、绒毛长20～40毫米、针毛细度50～80微米和绒毛细度20～30微米。

（2）北极狐　北极狐的毛绒鉴定主要依据毛绒的颜色、长度、细度等进行判定。北极狐的选种要求毛绒浅蓝，长度约为4厘米，细度54～55微米；绒毛色正，长度2.5厘米左右，密度适中，不宜带褐色或白色，尾部毛绒颜色与全身毛色一致，无褐斑，毛绒密度大而有弹性，绒毛无缠结。

（3）狐的毛绒品质鉴定标准　目前，我国已建立银黑狐和北

极狐的毛绒品质鉴定标准。

2. 体型鉴定 狐的体型的大小和体质的强弱是狐选种的重要依据。狐的外部形态是其解剖构造和内部生理机能的总体表现。因此，正确掌握狐体各部位结构的特点，是检测狐的健康状况和预测生产性能重要基础。

（1）外貌鉴定

①头颈部 头的大小应和身躯的长短相适应，头大体躯小或头小体躯大都不符合要求。鼻孔轮廓应明显，鼻孔大，黏膜呈粉红色，鼻镜湿润，无鼻液。口腔黏膜无溃疡，下颌无流涎。注意观察结膜是否充血、角膜是否混浊、是否流泪或有脓液分泌物等。眼睛要圆大明亮，活泼有神；耳直立稍倾向两侧，耳背、耳尖无癣、痂，耳内无黄褐色积垢。颈和躯干相协调，并附有发达的肌肉。

②胸腹部 要求胸深而宽。胸的宽窄是全身肌肉发育程度的重要标志，窄胸是发育不良和体质弱的表现。腹前部应与胸下缘在同一水平线上，在靠近腰的部分应稍向上弯曲，乳头正常。银黑狐乳头 3 对以上，蓝狐 6 对以上。

③背腰和臀部 要求背腰长而宽、要直，凸背、凹背都不理想，用手触摸脊椎骨略能分辨，但又不清楚为宜。臀部长而宽圆，母狐要求臀部发达。

④四肢 前肢粗壮，伸屈灵活，后肢长，肌肉发达。

⑤生殖器 公狐睾丸大，有弹力，两侧对称，隐睾或单睾都不能做种用。母狐阴部无炎症。

（2）体格测定 通常，狐的外貌、体型大小和身体的重量等是选择狐种的重要依据。体格测定包括体长测定和胸围测定。体长是指鼻端到尾根之间的距离，胸围是指肩胛后缘胸廓的一周长度。用于银黑狐种狐的体重要求 5～6 千克，公狐体长 68 厘米以上，母狐 65 厘米以上；用于北极狐种狐的公狐体重应大于 7.5 千克和体长 70 厘米以上，母狐体重应大于 6.7 千克和体长 65 厘

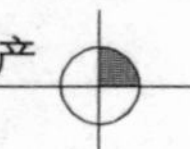

米以上。

3. 繁殖力鉴定

（1）种公狐　要求年龄 2～5 岁、睾丸发育良好，交配早，性欲旺盛，精液品质良好，配种能力强，性情温顺，无恶癖，择偶性不强，受配母狐产仔率高。

（2）种母狐　要求发情早（不迟于 3 月中旬），性情温顺，产仔多（银黑狐 4 只以上，北极狐 7 只以上），母性强，泌乳能力好。

（3）当年仔狐　选种要求双亲体况健壮，同胎仔数多（银黑狐 4 只以上，北极狐 7 只以上），出生相对早（银黑狐在 4 月 20 日以前，北极狐在 5 月 25 日以前）且发育正常。

凡是生殖器官畸形，发情晚，母性不好，常剩食，自咬或患慢性胃肠炎或其他慢性疾病的母狐，一律不能留作种用。

4. 系谱测定　根据对种狐的影响程度，将祖先 3～5 代内具有血缘关系的个体归在一个亲属群内。然后依据各代祖先的生产性能、绒毛品质、体型和繁殖力等表现，预测狐的种用价值并选出优秀个体作为狐种的依据。

5. 后裔测定　通常采用后裔与亲代之间、不同后裔之间及后裔和全群平均生产指标相比较的方法进行后裔测定。后裔的生产和遗传性能等指标是选种和选配的主要依据。

6. 同胞测定　狐是多胎动物，可根据被屠宰的同胞毛皮质量来判定种狐的种用价值。

（二）筛选狐种的基本原则

优良狐应具备生产性能高、体质外形好、发育正常、繁殖性能好、合乎品种标准和种用价值高等 6 个特性，缺一不可。其中，前 5 个特性为狐的表型性状，根据种狐本身的表现即可评定；而种狐的种用价值，则为最重要的对种狐的最终要求。

狐留种的基本要求是，公狐应达到个体品质、系谱测定、同胞测定和后裔测定等一级指标，母狐应达到二级以上。仔狐选种应采用三级选种法，即在断乳（40 日龄）、9 月下旬和 11 月中旬对拟要留种狐进行 3 次各项指标的检测，3 次指标检测为优者作为预留种狐。成年狐在第一次繁殖期（公狐 6 月中旬至 7 月中旬，母狐在 7 月中旬）结束后和 11 月中下旬分别进行品质检测，达到标准的留做种用。

（三）种狐的个体的选择

种狐的个体选择，通常采用初选、复选和终选的三步选择方法。

1. 种狐的初选　在配种结束后，根据成年公狐在配种期的配种能力、精液品质及体况恢复等情况进行种公狐的初选。成年母狐在断奶后，根据其繁殖、泌乳及母性情况进行初选。当年仔狐在断乳时，根据同窝仔狐数量及生长发育情况进行种母狐的初选。对于仔狐，在 5～6 月份的断乳时期，根据仔狐祖先的生产性能进行选择。通常将双亲生产性能均优良，且仔狐出生早、发育正常者初步选定为种狐。

2. 种狐的复选　通常在 8～9 月进行。根据狐脱毛和换毛、仔狐的生长发育和成狐的体况恢复等情况，在初选的基础上再次进行种狐的筛选。这时选留的数量要比计划留种数多 20%～25%。

3. 种狐的终选　在 11～12 月进行。在复选基础上，根据种公母狐为 1∶3 或 1∶4 的原则，依据狐的生长发育、被毛等情况进一步筛选优良种狐。当狐群较小时，要适当多留些公狐。种狐群的组成应以成年狐为主，成年狐和仔狐的比例应为 7∶3 至 1∶1为宜。

二、狐的育种

选配是指有计划、有目的地将公、母种狐进行搭配，以获得具有双亲遗传特性后代的一种配种方法。选种是育种工作的重要基础，选配是育种工作的继续。选种是为了选配，选种的效果要

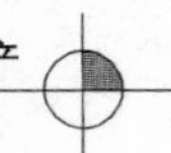

靠选配巩固和提高。选配包括个体选配与种群选配。

1. 个体选配 在同一饲养群内（同一品种或同一品系），考虑互配个体之间关系的选配方式。个体选配又根据交配双方品质和亲缘关系分为品质选配和亲缘选配。

（1）品质选配 品质选配是指依据交配双方不同品质的一种选配，也称选型交配。所谓品质，既可以指一般品质，如体质、体型、生物学特性、生产性能、产品质量等方面的品质，也可以指遗传品质，以数量性状而言，即其估计育种值的高低。根据交配双方品质的异同，可进一步分为同质选配和异质选配两种。

①同质选配 又称为选同交配或同型交配，是一种以表型相似性为基础的选配，即选用性状相同、性能表现一致，或育种值相似的优秀公、母狐间的配种，以期获得与亲代品质相似的优秀后代。换句话说，就是优质的公母狐进行交配，其主要目的是使亲本的优良性状稳定地传给后代，其中包括优秀品质的保存、巩固和提高的作用。

②异质选配 又称为选异交配或异型交配，是一种以表型不同为基础的选配，包括两种情况，一种是选择具有不同优异性状的公、母狐相配，以期将两个性状结合在一起，从而获得兼有双亲不同优点的后代，例如，选用毛绒密度好的狐与被毛平齐的狐相配，以期获得毛绒丰厚、被毛平齐的后代。另一种是选同一性状，但优劣程度不同的公、母狐相配，即所谓以好改坏，以优改劣，以优良性状纠正不良性状，以期后代取得较大的改进和提高。例如，用一只体型小的狐，与其他性状同样优秀的、体型大的个体交配，目的是使后代体型有所增大。

（2）亲缘选配 亲缘选配是指根据交配双方亲缘远近关系的一种选配。包括近亲交配和远亲交配。

①近亲交配 又称近交，是指交配双方具有较近的亲缘关系。在生产实践中，为防止因近亲交配而出现繁殖力降低、后代生命力弱、体型变小、死亡率高等现象，一般不采用近亲交配。

但在育种过程中，为了使优良性状固定，去掉有害基因，必要时也常采用近亲选配的方式。

②远亲交配　又称为远交或非亲缘交配，是指交配双方具有较远的血缘关系或没有血缘关系。远亲交配是育种过程常用的一种配种方法。

2. 种群选配　考虑互配个体所隶属的种群特性和配种关系的一种选配方式，即确定选用相同种属（品种、品系）的个体互配，还是选用不同种属（品种、品系）的个体交配，以便更好地组合后代的遗传基础，塑造出更符合人们理想要求的个体或狐群，或充分利用杂种优势。种群选配又根据交配双方所属种群、特性的不同，又可分为纯种繁育与杂交繁育两种。

（1）纯种繁育　纯种繁育可以简称为“纯繁”，是指在同一种属（品种、品系）内，通过选种选配、品系繁育、改善培育条件等措施，以提高种群性能的一种方法。

（2）杂交繁育　杂交繁育简称为“杂繁”，就是通过选择不同种属（品种、品系）的个体进行配种。

第五节　狐的饲养管理

野生状态下，狐根据其自身生存需要选择栖息环境和捕获食物，但是，在人工饲养的条件下，狐的所有生存需求均由人来提供。因此，人工饲养的狐的生存环境、饲料以及日常的管理都直接影响狐的生长、繁殖和生产性能。必须根据狐的生长发育特性，进行科学的管理，以保证获得最大的经济效益。

一、狐生物学时期的划分

狐生命活动呈现明显的季节性，如春季繁殖交配，夏、秋季哺育幼子，入冬前蓄积营养并长出丰厚的被毛等。因此，在人工饲养狐的过程中，根据狐生命活动的季节特性及其一年内不同的

生理特点，划分成年公狐、成年母狐和仔狐的相应饲养期。

1. 成年公狐的生物学时期　成年公狐的生物学时期包括准备配种前期（第1年9～11月）、准备配种期（第1年12月至第2年1月下旬）、配种期（第2年1月下旬至4月下旬）、恢复期（第2年4～8月）。

2. 成年母狐的生物学时期　成年母狐的生物学时期包括准备配种前期（第1年9～11月）、准备配种期（第1年12月至第2年1月下旬）、配种期（第2年1月下旬至4月下旬）、妊娠产仔泌乳期（第2年4～8月）。

3. 幼狐的生物学时期　仔狐的生物学时期包括幼狐的哺乳期（3～6月）、育成期（7～8月）和冬毛生长期。

从仔狐中筛选种狐后，余下的仔狐和种狐中淘汰的成年狐，用作皮用狐来饲养。通常7～12月为皮用狐的饲养期。

二、狐的饲养管理

如上所述，母狐的生物学时期可以人为划分为准备配种期、配种期、妊娠期和哺乳期等4个时期。各个时期的具有其独特的生物学特点，但各个时期又有着内在的联系。因此，在饲养管理过程中，既要根据不同时期的生物学特点进行饲养管理，又要根据具体情况进行合理的调整。以下在分别介绍准备配种期、配种期、妊娠期和哺乳期的饲养管理方法的同时，介绍种公狐恢复期的饲养管理和仔狐育成期的饲养管理方法。

（一）准备配种期的饲养管理

一般情况下，习惯上将狐配种前1.5～2个月为准备配种期，但实际上，公狐从配种结束，母狐从断乳以后，仔狐从8月末就进入下一个繁殖季节的准备配种期。狐在进入准备配种期后，开始生长冬毛，生殖器官由静止状态转入迅速发育状态。

1. 准备配种期的饲养　在狐的整个准备配种期，应饲喂生殖器官发育、换毛和越冬所需的营养物质。进入准备配种期的仔狐处于生长发育后期，而种公狐和种母狐分别经历消耗大量体力的配种期和分娩与哺乳期，因此，在此时期，应以恢复体力饲养为主。在种公狐配种结束后和种母狐断乳后10～15天内，饲料营养水平仍要保持原有的营养水平。

狐的准备配种期比较长，从8月末到9月初，公、母狐（包括仔狐）的性器官开始发育，以迎接下一个配种期的到来。此时，公狐的睾丸和母狐的卵巢开始发育，应提高饲料营养水平。此时，应根据银黑狐每418千焦代谢能需消化蛋白质9克和北极狐每418千焦代谢能消化蛋白质8克的水平提供蛋白质，并每天每头补加5～10毫克维生素E，以保证生殖器官的正常发育。银黑狐从11月中旬和北极狐从12月中旬开始，进入准备配种期的关键阶段，此时，饲料营养水平要求进一步提高，418千焦代谢能可消化蛋白质应不低于10克，每天每头需补加10～15毫克维生素E。狐的配种准备期的饲料配方参见表1-1。

表1-1　狐不同饲养时期的饲料配方

饲料成分	饲养时期			
	准备配种期	配种期	妊娠期	产仔泌乳期
代谢能（兆焦）	2.22～2.26	2.09～2.22	2.22～2.30	2.72～2.93
饲喂量（克/只）	540～550	500	530	620～800
粗蛋白（克）	60～63	60～65	65～70	73～75
海杂鱼（%）	50～52	57～60	52～55	53～55
肉类（%）	5～6	5	5～6	7～8
谷物窝头（%）	13～14	12～13	10～11	11～12
蔬菜（%）	12～13	10～12	10～12	12～13
乳类+水（%）	13～15	10～12	12～16	15～18
酵母（克/只）	7.0	6.0	8.0	8.0
食盐（克/只）	1.5	1.5	1.5	2.5
骨粉（克/只）	5.0	5.0	10～12	5.0

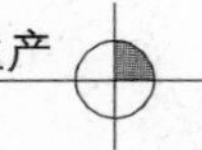

（续）

饲料成分	饲养时期			
	准备配种期	配种期	妊娠期	产仔泌乳期
添加剂（克/只）	1.5	1.5	1.5	2.0
维生素 B_1（毫克/只）	2.0	3.0	5.0	5.0
维生素 C（毫克/只）	20.0	25.0	35.0	30.0
维生素 E（毫克/只）	20.0	25.0	25.0	—
鱼肝油（国际单位/只）	1 500	1 800	2 000	1 500
动物脑（克/只）	5	—	—	—

应保证采食量和充足的饮水。准备配种后期由于气温逐渐寒冷，饲料在室外很快结冰，影响狐的采食。因此，在投喂饲料时应适当提高饲料温度，使狐可以吃到温暖的食物。另外，如果缺水可导致狐的代谢紊乱，甚至死亡。因此应保证狐群饮水供应充足，每天至少 2～3 次。

在准备配种期，如果饲料不全价或数量不足，能导致种用狐精子和卵子生成障碍，并导致母狐的妊娠和分娩障碍的发生。在此期，如果营养不良可导致取皮狐的毛绒品质低劣、皮张的张幅小。

2. 准备配种期的管理 准备配种期除应给狐群适当增加营养外，还应加强饲养管理。

（1）增加光照时间 光照是影响动物繁殖性能的重要因素之一。现已证实，光照时间不仅影响毛绒的正常生长，而且有利于性器官发育、发情和交配。因此，应将种狐置于朝阳的自然光照下饲养，保证充足的光照时间。

（2）防寒保暖 由于准备配种后期进入寒冷冬季，特别是北方地区气温往往降至－20℃以下，因此，此期不仅要补充抵御外界寒冷而消耗的营养物质，而且应对小室加强保温，保证小室内有干燥、柔软的垫草，并用油毡纸、塑料布等堵住小室四周的缝

隙。此外，应及时清理小室内的粪便。

（3）加强驯化　通过食物引逗等方式进行驯化，尤其是声音驯化，使狐不怕人，以利于繁殖操作。

（4）调整种狐体况平衡　种狐的体况与其发情、配种、产仔等生产性能密切相关，身体过肥或过瘦均不利于繁殖。因此，在准备配种期必须通过眼观、手摸和称重等方法鉴定种狐体况，通过食物饲喂量和运动量对其进行调整，以保持最佳的体况。体况可分为如下的肥胖、适中和较瘦三种。

①肥胖体况　被毛平顺光滑，脊背平宽，体粗腹大，行动迟缓，不爱活动。用手触摸不到脊椎骨和肋骨，甚至在脊背中间形成一道沟，全身脂肪非常发达。当公狐肥胖时，一般性欲较差，精液品质低劣，配种能力及配种次数明显降低等；母狐如果脂肪过多，其卵巢会被脂肪包埋，影响卵子的正常发育，延误发情或不发情。同时脂肪还会压迫输卵管，阻碍精子与卵子结合，影响受孕。如果子宫体周围脂肪蓄积过多，在妊娠期会造成胚胎被吸收，增加空怀率。在妊娠后期，则会造成胎儿发育不均，大小不一。体况过肥的母狐还会出现难产、产后缺乳症等。对于过肥的种狐，应适当增加运动量、少给饲料或减少小室中的垫草等方法来给种狐减肥。如果全群过肥，可改变饲料组成，减少饲料中的脂肪含量，并适当降低饲料总量。

②体况适中　被毛平顺光亮，体躯匀称，行动灵活，肌肉丰满，腹部圆平。用手摸脊背和肋骨时，既不挡手又可感触到脊椎骨和肋骨。种公狐和种母狐体况应适中。

③较瘦体况　全身被毛粗糙，蓬乱而无光泽，肌肉不丰满而缺乏弹性。用手触摸脊背和肋骨可感到突出挡手。较瘦体况的种狐，精子和卵子发育均不良，发情期延，进而导致失配率增高。对于较瘦体况的种狐，要适当增加营养，注意防寒保暖等工作，以求在进入配种期时达到最佳体况。

（5）异性刺激　准备配种后期，以公、母的间隔摆放狐笼，

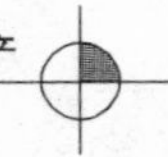

增加公狐和母狐的接触时间，以刺激性腺发育。

(6) *作好配种前的准备*　银黑狐在1月中旬，北极狐在2月中旬以前，应周密做好配种前的一切准备工作，维修好笼舍并进行消毒。制订配种计划和方案，准备好配种用具，如捕兽钳或捕兽网、手套、配种记录、药品等，并开展技术培训工作。此外，由于经产母狐发情期往往提前，因此，注意观察经产母狐的发情情况，若发情应及时配种。

(二) 配种期的饲养管理

配种期是养狐场全年生产的重要时期。此期的管理重点在于使每只母狐都能准确适时受配。通过适时放对自然交配或适时实施人工授精，以提高狐的繁殖效率。银黑狐的配种期一般在每年的1月下旬至3月上旬，北极狐的配种期为3月上旬至4月下旬。进入配种期的公、母狐，在性激素的作用下出现发情和求偶等行为，并引起食欲下降。

1. 配种期的饲养　在配种期，应注重保持公狐的旺盛而持久的配种能力和良好的精液品质，使母狐能够正常发情和适时完成交配。进入配种期后，由于公、母狐产生性欲冲动，精神兴奋，表现不安，运动量增大，食欲下降，应供给优质全价、适口性好和易于消化的饲料，并适当提高饲料中动物性饲料的比例，如蛋、脑、鲜肉、肝、乳，同时增加饲喂多种维生素和矿物质。此期饲料营养水平以每418千焦代谢能可消化蛋白质不低于10克，每天每只15毫克维生素E为宜。狐的配种期的饲料配方参见表1-1。

由于配种期的天气已变暖，与此同时，由于公、母狐运动量加大，因此，对水的需求增加。此期每天要经常保持水盆里有足够的清水。

配种期不宜饲喂过多的饲料，否则会在某种程度上降低公狐性欲而影响交配能力。配种期间每天饲喂1～2次，然后根据情况，放对前后补充蛋等高营养的间食，以保证公狐的体力。

2. 配种期的管理

（1）防止狐的逃脱和伤人伤狐　由于配种期的公、母狐性欲冲动，狂躁不安，运动增加，应避免狐的逃脱。此外，在母狐发情鉴定和放对的过程中，应操作得当，防止人狐皆伤的事故。

（2）发情鉴定和配种记录　为了提高配种率，应准确地对母狐进行发情鉴定。每隔 2～3 天通过放对等方法进行发情检查，对首次用于配种的公狐还要进行精液品质的检查。以防止母狐子宫内膜炎的发生，在配种前，种公狐、种母狐的性器官要用 0.1%高锰酸钾水进行清洗。通常，狐在早晨 6～8 时和傍晚17～18 时进行交配。由于在母狐发情后的第 1 天或第 2 天早晨开始排卵，所排的卵不同步，因此，通常即使第 1 天放对时母狐同意爬跨，但此时不配种。对于经产母狐可在第 2～3 天进行自然交配或实施人工输精，而当年的仔狐则要等到发情后的第 3～4 天进行自然交配或实施人工输精。

在商品狐生产过程中，1 只母狐可与多只公狐交配，以增加母狐的受孕机会。在种狐的生产过程中，为了保证狐谱系清楚，应要求 1 只母狐与同一只公狐进行交配。通常 1 只母狐进行 2～3 次交配，如果交配次数过多，会引起母狐的阴道和子宫的炎症发生，从而导致空怀或流产。

配种期间应对公、母狐进行编号，详细记录放对日期、交配时间、交配次数及交配情况等。此外，在种母狐配种结束后 3～5 天内要检查有否重复发情。若发情应及时进行第二次配种。

（3）鉴别病狐　种狐在配种期因性欲冲动，食欲下降，公狐尤其是在放对初期，母狐临近发情时期，常发生患病时的连续几天拒食的现象，因此，应注意对其进行鉴别。

（4）维持良好的配种环境　在配种期间，保证饲养场的安静。放对后要注意观察公、母狐的行为，防止咬伤，若发现公母狐互相有敌意时，应及时分开。另外，要做好食具、笼舍和地面等消毒，特别在温度较高的地区，更应重视卫生防疫。

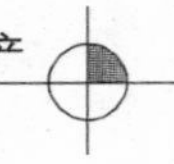

（三）妊娠期的饲养管理

妊娠期是指从受精卵形成至胎儿分娩为止的一段时间。在妊娠期，胎儿发育在母狐的子宫中发育，母狐的乳腺开始发育并最后泌乳。此外，母狐在妊娠期换毛，即脱掉冬毛换夏毛。

1. 妊娠期的饲养 在各生物学时期中，妊娠期是母狐营养水平要求最高的时期。母狐需要获取用于自身的新陈代谢、提供胎儿生长发育和产后泌乳蓄积等的营养。在妊娠期，由于受精卵开始发育，雌性激素分泌停止，黄体激素分泌增加，母狐性欲消失，外生殖器官恢复常态而食欲逐渐增加。这一时期的饲养管理，直接影响母狐能否妊娠、产仔多少及其仔狐出生后生长发育，特别是妊娠后半期（妊娠 28 天以后），由于胎儿生长加快，营养需求加大，妊娠母狐表现为采食量逐渐增加。在此时，应注意提供充足的微量元素和蛋白质，否则，常发生胎儿被吸收、流产等现象。因此，妊娠期应保证饲喂营养丰富、全价、易消化的饲料外，还要求饲料多样化，以保证必需氨基酸互补。

在妊娠期，银黑狐每 418 千焦代谢能可消化蛋白质应不低于 10 克，北极狐不低于 11 克。维生素 E 的需求量为每天每头不低于 15 毫克。在此期，为了预防初生仔狐发生缺铁症，可以在饲料中添加一定量的硫酸亚铁。此外，饲料中通过添加钴、锰和锌等元素，可降低仔狐的死亡率。狐的妊娠期饲料配方参见表 1-1。

母狐妊娠期需水量大增，保证给予充足的清洁水。

由于妊娠期天比较温暖，饲料容易变质。因此，应杜绝饲喂变质饲料，以防止胎儿中毒死亡。此外，妊娠期饲料的喂量要适度，可随妊娠天数的增加而递增，避免妊娠母狐过肥，否则，影响胎儿的正常发育。

2. 妊娠期的管理 在妊娠期，应给妊娠母狐创造一个安静舒适的环境，以保证胎儿的正常发育，预防流产的发生。妊娠期管理应做好以下几项工作。

（1）保证环境安静 在母狐的妊娠期，尽量保持安静，应禁止外人参观，饲养人员操作时动作要轻，以防止母狐受到惊吓而引起流产、早产、难产、叼仔、拒绝哺乳等现象的发生。为使母狐习惯与人接触，产仔时见人不致受惊，从妊娠中期开始饲养人员要多进狐场。

（2）搞好环境卫生　搞好笼舍卫生，每天刷洗饮、食具，每周消毒1次或2次。同时要保持小室里经常有清洁、干燥和充足的垫草，以防寒流侵袭引起感冒。注意观察狐群动态，发现病狐应及时治疗。

（3）注意观察妊娠母狐的变化　正常情况下，在妊娠后第15天，母狐的外阴和阴蒂萎缩，外阴颜色变深；初产狐乳头似高粱粒大，经产狐乳头为大豆粒大，外观可见2～3个乳盘；喜睡，不愿活动，腹围不明显；妊娠后的第20天，外阴呈黑灰色，恢复到配种前状态，乳头开始发育，乳头部皮肤粉红色，乳盘放大，大部分时间静卧嗜睡，腹围增大；从妊娠后的第25天开始，外阴唇逐渐变大，产前6～8天阴唇裂开，流出黏液，乳头发育迅速，乳盘开始肥大，粉红色，外观可见较大的乳头和乳盘，母狐不愿活动，大部分时间静卧，腹围明显增大，后期腹围下垂。当发现有流产征候者时，应通过肌内注射黄体酮20～30毫克/只以防止流产。

（4）注意观察母狐的食欲、粪便和精神状态　注意观察妊娠母狐的食欲、排出的粪便形状及其精神状态，应和疾病进行鉴别。个别的妊娠母狐食欲减退，甚至出现拒食，但精神状态正常，鼻镜湿润，对这些应看做是妊娠反应。此时，应尽量饲喂它喜欢吃的食物，如大白菜、黄瓜、西红柿、新鲜小活鱼、鲜牛肝、鸡蛋、鲜牛肉等食物。

（5）做好产前准备　母狐的妊娠期为52～54天。根据配种记录，在预产期来临之前，应做好母狐的临产准备工作。预产期前5～10天，应清理垫草和消毒产仔箱，并更换垫草。此外，检查仔狐用的一切用具是否齐全。注意观察妊娠母狐是否出现临产

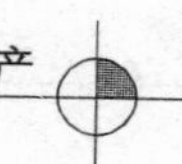

征候、乳房周围的毛是否已拔好，有无难产的表现等，并采取相应的措施。

（四）产仔泌乳期的饲养管理

产仔泌乳期是从母狐产仔开始至仔狐断乳分窝为止的一段时间。银狐的产仔期一般在3月下旬至4月下旬。北极狐的产仔期在4月中旬至6月上旬。此期母狐的生理变化较大，消耗较多。此期是保证仔狐成活率和正常发育的关键时期。

1. 产仔泌乳期母狐的饲养 母狐的乳产量和质量是确保仔狐正常发育的关键。狐乳的主要成分参见表1-2。母狐日泌乳量较大，一般约占体重的15%。母狐泌乳能力通常受母狐自身的遗传性能和产仔泌乳期的饲料成分的影响。在此期，银黑狐的饲料营养水平为每418千焦代谢能可消化蛋白质10克，北极狐每418千焦代谢能可消化蛋白质11克。若添加2%～3%乳品在妊娠期饲料中，可提高泌乳量。产仔泌乳期的饲料配方参见表1-1。

母狐产仔后最初几天食欲不佳，但经5天后，特别是到哺乳的中后期仔狐会吃食时，母狐的食量大增。因此，要根据仔狐日龄增长并结合母狐食欲情况，随时调整母狐的饲喂量，以保证仔狐正常生长发育的需要。饲料质量要求全价、清洁、易消化、新鲜。杜绝饲喂腐败发霉的饲料，以防止仔狐及母狐的胃肠疾病的发生。

表1-2 狐乳中的营养成分

营养成分	干物质	蛋白质	脂肪	碳水化合物	钙、磷
北极狐	30.0	14.5	11.0	3.5	1.0
银黑狐	20.0	8.0	10.0	1.0	1.0

2. 产仔泌乳期仔狐的饲养 刚刚出生的仔狐利用母狐的乳汁维持其生长发育。但随着仔狐日龄的增长，仔狐的消化系统逐渐发育完善。生后第20～28天，仔狐可自行走出，可以吃人工

补充饲料。因此，对能够采食的仔狐应逐渐饲喂新鲜且易于消化的饲料。为了预防仔狐的消化不良，可在饲料添加有助于消化的药物，如乳酶生、胃蛋白酶等。在饲喂时，饲料尽量稀一些，便于仔狐的舔食。随着仔狐日龄的增加，可饲喂稠一些的饲料。当接近断乳，可饲喂成狐饲料。表1-3为不同日龄仔狐的补饲量标准。

表1-3 不同日龄仔狐的每只每天补饲量

仔狐日龄	补饲量（克）	
	银黑狐	北极狐
20	70～125	50～100
30	180	150
40	280	250
50	300	300

3. 产仔泌乳期的饲养管理

（1）*提供充足的饮用水* 母狐生产时体能消耗很大，泌乳又需要大量的水。此外，天气渐热，渴感增强。因此，产仔泌乳期必须供给狐充足清洁的饮用水。与此同时，如果天气炎热，还应经常在狐舍的周围进行洒水降温。

（2）*临产前拔掉母狐的乳毛* 通常母狐在产仔前自行拔掉乳头周围的毛，但当拔得不彻底时，应人工辅助拔乳毛，同时检查是否开始泌乳。必要时投放催乳片或打催乳针。狐的产仔时间多数集中在夜间和清晨。分娩整个过程多数为2～3小时。产仔后，多数母狐都能将胎衣吃掉，并舔干仔狐身上的黏液。但个别初产狐不食胎衣也不会护理仔狐，此时，应人工处理胎衣。

（3）*做好产后检查* 产后检查是产仔保活的一项重要措施。母狐产后的12小时内在气候暖和的条件下进行仔狐检查。检查时，检查人员手上，不能含有刺激性的异味，动作要迅速、准确，不可破坏产窝。对有惧怕心理，表现不安的母狐可以推迟检

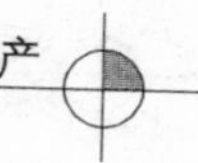

查和不检查。主要检查仔狐是否吃上母乳。初生仔狐眼紧闭，无牙齿、无听觉，身上被有较稀疏的黑褐色胎毛。当仔狐吃上乳后，嘴巴变黑，肚腹增大，集中群卧，安静，不嘶叫；否则未吃上母乳。还应观察有无脐带缠身或脐带未咬断，有无胎衣未剥离，产多少仔狐，有无死胎等。发现问题及时解决。

（4）精心护理仔狐　刚出生的仔狐尚不具备健全的体温调节机能，生活能力很弱，全靠温暖良好的产窝，以及母狐的照料而生存。因此，小室内要有充足、干燥的垫草。对乳汁不足的母狐，在加强营养的同时，每天投喂 4～5 片催乳片，连续喂 3～4 天进行药物催乳。药物催乳后母狐的乳汁仍不足时，需将仔狐部分或全部取出，寻找保姆狐或保姆猫（狗）代养。

注意小室的卫生，防止仔狐胃肠道和呼吸道疾病的发生，特别当阴雨连绵的低温天气。可导致仔狐患感冒而大量死亡。30 日龄以上的仔狐已特别活跃，应防止从笼舍的缝隙中溜出，以防被其他母狐咬伤、咬死。

哺乳后期，由于母狐乳不能满足仔狐的需要，仔狐因争夺吮吸乳汁而易咬伤母狐乳头，导致母狐乳腺疾病的发生。因此，应注意观察，及时发现发生乳腺炎的母狐，实施断乳。当仔狐超过 40 日龄时，可分窝饲养，并加强饲养管理，饲料要添加些奶、肝、蛋等。发生乳腺炎的母狐应给予及时治疗，并在年末淘汰取皮。

（5）适时断乳分窝　断乳分窝是将发育到一定程度，已具有独立生活能力的仔狐与母狐分开饲养的过程。具体断乳时间主要依据仔狐的发育情况和母狐的哺乳能力而定。通常，在仔狐出生后的第 45～60 天进行断乳。但在母狐泌乳量不足的情况下，在出生后的第 40 天也可断乳。在断乳之前，应提前做好断乳分窝准备。断乳包括一次性断乳法和分批断乳法。如果仔狐发育良好、均衡，可一次性将母狐与仔狐分开，即一次性断乳；如果仔狐发育不均衡，母乳又不太好，可从仔狐中选出体质壮、体型大、采食能力强的仔狐先分出去，体质较差的弱仔留给母狐继续喂养一段时间，待仔狐发育较强壮时，再行断乳，即分批断乳。

（6）*保持环境安静* 在母狐的产仔泌乳期内，特别是产后20天内，母狐对外界环境变化反应敏感，稍有动静都会引起母狐烦躁不安，常因噪声、异味、艳服等引起母狐受惊，从而造成母狐叼、咬仔狐，甚至吃掉仔狐，所以给产仔母狐创造一个安静舒适的环境。

（7）*提供充足的维生素和矿物质* 母狐产后，如果饲料中缺乏维生素和矿物质，则常出现母狐食仔现象的发生。因此，在补充维生素和矿物质的同时，对具有食仔恶癖的母狐，应及时与仔狐分开，并在当年淘汰。

（8）*重视卫生防疫* 母狐产仔泌乳期正值春雨季节，多阴雨天，空气湿度大。加之产仔母狐体质较弱。因此，必须加强卫生防疫工作。

（五）种狐恢复期的饲养管理

种狐恢复期是指公狐从配种结束到性器官再次发育（银黑狐从3月下旬至9月初；北极狐从4月下旬至9月中旬），或者母狐从断乳分窝到性器官再次发育（银黑狐从5月至8月；北极狐从6月至9月）的一段时间。种狐经过繁殖季节，体质消耗很大，采食量减少，体重处于全群最低水平（特别是母狐）。此外，种狐恢复期换毛。因此，种狐恢复期应恢复种狐的体质，以便用为下年度的配种繁殖生产打下良好的基础。

1. 种狐恢复期的饲养 为促进种狐的体况恢复，以利翌年生产，在种狐的恢复期初期，即公狐在配种结束后10～15天内和母狐在断乳分窝后的10～15天内，应继续给予配种期和产仔泌乳期的标准饲料，以后再逐渐转变为恢复期饲料。

2. 种狐恢复期的饲养管理 种狐恢复期历经时间较长，气温差别悬殊，因此，应根据不同时间的生理特点和气候特点实施管理。

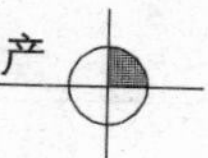

(1) 加强卫生防疫　严禁饲喂变质或发霉的饲料；加工饲料用器具应清洗干净并定期消毒；笼舍、地面要随时清扫或洗刷，不能积存粪便。

(2) 保证供水　此期天气炎热，要保证饮水供给，并定期给狐群饮用0.01%的高锰酸钾水溶液。

(3) 防暑降温和防寒保暖　根据季节的变化，应注意防暑和防寒工作。

(4) 保证光照时间　严禁随意开灯或遮光，以避免因光周期的改变而影响狐的正常发情。

(5) 清理被毛　在毛绒生长或成熟季节，如发现毛绒有缠结现象，应及时梳整，以防止其毛绒粘连而影响毛皮的质量。

(6) 劣质母狐的淘汰　淘汰当年繁殖异常或效率低下的母狐。

(六) 仔狐育成期的饲养管理

仔狐育成期就是指仔狐脱离母狐的哺育，进入独立生活的个体成熟的阶段。在此期，仔狐快速生长发育，体重呈直线增长。仔狐育成期是仔狐继续生长发育的关键期，其被毛逐渐形成冬毛。在此期，饲养管理的好坏，直接关系到成狐体型的大小和毛皮质量的优劣。

1. 仔狐育成期的饲养　仔狐育成期是狐一生中生长发育最快的时期，但在不同阶段（日龄）其体重的增长速度并不完全一致。在早期体重增长最快，但随着日龄的增长，体重的增长速度逐渐减慢，达到体成熟后，体重几乎不发生变化。

除上述的体重变化之外，在仔狐育成期，狐的被毛也发生一系列的变化。仔狐出生时有短而稀的深灰色胎毛，50～60 日龄时胎毛生长停止，3～3.5 月龄时针毛带有银环，8～9 月初银毛明显，胎毛全部脱落，在外观上类似成年狐。

根据上述的仔狐的生长发育特点，应科学合理饲养。在仔狐育成期的饲养标准为每 418 千焦代谢能可消化蛋白质 7.5～8.5

克，并补充维生素A、维生素C、维生素D及B族维生素和钙、磷等矿物质。刚断乳的仔狐，由于离开母狐和同伴，很不适应新的环境，大都表现不同程度的应激反应，食欲较低。因此，分窝后不宜马上更换饲料，一般在断乳后的10天内，仍按哺乳期的补饲料饲喂，以后逐渐过渡到育成期饲料。

对于留种的仔狐，在其育成期后期，逐渐饲喂比成年种狐的食量高10%、增加5毫克维生素E的种狐饲料；对于取皮狐，从9月初到取皮前，在饲料中适当增加含高脂肪和硫氨基酸多的饲料，以利冬毛的生长。

2. 仔狐育成期的管理

(1) 适时接种疫苗　仔狐分窝后15～20天，应对犬瘟热、狐脑炎、病毒性脑炎等重要传染病实行疫苗预防接种，防止各种疾病和传染病的发生。

(2) 断乳初期的管理　刚断乳的仔狐，常发出嘶叫，不安、怕人等不适应新环境的现象。因此，通常先将同性别、体质、体长相近的同窝仔狐2～4只放在同一笼内饲养，1～2周后再逐渐分开。

(3) 定期称重　为了及时掌握仔狐的发育情况，每月至少进行一次称重，以了解和衡量育成期饲养管理的好坏。在分析体重资料时，还应考虑仔狐出生时的个体差异和性别差异。作为仔狐发育情况的评定指数，还应有毛绒发育状况、齿的更换及体型等。

(4) 选种和留种　挑选部分育成狐留种。留种时，应挑选产期早（银黑狐4月5日前出生，北极狐5月5日前出生）、繁殖力高（银黑狐产5只以上，北极狐产8只以上）、毛色符合标准的后裔做预备种狐。挑选出来的预备种狐要单独组群饲养，并由专人管理。

(5) 预防疾病发生　育成期正值高温多雨、各种疾病多发季节，为此应加强疾病防治、特别对黄脂肪、胃肠炎、中暑等疾病

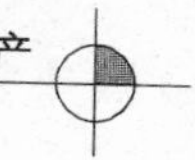

进行预防。

(6) 加强日常管理 注意防暑、保证提供充足饮水和环境卫生。

(七) 皮用狐的饲养管理

皮用仔狐和淘汰的成狐，在毛皮成熟后期进行屠宰取皮。狐的屠宰取皮期从12月中旬至翌年1月上旬。

1. 皮用狐的饲养 皮用狐的饲养目的在于获取优质的毛皮。因此，皮用狐的饲料需具有如下特点。

(1) 饲料中要供给充足的含硫氨酸可消化蛋白质，否则影响冬毛的生长和底绒空疏而导致毛皮质量降低。

(2) 饲料中应添加一定量的植物油或提炼的动物脂肪，可以提高狐皮的光泽度和皮张幅度。

(3) 饲料中的矿物质含量不宜过高，否则可使毛绒脆弱无弹性。

(4) 皮用狐饲喂高碳水化合物饲料，可通过在体内转化成脂肪并在体内积存，以利于提高皮张幅度。

(5) 饲料中应注意添加维生素 B_2，以避免绒毛颜色变浅。

2. 皮用狐的管理 皮用狐在管理上主要任务是提高毛皮质量，皮用狐10月份就应在小室内铺垫草，以利梳毛。加强笼舍卫生，分食时注意不要使饲料玷污毛绒，以防发生缠结，特别是对圈养的皮用狐对此应关注。

（宁万勇）

第二章 貉的生产

和狐一样，貉是许多国家广泛饲养的一种毛皮动物，具有很高的经济价值。其主要产品貉皮，属大毛细皮，具有坚韧耐磨、轻便柔软、美观保温等优点，是制作大衣、皮领、帽和皮褥等裘皮制品的优质原料。貉肉细嫩鲜美、营养丰富，且可入药。貉胆囊（汁）干燥后可代替熊胆入药。貉针毛和尾毛是制造高级化妆用毛刷、胡刷和毛笔等的原料。貉油除可食用外，还是制作高级化妆品的原料。貉在我国冬季寒冷的北方和四季温暖如春的南方均可饲养。貉皮制品在我国具有广泛的市场，也是出口创汇重要毛皮产品。

第一节 貉的生物学特性

一、貉品种、形态特征及其分布

貉为脊索动物门（Chordata）、脊椎动物亚门（Vertebrata）、哺乳纲（Mammalia）、食肉目（Carnivoraes）、犬科（Canidae）、貉属（*Nyctereutes*）动物。貉主要分布于中国、俄罗斯、蒙古、朝鲜、日本、越南、芬兰、丹麦等国家。根据分布的区域和被毛的特征，在我国包括在长江以北分布的北

图 2-1 主要人工饲养的北貉

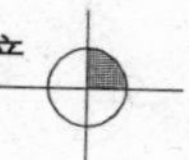

貉和长江以南分布的南貉。北貉的特点是体格大，毛长色深和底绒丰厚，毛皮的品质优良；南貉的特点是体格较小，毛绒稀疏，但针绒平齐，色泽光润和艳丽，具有较高的使用价值。

（一）貉的亚种及其分布

1. 衣川义雄的貉亚种划分及其分布

20 世纪 40 年代，日本的衣川义雄曾将我国的中国貉和朝鲜貉共同划分成 7 个亚种。

（1）乌苏里貉　乌苏里貉（*Nyctereutes procyonoides* Matschie）产于我国东北的大、小兴安岭、长白山、三江平原以及朝鲜东北部。

（2）朝鲜貉　朝鲜貉（*Nyctereutes korensis* Mori）产于黑龙江、吉林和辽宁的南部地区。

（3）阿穆尔貉　阿穆尔貉（*Nyctereutes amurensis*）产于黑龙江沿岸、吉林东北部等地带。

（4）江西貉　江西貉（*Nyctereutes Stegmanni* Matschie）产于我国江西及其邻近各省。

（5）闽越貉　闽越貉（*Nyctereutes pryctoniides* Matschie）产于我国江苏、浙江、福建、湖南、四川、陕西、安徽、江西等省。

（6）湖北貉　湖北貉（*Nyctereutes sinensis* Brass）产于湖北、四川等省。

（7）云南貉　云南貉（*Nyctereutes orestis* Thomas）：产于云南及其邻近各省。

2. 依据《中国动物志》的貉亚种划分及其分布　据《中国动物志》（1987），我国貉可分为三个亚种，即指名亚种、东北亚种和西南亚种。

（1）指名亚种　指名亚种（*Nyctereutes procyonoides* procyonoides Gray，1834）分布于华东及中南地区。指名亚种貉的体型较小，体长 50～53 厘米。被毛较短，通常底色呈棕黄，针毛的黑色毛尖较少，背部的黑色纵纹不明显或缺少。

（2）东北亚种　东北亚种（*Nyctereutes procyonoides* ussuriensis Matschie，1907）主要分布于黑龙江、吉林和辽宁省。东北亚种在俄罗斯的西伯利亚和朝鲜也有分布。本亚种的体型显著大于指名亚种，体长56～90厘米，毛长绒厚，黑色背纹明显，整个背部黑色毛尖亦多而显著。基本毛色近似青灰，底绒青黄或灰黄。

（3）西南亚种　西南亚种（*Nyctereutes procyonoides* orestes Thomas，1923）的记载少见，云南、贵州和四川的貉归入该亚种。西南亚种貉的体型显著小于东北亚种，与指名亚种接近，被毛底色乌灰，棕黄色泽不明显，针毛多黑灰毛尖。毛短，底绒空疏。

二、貉的生物学习性

1. 貉的栖息特点　野生貉常常寻觅幽静僻远的地方栖居，并需要有一定的遮掩物以躲避天敌，逃脱猎人追捕。因此，它们多栖居在河谷、草原、荒山、荒地、丘陵以及靠近溪流、河、湖等水体的灌丛、丛林之中，特别容易群居在自然的树洞、石缝，以及一些废弃已久的长满杂草灌木的建筑物空洞之内。貉并不喜欢自行打洞，常利用狐、狼及其他穴居动物的弃洞为巢穴，据之栖居繁育。此外，野生貉还往往选择离农田较近的僻静山地为栖居地，因为那样就可以方便地偷食农田里的农作物。

2. 貉的生活习性　野貉通常成对穴居一处，一洞一公一母，逐渐繁育自己的家族。也可见有一公多母或一母多公杂居。配对种貉在生出小貉仍在一起居住，但入冬之前，即幼貉长至5～6月龄时，幼仔在新洞穴中开始独居。此外，不同家族之间和睦相处，甚至代乳幼貉，这种特性称为集群性。野生貉昼伏夜出，白天在洞穴或洞穴附近休息并守护洞穴。傍晚至拂晓之前，貉趁夜色出洞活动和采食。通常出洞以后再徘徊，足迹混乱，以迷惑天敌。貉的活动范围较小，以走直线为主。貉活动时表现弓背、笨拙缓慢。貉不仅能爬树，而且还能游泳。貉相对于其他毛皮动物

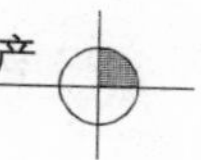

温顺。

貉，特别是北貉在寒冷的冬季，常深居于洞穴，呈现少食、活动减少、昏睡等状态。此时，通过减少活动降低新陈代谢水平和消耗体中蓄积的皮下脂肪，以维持其生命活动。这种状态称为半冬眠或冬休。

在人工饲养的条件下，利用貉的集群特性，可在断乳前后至分窝单居或配对以前，同一圈舍中饲养一定数量的貉群。此外，人工饲养后，貉的夜出昼伏习性发生改变，变得多在白天活动，而夜间休息和睡眠。

3. 貉的食性和定点排粪特性　貉的食性较杂，对食物条件要求不十分严格。貉的野外采食受季节、采食时间及其生存环境的食物种类和量的影响。野生貉以鱼、蛙、鼠、鸟及野兽和家畜的尸体、粪便为食。此外，有时食用植物的浆果、植物籽实及根、茎、叶等。

貉的采食多在早晚进行。每到拂晓前后及傍晚，貉往往成群结队外出采食。此外，貉不具有麝鼠等动物在冬季到来之前加大采食并贮食以备过冬的习性。貉在冬季仍旧昼伏夜出，早晚采食。在冬季，通常以半休眠状态度过食物不足的恶劣条件。

貉具有在固定地点排便、自然集粪的特性。无论是野生貉或家养貉，绝大多数都将粪便排泄到固定地点。野生貉一般在洞穴附近寻找一安静、隐蔽的地点作为固定排便点，常常每个洞穴有一处排粪点。通常一个排粪点由同居一穴的一个家族共同使用。由于在同一地点排粪，会形成粪便积堆。

在家养状态下，貉通常仍然保留着野生定点排粪的特性，其粪便都固定排泄在圈舍的一角落里，并堆积起来。

4. 貉的繁殖习性　貉属于季节性繁殖的毛皮动物，每年发情 1 次。性成熟的母貉每年 1 月末至 4 月初发情并与公貉交配。貉的妊娠期为 54～65 天，平均为约 60 天。笼养貉与野貉之间、初产貉与经产貉之间的妊娠期无明显差异。母貉产仔最早在 3 月

下旬，最迟在6月中旬，主要集中在4月下旬至5月上旬。一般笼养繁殖的经产貉最早，初产貉次之，笼养的野貉最晚。每只母貉产仔5～10只，最多可产约20只。

5. 貉的寿命与天敌 貉的自然寿命为8～16年；貉的主要天敌为大型猛兽、猛禽，如狼、猞猁、雕等。

第二节 貉饲养场建设与引种

貉的适应性强，易于驯养繁殖。貉的人工饲养是指将已驯化貉，通过人工方法进行饲养，扩大数量，并通过繁育获得优良貉群，以获得最大的经济效益。与狐一样，人工饲养貉需要掌握相关知识，应根据投资规模，科学合理进行规划，预先建设场舍和购置所需要的各种设备。在完成饲养场建设后，应根据引种的要求及时引进种貉。

一、人工饲养貉的基本条件

由于貉体型及生活习性与狐比较相似，因此，养貉的基本条件、场舍建设要求和各种器具的购置基本和建设貉养殖场相同。此外，很多养殖场同时饲养狐和貉。因此，建设貉饲养场可参照第一章狐生产的相关内容。

二、貉饲养场建筑

应参照狐的饲养场建筑标准（参见第一章狐的饲养场建筑），设计和配备笼舍、貉笼、小室（窝室）和产箱、取皮设备、饲料加工室、冷冻贮藏室、综合技术室和仓库及菜窖等设施。

三、引种

引进优良的貉种是顺利开展貉养殖业的先决条件。貉原产地在我国北方地区，凡在北纬30°以北地区都可以饲养。通常，纬

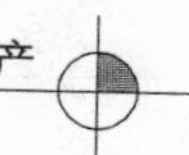

度较高地区所产的貉皮质量优于纬度较低地区（30°～40°）的貉皮质量。因此，根据所要饲养的貉群规模或已有貉群数量，每年应从高纬度（40°以北）地区引进部分体质优良，注射过犬瘟热、病毒性肠炎等疫苗并获得免疫的种貉，以期更新血缘，提高貉群产品质量。

1. 引种时期　母貉一般 4～5 月份产仔，由仔貉成长为幼貉，一般需要 60 天左右。引种在 7～10 月份，幼貉体重达到 1.5～2 千克时最为适宜。

2. 运输前的准备　在运输种貉时，应预先准备所用的笼（箱），严禁用麻袋运输。运输笼（箱）的制作材料可选用木板、铁丝网或竹子；一般笼（箱）的大小为长 50 厘米、宽 45 厘米和高 40 厘米。运输笼（箱）上面每隔 5 厘米钉一木条，其余五面有铁丝网钉死。笼子一面留有活门。运输笼应保证空气流通，便于在笼外观察。

在运输前，饲喂种貉应适量，八分饱即可。运输前还要准备途中所用的饲料，饲喂工具及运输途中所需用的手套、钉子、锤子、钳子、铁线、铁丝网、电筒、急救药品等。

3. 运输途中的管理　管理措施参考狐相关内容。

有时种貉在运输过程中发生死亡，其主要原因是貉由于受到持续强烈刺激，引起组织器官的机能紊乱，代谢失调，导致呼吸困难、心跳加快，精神沉郁，减食或拒食，运动失调等现象，以致死亡。因此，运输过程中，应尽量为貉提供安静环境。

第三节　貉的繁殖

野生貉在 8～10 月龄性成熟，人工饲养的幼貉的性成熟时间比自然界中野生貉提早约 1 个月，即 8～9 月龄即达成熟。公貉较母貉稍提前，并依个体营养水平、遗传等因素而存在差异。貉的繁殖适龄一般为公貉 1～4 岁，母貉为 1～6 岁。笼养的野生

貉，无论是幼年貉还是老貉，由于引种之初不能很好地适应笼养环境，一般当年的繁殖率较低，仅有约35%正常繁殖，大部分不能正常繁殖。在繁殖季节，公貉始终处于性欲亢奋状态，并能交配，而母貉仅维持10～15天发情期。母貉在发情时，成熟卵泡陆续排卵。貉的最佳繁殖年龄为身体机能处于最佳状态的3～4岁。该年龄貉具有较强的对外界逆境抗御、保护和照顾仔、幼貉能力。貉属于季节性繁殖的动物，只有在繁殖季节出现发情，公貉交配和射精，而母貉排卵、受精等。貉的发情季节为每年1月末至4月初，一年只能繁殖一次。因此，应根据貉的繁殖特点建立相应的繁殖技术。

一、貉的性腺发育和性周期

性腺发育是指公貉和母貉的生殖系统的个体发育和周期性的发育过程。性周期是指貉的繁殖周期。

（一）公貉的性腺发育和性周期

公貉的性周期包括性静止期和繁殖期。在不同时期，公貉的性腺的大小，硬度、附睾内的精子等具有很大差异。

1. 公貉的性静止期　已过繁殖季节的公貉进入静止期，此时，睾丸逐渐变小至直径5～10毫米，质地坚硬，附睾中没有成熟的精子。当进入9月下旬后，睾丸开始发育，到11月下旬时，直径可达16～18毫米，12月下旬后发育加速，1月下旬进入繁殖期。幼龄公貉的性器官随身体的生长而不断发育，至性成熟后，其年周期变化与成年貉相同。

2. 公貉的繁殖期　公貉在1月下旬开始即进入发情期，一直持续到4月上中旬才结束。繁殖期睾丸直径可达25～30毫米，质地松软，富有弹性。此时阴囊被毛稀疏，松弛下垂，外观明显，附睾中有成熟的精子。这时正值配种期，公貉开始有性欲表现，并可进行交配。整个配种期持续60～90天，这期间公貉始终有性欲要求，每天可交配1～2次。交配期结束后，公貉又进

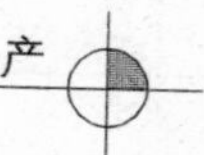

入性静止期。

（二）母貉的性腺发育和性周期

母貉卵巢的发育与公貉的睾丸发育极其相似。母貉的性周期也包括性静止期和繁殖期 2 个时期。

1. 母貉的性静止期　已过繁殖季节的母貉进入性静止期，卵巢逐渐缩小至米粒大小。当进入 9 月下旬后，卵巢逐渐变大，12 下旬至 1 月下旬，卵巢直径增大至 2～4 厘米。

2. 母貉的繁殖期　当 2 月上旬后，卵泡和卵母细胞继续发育并进入繁殖期。笼养母貉发情时间由 2 月上旬至 4 月上旬，持续两个月。发情旺期集中于 2 月下旬至 3 月上旬，其中，笼养经产貉发情较早，初产貉次之，而笼养的野生貉发情最晚，有个别的可延迟到 4 月上旬。受孕后的母貉，随即进入妊娠及产仔期，非受孕母貉则又恢复到静止期。

发情期是性周期中的种群繁育的关键时期。母貉的发情并不同步，但基本上都在 2 月中旬至下旬发情。一般情况下，2～3 岁的母貉发情时间较早，而年幼或年老的母貉发情较晚，且程度较轻。根据性器官的变化和性行为，母貉发情周期可分为发情前期、发情期、发情后期和休情期 4 个阶段。

（1）发情前期　依个体不同，发情前期差异很大，通常为 7～12 天。在此期，卵巢的卵泡逐渐发育，雌激素分泌增加，诱发生殖道充血，子宫黏膜血管增加，黏膜壁增厚。外生殖器表现为阴门扩大，露出毛外，渐红肿、外翻，阴蒂稍有膨大，呈圆形，阴唇稍微向外翻转。用手指挤按阴部，感觉较硬，且有少量分泌物从阴门排出。此期母貉食欲下降，开始感到焦躁不安，但仍不失温顺。放对试情时，母貉对公貉有好感，互相追逐，玩耍嬉戏，但拒绝公貉爬跨和交配。

（2）发情期　发情期为母貉性欲旺盛，连续接受交配的时期。该期持续 1～6 天，多数为 2～3 天。此期母貉精神极度亢奋不安，不断走动，并发出求偶鸣叫，且食欲大减，尿频。卵巢滤泡已发育成熟，雌激素分泌旺盛，引起生殖道高度充血并刺激神经中枢产生性欲。阴门变成椭圆形，明显外翻，具有弹性，颜色变深呈暗紫色，上部皱起，有黏稠的或凝乳样的阴道分泌物。发情期是公、母貉进行交配的最佳时期。放对试情时母貉十分兴奋，通常主动接近公貉，并将尾巴翘向一侧，摆好姿势，等候公貉爬跨交配。如果此期母貉得不到交配，则会发出响亮的"咕咕"、"哼哼"叫声，以招引公貉。

(3) 发情后期　指母貉外生殖器由肿胀逐渐萎缩的一段时间。此期通常持续为 2～3 天，个别母貉时间较长，特别是笼养野貉可持续 10 余天。此期成熟的卵子已排出或萎缩，卵泡素分泌减少或停止，生殖道充血减退，阴门缩小，直至恢复到平常状态。这一时期，母貉的性欲逐渐消退，拒绝公貉再行交配，并讨厌公貉的亲近。发情后期，母貉情绪逐渐平静。

(4) 休情期　即静止期。指母貉发情后期结束至下一个发情周期开始的一段较长时间，一般为 5 月份至 12 月份的 8 个月。从性表现上看，这一时期母貉处于非发情期，没有明显的性欲，已没有很突出的性表现特征。对于受孕母貉而言，发情后期以后，要经过一个产仔泌乳期才真正进入静止期。

尽管静止期没有发情、交配、繁殖等行为，却有着为下一个繁育周期作准备的特点。为此，通常又可将静止期划出一个繁殖准备期，即 9～12 月份，以强调此期在管理上的特殊意义。

二、貉的繁殖技术

貉的繁殖技术是指以提高母貉配种和产仔效率为目的的一系列母貉繁殖的相关技术。随着养貉业的快速发展，貉的繁殖效率得到不断提高。

(一) 配种时期

笼养貉的配种期应与母貉的发情时期相吻合。不同地区的配种期有所差异。东北地区一般为 2 月初至 4 月下旬，个别的在 1

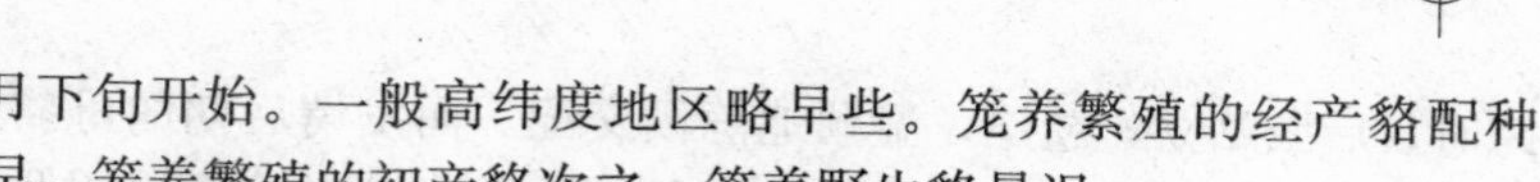

月下旬开始。一般高纬度地区略早些。笼养繁殖的经产貉配种早，笼养繁殖的初产貉次之，笼养野生貉最迟。

（二）发情鉴定

1. 公貉的发情鉴定　公貉发情和公狐的发情极其相似。可根据公狐的发情鉴定方法对其进行鉴定。

2. 母貉的发情鉴定　母貉发情一般略迟于公貉，多数是 2 月下旬至 3 月上旬，个别可在 4 月末发情。通常采用 4 种方法对母貉发情进行鉴定，即性行为观察法、外生殖器官检查法、阴道分泌物涂片镜检法及放对试情法。

（1）*性行为观察法*　母貉一旦进入发情前期，即表现出行动不安，往返运动加强，食欲减退、尿频。发情盛期时，精神极度兴奋、食欲进一步减退、直至废绝，不断发出急促的求偶叫声。至发情后期，行为逐渐恢复正常。

（2）*外部观察法*　根据上述的发情周期各个时期的外生殖器官的形态、颜色，分泌物的多少对母貉发情鉴定。凡阴门开始显露和逐渐肿胀、外翻，颜色渐红，为开始发情阶段（即发情前期）的表现；阴门高度肿胀、外翻，紫红色，呈十字或 Y 形，阴蒂暴露（图 2-2），分泌物多且黏稠时，为发情期。而阴门收缩，肿胀消退，分泌物减少，黏膜干涩则为发情后期。发情期是交配的适期。极个别的母貉外生殖器官没有上述典型变化，但却已发情且能与公貉达成交配并受孕，这种现象称为隐性发情或隐蔽发情。生产上应注意观察并与未发情貉区分开，以免失配。

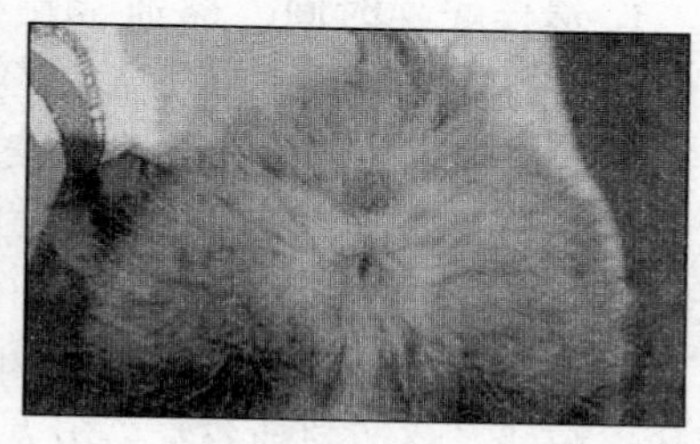

图 2-2　发情母貉的阴部特征

（3）*放对试情法*　由于处于发情前期的母貉，有趋向异性的表现，但拒绝公貉爬跨交配；发情期的母貉，性欲旺盛，公貉爬跨时，后肢站立，翘尾，温顺地静候交配。而发情后期的母貉，性欲急剧减退，对公貉不理睬或怀有“恶意”，拒绝交配。因此，可以将公、母貉放入同一笼中，鉴定母貉的发情状况。

（4）阴道上皮细胞检查法　采用第一章的母狐阴道内容物涂片法对母貉的发情鉴定。

以上为通常采用的4种发情鉴定方法，在具体实施过程中，应以外生殖器官检查为主，性行为观察为辅。在此基础上，如果进行阴道分泌物涂片检查和放对试情，可使发情鉴定更加准确。

（三）公貉精液的品质检测

为了防止假配及因精液品质不良或无精子而造成的不孕，以提高配种效率，应采用第一章公狐精液品质的检查方法对用于配种的公貉精液进行品质检查。将精液品质优良的公貉用于配种。

（四）貉的配种

1. 最佳配种时间　貉通常在早、晚（尤其是早晨和上午）气候凉爽的时候交配。当公貉的精力充沛，性欲旺盛时，母貉发情行为表现也较明显，容易发生交配。因此，应在早晨6～8时或上午8时30分至10时，下午4时30分至5时30分，将拟要配种公、母貉放对合笼。

2. 配种方法　除新引入的野生貉可采取公、母貉同居令其自然交配外，貉的配种通常采用人工放对的方法。由于公貉较为主动，而且其在熟悉的环境中性欲不被抑制，因此，为了缩短交配时间和提高配种效率，放对时将母貉放入公貉笼内。如果公貉性情急躁暴烈或母貉胆怯时，也可将公貉放入母貉笼内。

根据母貉自发性陆续排卵的特性，应采取连日复配的方式。即初配一次以后，还要连续每天复配一次，直至母貉拒绝交配为止，由此可以提高产仔率。有的母貉，在进行第一次交配后，间隔1～2天才接受再次复配。为了确保貉的复配，对那些择偶性强的母貉，可更换公貉进行双重交配或多重交配，即用1只母貉与2只公貉或2只以上公貉交配。

3. 配种时应注意的事项

（1）*加强种公貉的训练* 由于公貉具有多偶性，一般 1 只公貉可配 3～4 只母貉，因此，如果能够提高公貉的交配能力就能相对减少种公貉的饲养数量。种公貉尤其是年幼的公貉能否顺利完成第一次交配，决定它的交配能力。因此，对初次交配的公貉应进行配种训练。通常采取选择发情好、性情温顺的母貉与其试配的方法训练公貉的交配能力。

（2）*提高公貉交配效率* 主要通过掌握每只公貉的配种特点，合理制订放对计划。性欲旺盛和性情急躁的公貉应优先放对。每天放给公貉的第一只母貉要尽量合适，力争顺利达成交配，这样做有利于公貉再次与母貉交配。公貉的性欲与气温有很大关系，气温增高会使性欲下降。因此，在配种期应将公貉养在棚舍的阴面，放对时间尽量安排在早晚或凉爽的天气。一般公貉在一个配种期可交配 5～12 次，多者高达 20 余次。为了保证种公貉在整个配种期都保持旺盛的性欲，应根据公貉的交配能力合理使用。配种前期和中期，每天每只种公貉可接受 1～2 次试情放对和 1～2 次配种放对，每天可成功交配 1～2 次。一般公貉连续 5～7 天每天达成一次交配后，必须休息 1～2 天才能再放对。

（3）*确认母貉是否真正受配* 多数母貉在交配后很快翻转身体，面向公貉，不断发出叫声或呈现戏耍行为。若观察到上述现象，通常可以断定交配成功。对于难以确定交配的个体，应根据公貉射精动作，或者通过显微镜检查母貉阴道内有无精子确定是否交配成功。

（4）*预防貉的咬伤* 当母貉尚未进入发情期，或虽然已进入发情期，但是，由于貉择偶性较强，在放对后，经常发生相互间的咬斗。如果发生被咬伤，极易产生性抑制，即使交换配偶也不能交配。因此，在放对后，应有专人看管，一旦发现公、母貉有敌对行为，应及时将其分开。

（5）*采取辅助交配措施* 当个别发情母貉不能正常交配时，

根据情况，应采取人工辅助的方法完成交配。辅助交配时要选用性欲强且胆大温顺的公貉。对交配时不站立的母貉，用手保定母貉头部，将臀部朝向公貉。当公貉爬跨并有抽动的插入动作时，用另一只手托起母貉腹部，调整母貉臀部位置，直至完成交配。对不抬尾的母貉，可用细绳拴住尾尖，固定在其背部，使阴门暴露，再放对交配。

（五）母貉的妊娠与保胎

通常，经过交配的母貉进入妊娠期。貉的妊娠期约为 60 天。与狐的妊娠期一样，呈现采食增多、体重逐渐增加、腹围增大并下垂和乳房发育等变化。母貉也表现出性情温顺、胆小，对周围异物、异声反应敏感，行动迟缓，喜欢卧着休息和晒太阳。

和妊娠狐一样，应加强饲养管理，保持周围环境安静，实施防寒等措施，预防流产的发生。

（六）母貉产仔、哺乳与仔貉保活

母貉产仔从 4 月初开始，多集中于 4 月中下旬。受配后经过约 60 天的妊娠期便开始产仔。

母貉在临产前一周即出现明显的反应。首先表现为乳头外露。平时母貉乳房并不膨大、乳头为被毛覆盖。此时，母貉乳房迅速膨大，且用嘴拔去乳房处的被毛，露出乳头。其次，出现尿频、多便反应，因为此时仔貉已剧烈压迫膀胱等部位，刺激排便。而且，临产前，母貉都迫不及待地叼草做窝，十分忙碌，并紧张不安。但此时行动迟缓，并时常鸣叫。当母貉突然拒食时为即将产仔的预兆。

貉产仔大多在凌晨或安静的夜晚，管理人员应注意进行护理，对产仔情况进行监测，发现有产仔不顺利的情况，应立即采取特殊措施，进行紧急处理。只有确认仔貉已顺利产出，并且母貉及仔貉均很安全，才能认为产仔成功。

确认母貉是否产仔，必须靠看、检、听来判断。由于产仔箱不易观察，而且常夜晚产仔，所以确认产仔也并非是多此一举。

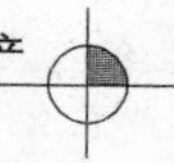

只有在产箱外听到仔貉叫声，并发现母貉到外面频繁饮水才能确认仔貉已经产出。

（七）提高繁殖力的综合技术措施

1. 选留优良种貉 控制貉群的年龄结构，提高繁殖效率。一般情况下，2～4 岁母貉的繁殖力最高，因此，在种貉群年龄组成上，应以经产适龄貉为主。此外，每年补充的繁殖幼貉不宜超过 50%，种貉的利用年限一般 4～5 年为宜。

2. 准确掌握母貉发情期和适时配种 应掌握熟练的发情鉴定技术，对发情母貉应及时进行交配，以减少空怀率。母貉在发情期能排出较多的成熟卵子，因此，在此时与公貉交配，能提高其受精效率，从而可以提高受胎率及产仔率。

3. 种貉驯化和合理利用 通过驯化可保证正常、顺利地配种，以提高配种效率和繁殖率。根据公貉体质、交配能力和交配需要，合理调节公貉交配频率，保证营养，使其在完成一次交配后能在最短的时间内恢复体力。注意检查精液品质，保证交配质量。

4. 适时复配 根据貉的卵泡成熟不同步和多次排卵的特性，应采取复配的方法提高产仔数。在母貉发情并经第 1 次交配后，还应利用同一公貉或其他公貉进行连续的复配，以提高繁殖效率。

5. 加强饲养管理和预防常见病 严禁饲喂变质和发霉的饲料，要保证饲料的品质和新鲜，饲养水平要适宜，以防止发生死胎或胚胎被吸收的现象。要定期检疫和免疫接种，淘汰病貉。对于常见疾病应积极预防，以减少疾病对繁殖率的影响。

第四节 貉的选育

近年来，我国的貉的养殖业得到快速发展，貉群数量逐年增加。但与养貉业发达国家相比，高品质貉群饲养还很滞后。因此，应加大貉的育种力度，扩大高品质貉的养殖数量，以提高养貉的经济效益。

貉皮属大毛细皮类，具有张幅较大、毛绒厚、耐磨、保温、色型变化较少，背腹毛差异大等特点。貉的育种目的在于提高貉群品质，不断改良和扩大现有良种，增加优秀个体的数量，培育新的品种。最终目的是改进毛皮质量，如貉的被毛向着短毛、高密度、颜色多样（深色、灰色，白色）和减少背腹毛差异方向培育，与此同时，应向大型体格方向培育。

貉的育种，应从某一个或几个性状进行选择和改良。在改良过程中，需要分清主次，针对市场的需求，选择几个重要的经济性状。同时要明确每一个性状的选育方向，并且在一定时期内坚持不变，这样才能加快改良进度，提高育种效果。

一、貉的选种

选种是指选择体质和生产性能优良的个体留作繁殖后代种。作为种貉应符合生产性能高、体质外形好、繁殖性能优良、发育正常、合乎品种标准和种用价值高等要求。和狐的选种一样，貉的选种应以个体品质、系谱测定、同胞测定和后裔测定等个体品质的综合指标为依据。

（一）个体品质测定

貉的个体品质测定包括毛绒品质、体型和繁殖能力的测定。

1. 毛绒品质鉴定 根据毛色、光泽、密度等对貉的毛绒品质进行鉴定。毛绒品质分级标准参见表2-1。

表2-1 貉毛绒品质鉴定标准

毛的类型	检测内容	毛的级别		
		1级	2级	3级
针毛	毛色	黑色	接近黑色	黑褐色
	密度	全身稠密	体侧稍稀	稀疏
	分布	均匀	欠均匀	不均匀
	平齐度	平齐	欠齐	不齐

（续）

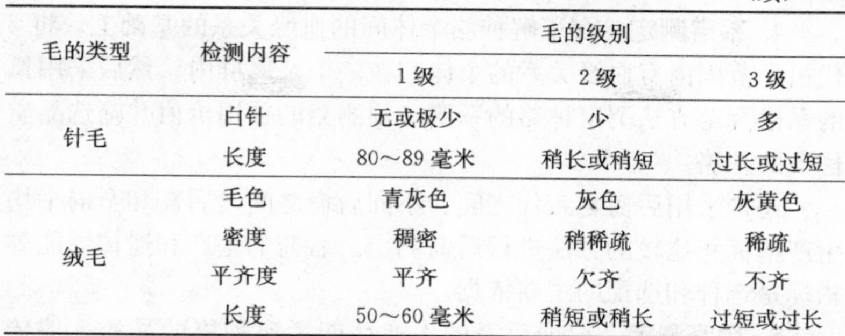

毛的类型	检测内容	毛的级别		
		1级	2级	3级
针毛	白针	无或极少	少	多
	长度	80～89毫米	稍长或稍短	过长或过短
绒毛	毛色	青灰色	灰色	灰黄色
	密度	稠密	稍稀疏	稀疏
	平齐度	平齐	欠齐	不齐
	长度	50～60毫米	稍短或稍长	过短或过长

2. 体型测定　貉的体型的大小和体质的强弱也是选貉种的重要依据。貉的体质主要根据营养状况、活动能力等判定，而体型主要在目测的基础上，采取称量体重和检测体长方法进行鉴定。以表2-2所示的体重和体长标准筛选种貉。

表2-2　不同时期筛选种貉的体重和体长标准

筛选种貉时期	公　貉		母　貉	
	体重（克）	体长（厘米）	体重（克）	体长（厘米）
初选（断乳时）	1 400以上	40以上	1 400以上	40以上
复选（5～6月龄）	5 000以上	62以上	4 500以上	55以上
终选（11～12月龄）	6 500～7 000	65以上	5 500～6 500	60以上

3. 繁殖力鉴定　成年种公貉应选择2～5岁，睾丸发育良好、精液品质好、交配早、性欲旺盛、性情温和、无恶癖、择偶性差、每年可配母貉5只以上（交配10次以上）、受配母貉产仔率高和仔貉生存率高者。余者应及时淘汰。

对成年母貉应选择发情早、性情温顺、性行为好、初产不少于5只，经产产仔不少于6只、母性好、泌乳能力强、仔貉成活率高、生长发育良好的留作种貉。余者应及时淘汰。

对于当年仔貉，应选择5月10日前出生、双亲繁殖力强、同窝仔数5只以上、生长发育正常、性情温顺和外生殖器官正常者用于种貉。此外，已有研究证实，貉的产仔能力和其乳头数量呈正相关。因此，应选择乳头多的当年母貉留种。

4. 系谱测定 在了解种貉个体间的血缘关系的基础上，将3代祖先范围内有血缘关系的个体归在一个亲属群内。然后采用狐的系谱测定方法测定种貉的系谱，预测貉的种用价值并筛选品质优良的种貉。

通常采用后裔与亲代之间、不同后裔之间及后裔和全群平均生产指标相比较的方法进行后裔测定。后裔的生产和遗传性能等指标是选种和选配的主要依据。

5. 后裔测定 根据后裔的生产性能考察种貉的品质、遗传性能和种用价值。通常采用后裔与亲代之间、不同后裔之间及后裔和全群平均生产指标相比较的方法进行后裔测定。

6. 同胞测定 貉是多胎动物，常用同胞测定方法测定貉同胞间生产性能。

（二）筛选貉种的基本原则

和筛选种狐的基本原则一样，种貉具备生产性能高、体质外形好、发育正常、繁殖性能好、合乎品种标准和种用价值高等6个特性。

种公貉毛绒品质（表2-1）、体格大小（表2-2）、系谱测定、同胞测定和后裔测定等指标应达到一级指标，母貉的毛绒品质（表2-1）、体格大小（表2-2）、系谱测定、同胞测定和后裔测定等指标应达到二级及二级以上指标。

（三）种貉的个体选择

和种狐个体选择方法一样，种貉的个体也采用初选、复选和终选的三步选择方法。种貉的个体选择方法请参照第一章狐的育种相关内容。

二、种貉的育种方法

种貉和狐一样，也应有计划、有目的地将公、母种貉进行搭配，以获得具有双亲遗传特性后代。貉的选配也包括个体选配和

种群选配，个体选配包括品质选配（同质选配和异质选配）和亲缘选配（近亲交配和远亲交配），而种群选配包括纯种繁育和杂交繁育。有关貉的选配请参见第一章狐的相关内容。

第五节　貉的饲养管理

和狐一样，貉在人工饲养过程中，所需要的一切生活条件必须由人提供，因此，良好的饲养管理是获得大量优良品质貉的关键。在貉的饲养过程中，应根据貉的不同发育时期的特点，科学合理地加以管理，以获取最大的经济效益。

一、貉的生物学时期划分

貉在长期进化过程中，其生命活动呈现明显的季节性变化，如春季繁殖交配，夏、秋季哺育幼仔，入冬前蓄积营养并长出丰厚的冬毛等。通常，根据貉在一年中出现的不同的生理特点划分为相应的生物学时期称为饲养期。

1. 成年公貉的生物学时期　成年公貉的生物学时期包括准备配种期（9 月至翌年 1 月）、配种期（2～3 月）、恢复期（4～8 月）。

2. 成年母貉的生物学时期　成年母貉的生物学时期包括准备配种期（9 月至翌年 1 月）、配种期（2～3 月）、妊娠产仔泌乳期（4～8 月）。

3. 幼貉的生物学时期　幼貉的生物学时期包括幼貉的哺乳期（4～6 月）、育成期（7～8 月）和冬毛生长期。

从仔貉中筛选种貉后，余下的仔貉和种貉中淘汰的成年貉，用作皮用貉来饲养。

二、貉的饲养管理

在人工饲养貉的过程中，应根据上述的貉的不同生物学时期的生理学特点，进行科学合理饲养。

（一）准备配种期的饲养管理

在准备配种期，在生殖激素的作用下，貉的生殖器官逐渐发育，其中母貉卵巢开始发育，而公貉睾丸也逐渐增大。冬至以后，随着日照时间的逐渐增加，貉的内分泌活动进一步增强，性器官发育更加迅速，到翌年1月末、2月初，公貉睾丸中已有成熟的精子产生，母貉卵巢中也已形成成熟的卵泡。貉在入冬前采食比较旺盛，在体内贮存了大量的营养物质，为其顺利越冬及生殖器官的充分发育提供了可靠保证。

1. 准备配种期的饲养 由于成年公貉在配种期和母貉在产仔哺乳期消耗很大体力，因此，在貉的准备配种期，应饲喂保证生殖器官发育、换毛和越冬营养贮备所需的营养物质，以期恢复体力。在种公貉配种结束后和种母貉断乳后10～15天内，应继续维持繁殖期的饲料营养水平。8月末到9月初，种公貉睾丸和种母貉卵巢开始发育，应提高饲料营养水平，貉每418千焦代谢能可消化蛋白质8克，并每只貉每天补充5～10毫克维生素E。由于貉在12月中旬进入准备配种期的关键阶段，应进一步提高饲料营养水平，在418千焦代谢能可消化蛋白质不低于10克的基础上，每只每天补充10～15毫克维生素E，而且适当增加动物性饲料的比例。如果在准备配种期不能保障营养水平或数量不足，则直接影响公貉的精子发生和母貉的卵泡的发育，导致母貉的妊娠率和分娩率的下降，而且导致去皮貉的毛绒品质低劣、张幅变小。目前常用的准备交配期貉的饲料配方参见表2-3。

表2-3 准备配种期貉的饲料配方

饲料成分	饲养阶段	
	9～11月（公）	12月至翌年1月（公/母）
热量（兆焦）	1.67～2.09	1.46～1.67
饲喂量（克/只）	550～700	400～500
肉鱼类*（%）	10～15	20～25

（续）

饲料成分	饲养阶段	
	9～11月（公）	12月至翌年1月（公/母）
鱼肉副产品（%）	5～10	5～10
谷物（%）	70	60
蔬菜（%）	10	10
酵母［克/（天・只）］	—	5～8
麦芽［克/（天・只）］	—	10
骨粉［克/（天・只）］	5～10	5～10
食盐［克/（天・只）］	2.5	2.5
维生素A［国际单位/（天・只）］	—	500
B族维生素［毫克/（天・只）］	—	2～3
维生素E［毫克/（天・只）］	5～10	10～15

注：肉鱼类中鱼占75%，肉占25%或鱼、肉各半，鱼、肉副产品不得超过鱼、肉量的30%。

2. 准备配种期的管理　准备配种期除应给貉子增加营养外，还应加强饲养管理。貉的准备配种期的管理请参照第一章狐的准备期的管理。

（二）配种期的饲养管理

配种期是指配种开始至配种结束的一段时期。貉的配种一般为每年的2～3月。在配种期的饲养管理，应注重母貉都能适时受配，确保配种质量，使受配母貉尽可能全部受孕。

由于公貉在配种期时常每天交配1～2次，在整个配种期内，与3～4只母貉的6～10次的配种，消耗很大体力和营养。此外，由于性兴奋而导致食欲下降、体重减轻。由于母貉在配种期性兴奋，也出现食欲降低。因此，配种期应对种貉特别是种公貉加强营养，精心管理，保证公貉具有旺盛而持久的精力。

1. 配种期的饲养　在配种期，应保证公貉具有旺盛、持久的配种能力和良好的精液品质，此外，应使母貉能够正常发情和适时交配。和狐的配种期一样，在配种期应供给优质全价、适口性好和易于消化的饲料，并适当提高日粮中动物性饲料的比例。在此期，应参照狐的配种期的饲料营养水平，每天中午要补一顿营养丰富的饲料，或给 0.5～1 个鸡蛋。此外，参照狐的饲养方法，配种期间每天可实行 1～2 次喂食制，喂食前后 30 分钟不能放对。配种的饲料配方参见表 2-4。

表 2-4　交配期貉的饲料配方

饲料成分	各成分的含量（用量）	
	公貉	母貉
热量（兆焦）	1.67～2.09	1.67～2.09
饲喂量（克/只）	590～610	490～510
肉鱼类（%）	25	20
鱼肉副产品（%）	15	15
谷物（%）	55	60
蔬菜（%）	5	5
酵母［克/（天·只）］	15	10
麦芽［克/（天·只）］	15	15
骨粉［克/（天·只）］	8	10
食盐［克/（天·只）］	25	25
乳类［克/（天·只）］	50	—
蛋类［克/（天·只）］	25～50	—
维生素 A［国际单位/（天·只）］	1 000	1 000
B 族维生素［毫克/（天·只）］	5	5
维生素 E［毫克/（天·只）］	5	5

2. 配种期的管理　貉的准备配种期的管理请参照第一章狐的准备期的管理。

（三）妊娠期的饲养管理

从受精卵形成到胎儿分娩这段时间为貉的妊娠期。貉妊娠期

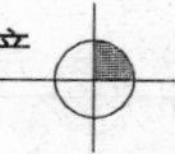

平均约2个月，全群可持续3～5个月。在妊娠期，母貉子宫内的胎儿生长发育、乳腺发育和开始脱冬毛换夏毛。因此，在妊娠期，和狐一样，是整个貉饲养期的最为关键时期，是母貉全年各生物学时期中营养水平要求最高的时期。一方面要供给胎儿生长发育所需要的各种营养物质，同时还要为产后泌乳蓄积营养。如果饲养不当，会造成胚胎被吸收、死胎、烂胎、流产等妊娠中断现象而影响生产。妊娠期饲养的好坏，不仅关系到产仔数的多少，而且还关系到仔貉生后的健康状况。因此，在饲养管理上，应保障胎儿的正常生长发育，预防流产。

1. 妊娠期的饲养　妊娠期母貉由于受精卵开始发育，雌激素分泌停止，黄体激素增加，母貉性欲消失，外生殖器官恢复常态而食欲逐渐增加。此期除应保证其营养丰富、适口性强、全价易消化的饲料外，还要求饲料多样化，以保证必需氨基酸互补。要求饲料的营养水平是蛋白质不低于10克，维生素E要求每天每只13毫克。常用的妊娠期貉的饲料配方参见表2-5。

表2-5　妊娠期貉的饲料配方法

饲料成分	各成分的含量（用量）		
	妊娠前期	妊娠中期	妊娠后期
热量（兆焦）	1.88～2.30	2.51～2.72	2.93～3.34
饲喂量（克/只）	590～610	700～800	800～900
肉鱼类（%）	25	25	30
鱼肉副产品（%）	10	10	10
谷物（%）	55	55	50
蔬菜（%）	10	10	10
酵母［克/（天·只）］	15	15	15
麦芽［克/（天·只）］	15	15	15
骨粉［克/（天·只）］	15	15	15
食盐［克/（天·只）］	3.0	3.0	3.0
蛋类［克/（天·只）］			50

（续）

饲料成分	各成分的含量（用量）		
	妊娠前期	妊娠中期	妊娠后期
维生素A［国际单位/（天·只）］	1 000	1 000	1 000
B族维生素［毫克/（天·只）］	5	5	5
维生素C［毫克/（天·只）］	—	—	5
维生素E［毫克/（天·只）］	13	13	13

妊娠期天气逐渐转暖，饲料不易贮存，要求饲料品质新鲜，并保持饲料的相对稳定。否则，腐败变质的饲料会造成胎儿中毒死亡。

妊娠期饲料的喂量要适度，可随妊娠天数的增加而递增，并根据个体情况（体况、食欲）不同灵活掌握。妊娠期母貉的体况不可过肥。否则，影响胎儿的发育。

2. 妊娠期的管理 貉的妊娠期管理和狐的妊娠期管理相同，妊娠期的管理主要是给妊娠母貉创造一个安静舒适的环境，以保证胎儿的正常发育。在貉的饲养管理过程中应参照狐的饲养管理的相关内容。

（四）产仔泌乳期的饲养管理

产仔泌乳期是从母貉产仔开始直到仔貉离乳分窝为止。产仔泌乳期一般在5～6月，全群可持续2～3个月。由于母貉在产仔泌乳期发生较大的生理变化及消耗较多体能，因此，和狐的泌乳期一样，应确保仔貉成活及正常的生长发育，以提高产仔率和仔貉成活率。

1. 产仔泌乳期母貉的饲养 母貉的乳汁的量和质量是能否维持仔貉正常生长发育的关键。和母狐一样，母貉的乳汁营养非常丰富，特别在初乳中除含有丰富的蛋白质、脂肪、无机盐外，还含有免疫抗体。一般情况下，母貉日泌乳量较大，约占体重的13％。母貉泌乳能力主要受母貉自身的遗传性能和产仔泌乳期的饲料组成的影响。母貉产仔泌乳期的饲料营养水平要

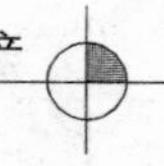

求与妊娠期相一致，即每418千焦代谢能可消化蛋白质不低于10克。此外，在饲料中应在妊娠期的饲料成分的基础上，饲料中需要添加2%～3%乳品。常用的产仔哺乳期貉的饲料配方参见表2-6。

表2-6　产仔哺乳期和恢复期貉的饲料配方

饲料成分	饲养时期	
	产仔哺乳期	恢复期
热量（兆焦）	2.93～3.34	1.88～2.72
饲喂量（克/只）	1 000～1 200	450～1 000
肉鱼类（%）	25	5～10
鱼肉副产品（%）	15	5～10
谷物（%）	50	60～70
蔬菜（%）	10	15
酵母［克/（天·只）］	15	—
麦芽［克/（天·只）］	15	5
骨粉［克/（天·只）］	20	5
食盐［克/（天·只）］	3.0	2.5
乳类［克/（天·只）］	20～30	—
B族维生素［国际单位/（天·只）］	1 000	—
维生素C［毫克/（天·只）］	5	—

通常，和产后母狐一样，母貉产后最初几天食欲不佳，但经过5天以后，特别是到哺乳的中后期仔貉会吃食时，母貉的食量大增。饲料质量要求全价、清洁、易消化、新鲜。发霉腐败的饲料绝不能喂貉，否则将引起仔貉及母貉的胃肠疾病。

2. 产仔泌乳期仔貉的饲养　和仔狐一样，随着仔貉的日龄增长，仔貉的消化系统逐渐发育完善。生后约第25天开始，仔貉可以吃人工补充饲料。因此，参照仔狐的补充饲料的饲喂方法，按照表2-7的量适时饲喂饲料。

表 2-7　不同日龄仔貉的每只每天补饲量

仔貉日龄	补饲量（克）
20	20～60
30	80～120
40	120～180
50	200～270

3. 产仔泌乳期的管理　母貉的产仔泌乳期的饲养管理，可参照第一章第五节的狐产仔泌乳期的相关内容。

（五）种貉恢复期的饲养管理

种貉恢复期是指公貉从配种结束（3 月）至生殖器官再度开始发育（9 月）和母貉仔貉断奶分窝（7 月初）至 9 月这段时间。种貉经过繁殖季节的体能消耗，体况较瘦，采食量少，体重处于全群最低水平。因此，和种狐恢复期一样，在饲养管理上应以补充营养、增肥、恢复体况和为越冬及冬毛生长贮备足够的营养为主，为下一年的繁殖打好基础。

1. 种貉恢复期的饲养　在种貉恢复期初期，即公貉在配种结束后 20 天内和母貉在断乳分窝后的 20 天内，应继续给予配种期和产仔泌乳期的标准日粮，之后逐渐饲喂恢复期日粮的饲料。常用恢复期貉的饲料配方参见表 2-6。

2. 种貉恢复期的管理　参照种狐恢复期的饲养管理方法进行管理。

（六）幼貉育成期的饲养管理

幼貉育成期就是指幼貉脱离母貉的哺育，进入独立生活的体成熟阶段。幼貉育成期是幼貉生长发育的关键时期，也是逐渐形成冬毛的阶段，即成貉体型的大小和毛皮质量的优劣完全取决于育成期的饲养管理。因此，在幼貉的育成期饲养管理应保持分窝时的幼貉只数，在质量上要达到遗传所规定的体型和毛皮质量，为获得皮张幅度大且质量好的毛皮和培育出优良的种用幼貉打下

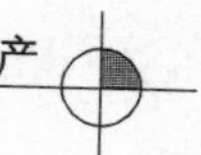

坚实基础。

1. 幼貉育成期的饲养　和幼貉育成期一样，在幼貉的育成期，随着日龄的增长，生长发育的速度逐渐减慢，达到体成熟后，生长发育几乎停止等特点，因此，在幼貉育成期，为保证幼貉正常的生长发育和毛被的良好品质，幼貉育成期的营养水平应为每 418 千焦代谢能可消化蛋白质 7.0～8.0 克，并补充维生素 A、维生素 D、维生素 C 及 B 族维生素和钙、磷等矿物质。有关其他幼貉的饲养请参照第一章相关内容。

2. 幼貉育成期的管理　幼貉的育成期管理与幼狐的育成期管理相似，请参照第一章相关内容。

（七）皮用貉的饲养管理

和皮用狐一样，皮用幼貉和淘汰的成貉，在毛皮成熟期进行屠宰取皮。貉的屠宰取皮期从 12 月中旬至翌年 1 月上旬。

皮用貉的饲养管理参照皮用狐的相关内容。

（安铁洙）

第三章 水貂的生产

水貂，特别是人工养殖水貂品种体型粗大美观、体质坚实健壮和毛绒质量好而成为重要的毛皮动物。目前，已有许多国家广泛饲养水貂。近年来，我国的水貂产业快速发展，水貂的改良品种不断增多，水貂总群数量不断壮大，已成为我国人工饲养的主要毛皮动物之一。

第一节 水貂的生物学特征

一、水貂品种、形态特征及其分布

水貂在动物分类学上属于动物界（Animalia）、脊索动物门（Chordata）、脊椎动物亚门（Vertebrata）、哺乳纲（Mammalia）、食肉目（Carnivoraes）、鼬科（Mustelidae）、鼬属（*Mustelalinnaeus*）和水貂亚属动物。

（一）水貂的亚种及其分布

野生水貂亚属动物有3个种，即欧洲水貂（*Mustela Ulson*）（图3-1）、美洲水貂（*Mustela Lutreola*）（图3-2）和海水貂，其中海水貂已经绝种。

欧洲水貂主要分布在俄罗斯的西伯利亚等地；美洲水貂主要分布在北纬40°以北地区，从阿拉斯加到墨西哥湾，从拉普拉塔到加利福尼亚。

通过毛色育种，已人工培育出多个不同毛色水貂（称之为彩水貂），资料显示，已有42种色型的水貂，其中，有16种已人工饲养。

图 3-1 欧洲水貂

图 3-2 美洲水貂

（二）水貂的形态特征

水貂的外形与黄鼬（黄鼠狼）相似，其身体细长，颈部长，头小而粗短，耳壳小，四肢短，趾间具微蹼，尾较长。肛门的两侧分布一对发达的臭腺。水貂毛被多呈褐色和深褐色，颌下、胸部及腹部常分布不规则的白斑。水貂为季节性换毛动物，每年春季和秋季各换毛 1 次，其中秋季被毛在 11 月中旬至 12 月中旬完全成熟。

经过长期的人工选育，水貂的褐色被毛逐渐加深，白斑缩小或消失。此外，一些新的毛色突变种不断出现，通过毛色育种，培育出多个不同毛色的新品种。

标准色型品种水貂的毛色深褐，针毛平齐而光亮、绒毛细密而丰满。雄性水貂的体重和体长均大于雌性水貂，一般成年公水貂体重 1.8～2.5 千克，体长 40～45 厘米，尾长 18～23 厘米；成年母水貂体重 0.8～1.3 千克，体长 34～38 厘米，尾长 15～17 厘米。

二、水貂的生物学习性

1. 水貂的栖息特点 在野生状态下，水貂主要栖居在河边、湖边以及沼泽和植物生长茂盛的湿地中，利用位于石下或树根下被遗弃的河狸或麝鼠的洞穴或空心原木作为巢穴，也会自己挖洞筑巢。巢洞一般长2.5～3.5米、深1米左右，巢内多铺以鸟兽的羽毛或干草，有一个或多个洞口位于水面之上。在水貂的领地里，除了一个经常使用的主要巢穴外，还有许多临时巢穴，其他水貂也经常使用水貂领地间重叠部分的临时巢穴。

2. 水貂的生活习性 水貂主要是夜行及晨昏活动动物，偶尔在白天活动。公水貂活动频繁，其活动半径为8千米左右，母水貂活动范围离其巢穴较近，通常约在2千米以内活动。在食物短缺时，水貂也可到20千米以外寻找食物，跑动时速为每小时11～13千米。水貂善于游泳和潜水，能潜入5～6米深的水下，并能在水下游数十米远。在笼养的条件下，水貂仍保持喜欢嬉水的习性。

水貂性凶猛，天性好斗，可凶猛攻击大于自己好几倍的敌手，常常抓住对手或猎物的颈部并咬其致命部位。人工驯养和选育的水貂，虽然其好斗习性已变弱，通常不主动进攻，但在饲养过程，为了安全起见，在捕抓成年水貂时，还需戴上特制手套或棉手套以防咬伤。一般情况下，除配种季节相互间争斗而发生死亡事件外，平时虽然水貂间的争斗激烈，但造成的伤害程度往往较小。

3. 水貂的食性 水貂为食肉性动物，主要以小型哺乳动物、鱼、青蛙、淡水螯虾和其他水栖动物为食物。此外，还捕食爬行动物、昆虫、软体动物、鸟类及其卵或幼鸟等。水貂也能采食一些植物，有贮食习性。

4. 水貂的繁殖习性 水貂是季节性繁殖的动物，每年发情1次，在繁殖季节，水貂肛门臭腺释放出一种气味难闻的物质。每年2月下旬至3月下旬发情交配。水貂的妊娠期为37～83天，平均为约48天。4月下旬至5月份产仔，每只母貂产仔3～6只，最多可产约10只。幼水貂9～10月龄性成熟。水貂的一生可保持8～10年的繁殖能力。

5. 水貂的寿命与天敌 水貂的自然寿命为8～16年；水貂

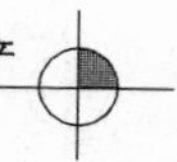

的主要天敌为赤狐、红猫、大角猫头鹰和郊狼等。

第二节　水貂饲养场建设与引种

与狐和貉一样，人工饲养貂需要掌握相关知识，应根据投资规模，科学合理进行规划，预先建设场舍和购置所需要的各种器械。当已建成饲养场并具备饲养水貂条件后，应根据引种的基本要求，及时引进种水貂。

一、水貂饲养场建筑

饲养水貂应根据饲养狐相同的基本条件（参见第一章饲养狐的相关内容），设计规划水貂饲养场。

和饲养狐和貉一样，饲养水貂也应在饲养场中配备取皮设备、饲料加工室、冷冻贮藏室、综合技术室和仓库及菜窖等设施。除此之外，由于水貂与狐和貉相比，具有独特的形态特点和生活习性，应根据下列要求，配备用于饲养水貂的笼舍和小室（窝室）。

（一）水貂棚

水貂棚是安放水貂笼舍的简易建筑，它能使笼舍和水貂不受雨雪的侵袭和烈日的暴晒，是水貂场的重要建筑之一。水貂棚要求结构简单，结实耐用。建筑材料可根据具体情况确定，但利用废旧建筑材料时，应预先消毒处理。

由于水貂棚的走向和配置是影响水貂棚内的湿度、温度、通风和光照等重要因素，根据当地的地形地势及所处地理位置，应使水貂棚的走向和配置达到夏季避免阳光的直射、通风良好、冬季两侧光照均匀和能避开寒风吹袭的要求。

通常，水貂棚的宽 3.5～4.0 米，长度不超过 50 米。如长度超过 50 米以上时，应在中间留有通道，以便于水貂棚间的横向行走和捕捉逃水貂。棚与棚间的距离要求 3～4 米。

目前，常用的水貂棚有双排单层笼舍水貂棚、双排双层笼舍水貂棚和多排单层笼舍水貂棚等。

1. 双排单层笼舍水貂棚 双排单层笼舍水貂棚（图3-3）的过道高2米，棚檐到地面的高度为1.1～1.2米。该水貂棚可保证对水貂的饲养方便，且能有效地挡阳光直射和强防。

图3-3 双排单层笼舍水貂棚

2. 双排双层笼舍水貂棚 双排双层笼舍水貂棚的棚檐高达1.4～2.0米，可放置双层的水貂笼。该水貂棚虽然可提高空间利用率，但由于不能有效遮挡直射日光，因此，对水貂毛皮质量会产生不利影响。

3. 多排单层笼舍水貂棚 多排单层笼舍水貂棚是目前最为常用一种水貂棚。这种水貂棚和双排单层笼舍水貂棚相似，只是棚的排数增加至6～8排。采用该种水貂棚时，可在两侧饲养种水貂，而中间养皮水貂。通常水貂棚棚顶铺50～60厘米宽的可透光玻璃纤维瓦，使棚内白天可得到足够的光照。

（二）水貂笼舍

水貂的笼舍由笼网和小室两部分组成（图3-4）。小室用于水貂休息、产仔和哺乳。笼网是水貂活动、采食、交配、排便的场所。水貂笼舍的建造既要符合水貂生物学要求，又要尽量充分利用空间。此外，应便于饲养人员喂食、给水、打扫卫生和观察。此外，笼舍的结构要简单、牢固，便于修理和不易跑

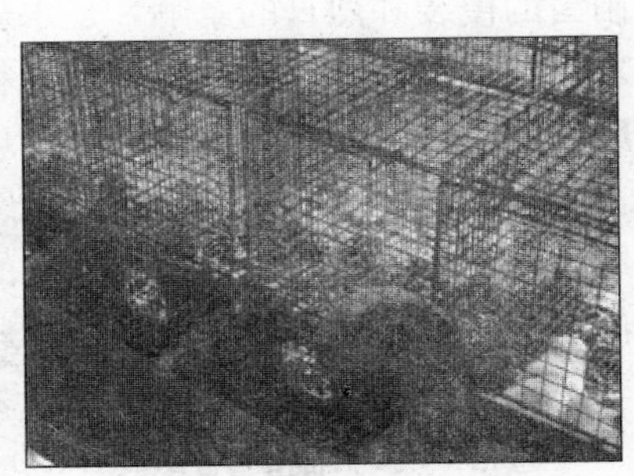

图3-4 水貂的笼舍

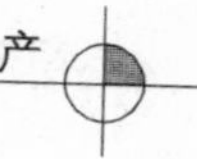

水貂。

通常，水貂笼用网眼为3.5～4.0厘米^{2}的编织铁丝网和镀锌电焊网等材料制作。水貂笼的周围和顶部用14～16号网丝，为了便于粪便下落，笼底则用10～12号网丝；水貂小室通常采用木板制成。

根据饲养的目的，笼舍可以分为种水貂笼舍、皮水貂笼舍和带有活动隔板式的笼舍。

1. 种水貂笼舍　种水貂笼舍一般长70～90厘米、宽30～60厘米、高23～46厘米。目前常用的规格为长70厘米、宽30厘米、高45厘米。种水貂小室长35厘米、高35厘米、宽30厘米。小室出入口开在小室的偏上位置，直径12厘米，其下缘距小室底板20厘米。小室顶部有一层防止跑水貂的金属网的活动盖。

2. 皮水貂笼舍　笼舍是水貂活动，采食、排泄和繁殖的场所。笼是铁丝网编制的，小室多用1.5～2厘米木板制成，其规格有多种。单层笼舍：笼栏为70厘米×30厘米×40厘米（长×宽×高），小室为30厘米×30厘米×30厘米或45厘米×35厘米×45厘米。双层笼舍：下层为种貂，上层为皮貂或幼貂。种貂笼为65厘米×60厘米×45厘米，小室为45厘米×40厘米×40厘米；皮貂笼舍为50厘米×45厘米×40厘米，小室56厘米×30厘米×23厘米，一个小室隔成两间。

3. 带活动隔板式笼舍　为了提高笼舍利用率，在小室内设置一块可以装卸的隔板。在非繁殖期，通过隔板将小室分为相等的2个小间，每个小间设置一个圆形出入口，并配备各自的水貂笼，以饲养2只水貂（皮水貂和种水貂均可）。繁殖期取下隔板，使之变成1间，一室两笼养1只种水貂。笼子规格为60厘米×45厘米×45厘米，小室规格为45厘米×35厘米×45厘米。出入口直径为12厘米。通常这种笼舍的上面可再放一层皮水貂笼舍。

4. 安装笼舍的注意事项　一般情况下，笼舍要求离地面40

厘米以上。笼与笼之间的网片网眼要小，或笼间距离大一些（5～10 厘米），以免相邻水貂相互咬伤。笼门应灵活。在水貂笼和窝箱（小室）内切勿露出钉头或铁丝头，以免损伤毛皮。同样，小室出入口边缘也最好用铁皮包住。

二、引种

和饲养狐和貉一样，引进优良的水貂是顺利开展水貂养殖业的先决条件。水貂原产于欧洲和北美，野生水貂长期生活在北纬42°以北地区。现已证实，在北回归线（N23°26′）以南地区水貂不能正常繁殖。如果 1～2 月份引种，当年繁殖基本正常。但是，在 11 月 15 日以前引种或当地产的子一代幼水貂，繁殖却不正常，即使原来正常繁殖的引入种水貂，在低纬度地区光照条件下，其繁殖性能也有逐年下降的趋势。因此，水貂适合在北方饲养。根据所要饲养的貂群规模或已有水貂群数量，每年 7～8 月从国外或北方不同高纬度地区引进部分体质优良，注射过犬瘟热、病毒性肠炎等疫苗并获得免疫的种水貂。在运输过程，严格按照运输种狐和种貉方法进行运输。

第三节　水貂的繁殖

和狐和貉相同，水貂在一年中只生产一次，因此，水貂的繁殖效率直接影响养殖貂的经济效益。为此，应合理利用水貂的繁殖特性，通过提高母水貂的发情率和配种率，提高其产仔率，以获取最大的经济效益。

一、水貂的繁殖生理特点

（一）水貂的性腺发育和性周期

性腺发育是指公水貂和母水貂的生殖系统的个体发育和周期性的发育过程。性周期是指水貂的繁殖周期。水貂生殖器官的季

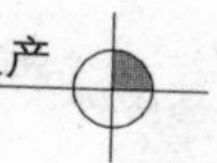

节性变化与光照密切相关。高纬度地区光照时数的季节性变化，是水貂季节性繁殖的主要信号和必要条件。

1. 公水貂的性腺发育和性周期 公水貂与公狐和公貉相似，其性周期也可分为性静止期和发情期。经过交配期后，公水貂的睾丸也发生变小，变硬等变化。进入8～9月初，睾丸重新开始发育。翌年2～3月进入发情期，睾丸直径可达2.5厘米左右，并能交配。公水貂在整个配种季节始终处于发情状态。

2. 母水貂的性腺发育和性周期 母水貂的性周期也分为性静止期和发情期。经过分娩后，母水貂的卵巢、子宫等生殖器官的体积逐渐变小。进入8～10月份开始，卵巢逐渐变大，卵泡和卵母细胞开始发育。进入发情期，卵巢中已开始出现成熟的卵泡。在一个繁殖季节，母水貂出现2～4个发情周期，每个发情周期通常为7～9天，其中发情持续期1～3天，间情期5～6天。

水貂为诱导排卵的动物，对其子宫颈的刺激（交配刺激）可诱发卵巢排卵。排卵时间依水貂的个体而存在差异。通常在交配后的第36～37小时发生排卵。排卵后，卵泡内膜细胞和颗粒细胞并不形成妊娠黄体，而是处于休眠期。在黄体休眠期，卵巢内又有一批接近成熟的卵泡继续发育、成熟并分泌雌激素，从而引起再次发情，无论前次排出的卵是否受精，仍可通过交配而再次排卵。将第一次排卵后的约5～6天时间，通常称为排卵不应期。在排卵不应期，无论是交配刺激或注射孕马血清（PMSG）、绒毛膜促性腺激素（HCG）都不能引起再次排卵。对发情的母水貂进行复配（两个发情周期各交配1次）时，通过第一次交配形成受精卵通常在输卵管或子宫内滞留，其能否继续发育受到第二次交配的影响，即第二次交配的精子和第二次排卵出的卵子受精后形成胚胎时，第一次交配形成的受精卵消失，保留第二次交配形成的胚胎，并继续发育。当第二次交配后没有形成胚胎时，仍保留第一次交配形成的胚胎，并继续发育。性欲强的母水貂通常拒绝复配，其原因可能是已形成功能性黄体。

在母水貂的一个发情周期中，其卵巢上同时有多个卵泡发育，其中，3～17 个卵泡能够最终成熟并排卵，平均 8.7±0.3 个，而剩余卵泡通常发生闭锁。

（二）母水貂的发情期

母水貂的发情是指阴门等外生殖器官开始出现变化至接受交配的时期。在每年的繁殖季节，母水貂通常出现 2 个发情期。根据母水貂在发情时的阴部的变化，每个发情期可分为发情前期、发情期、发情后期和休情期 4 个阶段。

1. 发情前期 在发情前期，母水貂的阴毛逐渐分开，阴唇微肿胀充血，呈粉红色，黏膜干而发亮。在此期拒配或交配也不排卵。

2. 发情期 在发情期。母水貂的阴唇肿胀，明显外翻成四瓣，椭圆形。黏膜湿润有黏液，呈粉白色。此期易交配并能排卵。

3. 发情后期 母水貂的外阴部逐渐萎缩、干枯，黏膜干涩、有皱褶，无黏液；阴毛逐渐收拢。但是，有很多母水貂未等恢复原状又进入第 2 个发情周期。

4. 发情后期 母水貂休情期的外阴部紧闭，阴毛呈束状覆盖外阴部。

（三）受精及其胚胎

通过交配进入母水貂生殖道中精子与卵子在母水貂的输卵管的上段会融合受精。通常排出的卵母细胞在 12 小时以内到达受精部位，而精子在母水貂生殖道内的约 48 小时内保持受精能力。

据报道，当母水貂在第一次交配后的第二天复配时，37％仔水貂来自第一次受精卵，而 63％来自第二次受精卵；在间隔 2 天复配时，73％仔水貂来自第一次受精卵，而 27％来自第二次受精卵；间隔 6～7 天、8～9 天、10～19 天复配时，来自第一次受精卵的仔水貂分别为 8.0％、15.4％和 16.2％。

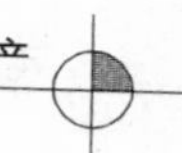

（四）母水貂的妊娠和分娩

水貂的产仔日期因个体的不同而有所差异，但通常水貂产仔日期在4月下旬至5月下旬。特别是5月1日前后5天，为产仔旺期，约占总产仔胎数的70%～80%。窝平均产仔数为6.5只。

母水貂临产前1周左右开始拔掉乳房周围的毛，露出乳头。临产前2～3天，粪便由长条状变为短条状。临产时活动减少，不时发出“咕咕”叫声，行动不安，有腹痛症状，有营巢现象。产前1～2顿拒食。通常在夜间或清晨产仔。正常情况下，先产出仔水貂的头部，产后母水貂即咬断仔水貂的脐带，吃掉胎盘，舔干仔水貂身上的羊水。产仔过程一般是2～4小时。仔水貂在产后2～4小时，排出油黑色的胎粪。

二、水貂的繁殖技术

水貂的繁殖技术是指采取人为干预的方法，以提高母水貂的配种率、妊娠率和产仔率等一系列相关的技术。

（一）水貂的发情鉴定

水貂的发情鉴定是指根据水貂发情期的特征性变化，判定水貂发情阶段的过程。发情鉴定是水貂配种技术中的关键步骤。通过发情鉴定决定是否放对配种。当发情判断不准确，不仅耽误水貂及时配种，而且由于使发情不好的水貂强行配种而导致其拒配或空怀。

1. 公水貂的发情鉴定　公水貂发情时，兴奋不安并徘徊，食欲不振，经常发出求偶的“咕咕”叫声，性情比平时温顺，睾丸明显增大、下垂，触摸时有弹性。

2. 母水貂的发情鉴定　母水貂的发情，通常采用行为观察法、外阴部观察法、放对试情法和阴道内容物涂片法。

（1）*行为观察法*　发情期母水貂食欲不振，活动频繁、不安，常在笼内来回走动，常舐其外阴部，间有磨蹭外阴部的动作，经常躺卧在笼底蹭痒，一遇见公水貂则表现兴奋和温顺，并发出“咕咕”叫声。

发情母水貂排尿频繁，尿液呈深绿色带荧光，以后逐渐变淡，交配时间以尿液淡绿色时最为适宜。此时的母水貂性情温顺，捕捉时非常老实，发现饲养人员时，表现不安，常发出“咕咕”的叫声。

（2）外阴部观察法　母水貂休情期外阴部紧闭，阴毛呈束状覆盖外阴部。发情时，外阴部因肿胀充血而变化较大。

采用外阴部观察法是最常用的母水貂发情鉴定法。采用该方法时，应注意以下几个问题。

①发情鉴定时间　第1次发性鉴定，应在2月下旬开始进行并记录。以后每隔2～3天进行复检。当发情变化明显时，应每天都要检查。外观上已出现发情行为，但外阴部一直没有变化的母水貂，应推测为隐性发情，应进行试情。

②母水貂保定　一只手抓颈，使其后腹部向上，头向下，另一只手抓住臀部和尾巴，使尾自然下垂，水貂的两后腿自然分开，然后仔细观察外阴部。

③外阴部变化的品系间差异　很多黑眼白水貂如海特龙与标准水貂的杂种母水貂，只有在外阴部肿胀特别明显（犹如突起的一粒豌豆）时，才处于发情期并接受交配。也有的母水貂（红眼白水貂等），在发情时外阴部不发生明显变化，称为隐性发情。

④排除发情的假象　肥胖母水貂与瘦母水貂相比，发情时的外阴部变化不明显；此外，母水貂在挣扎、刚排完尿等情况下，往往造成外阴部或分泌物异常，应对其鉴别。

（3）放对试情法　当母水貂阴门有明显发情变化时，将其放入公水貂笼中，以观察和判断母水貂的发情程度，称为放对试情。发情的母水貂，被公水貂追逐时无敌对行为，且与之嬉戏，当公水貂爬跨时，尾巴翘向一边，温顺地接受交配。有的发情母水貂躲避公水貂，但不向公水貂进攻。未发情或发情不够的母水貂，放对时表现敌对行为，抗拒公水貂的追逐和爬跨，向公水貂

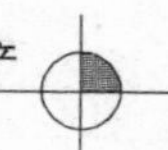

头部进攻或躲立笼角发出刺耳的尖叫声。此时应抓出母水貂，放加原笼内，勿使母水貂受到惊恐刺激，待发情好时再试配。

（4）*阴道内容物涂片法* 水貂阴道黏膜细胞在发情期发生规律性的变化，通过检测母水貂的阴道分泌物中细胞变化，鉴定其发情阶段。检查时，用滴管先吸少量清洁水，插入母水貂阴道吸取内容物少许，涂于载玻片并染色，然后在400倍生物显微镜下进行观察。根据阴道内容物细胞的形态变化，可分为4个时期。

①休情期 视野中可见大量小而透明的白细胞，无脱落的上皮细胞和角化细胞。

②发情前期 视野中白细胞比例减少，出现较多的多角形角质化细胞。

③发情期 视野中无白细胞，具有大量的多角形有核角质化细胞。

④发情后期 视野中可见角质化细胞崩解成碎片，并有白细胞出现。

上述几种方法应结合进行，其中以检查外阴部变化为主，以放对试情为辅。只有在检查外生殖器有明显变化时，或有其他发情表现时，方能进行放对试情，这样可以避免盲目性。放对试情是对外生殖器检查结果的实际检验，可以使发情鉴定更为准确。阴道内容物涂片法可作为隐性发情或外观鉴定不准时的辅助方法。

（二）公水貂的精液品质检查

为了提高母水貂的繁殖效率，繁殖初期，应在种公水貂完成第一次交配后，及时采集母水貂的阴道内容物采用第一章公狐精液品质的检查方法检查公水貂精液的品质，将精液品质优良的公水貂继续用于配种。

（三）水貂的配种

1. 最佳配种时间 母水貂发情季节中的第一次交配叫做初配，而第二次及以后的交配称复配。在正常饲养管理条件下，水貂开始配种的时间主要受光周期变化的制约，当春季日照延长到超过 11 小时时，水貂就具备了交配能力。通常水貂在发情旺期来临前的 7～10 天开始配种较为适宜。配种期历时约 20 天。

2. 配种方法

（1）水貂的放对及其交配

①水貂的放对　一般将发情好的母水貂放入公水貂笼中。用手把握母水貂颈部，在公水貂笼外逗引公水貂，根据公水貂有求偶表现，再将母水貂颈部递给公水貂，待公水貂叼住母水貂后颈后再徐徐松手。遇有公水貂求偶急切，行为暴躁时，应把公水貂移入母水貂笼内交配。如放对后公、母水貂在笼中拼命撕咬，母水貂站立尖叫拒配，或公水貂以头部或臀部撞击母水貂，把母水貂往角落处挤，应立即抓出母水貂，以免咬伤，有的母水貂择偶性较强，如其发情较好但不接受个别公水貂交配时，应另择公水貂交配。

②水貂的交配　水貂交配时，公水貂叼住母水貂后颈皮肤，以前肢紧抱母水貂腹部，下腹部紧贴在母水貂臀部，后躯向前抖动，母水貂将尾巴甩向一边。公水貂也随同移动，说明已达成交配。公水貂射精时两眼迷离，臀部用力向前推进，母水貂发出低吟声。配种结束后，公水貂表现口渴，母水貂外阴红肿、湿润。交配时间短者为 2～5 分钟，长者达数小时，一般为 30～50 分钟。越到配种后期，交配时间越长。交配时间 10 分钟以上，并观察到公水貂有射精动作时，视为有效。

在公水貂交配过程中，要正确辨别真配和假配。若公水貂后躯部不能长时间与笼网呈直角或锐角；走动时后躯与母水貂后臀部分开；从笼网下往上观察，可见公水貂阴茎露在母水貂体外，则为假配。此外，在放对过程中，如公水貂紧抱母水貂，母水貂先是很温驯，但突然高声尖叫、拼命挣脱时，可能是公水貂阴茎误入母水貂肛门，应立即强迫公、母水貂分开，否则易造成母水貂直肠穿孔而引起死亡。这样的母水貂，再放对时应更换公水

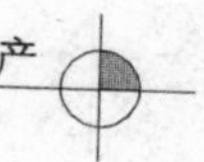

貂，或用胶布将母水貂肛门暂时封闭。

交配成功后，要做好记录。交配结束后，必须立即进行精液品质检查，然后将母水貂放回原笼。

（2）水貂的配种方式　根据母水貂在繁殖季节的发情特点，为了确保母水貂受孕和多产仔，应在初配后再复配1～2次。目前，常用的水貂配种方式包括同期复配和异期复配两种。

①同期复配　母水貂在一次发情持续期内连续2天或隔1天交配（简记为1＋1或1＋2），称为同期复配，也称连续复配。个别母水貂由于初配后不再接受第二次交配，因而自然形成一次交配。一般性欲强的母水貂和繁殖力高的初产母水貂第二年复配率较低。

②异期复配　母水貂在配种季节首次配种后（配1次或连续2天共配2次），隔7～9天再交配1～2次完成配种时，称为异期复配，即在2个以上的发情周期里进行2次以上的交配。异期复配又包括2个发情周期2次交配和3次交配。

已证实，采用在第1个周期初配1次（第1天）后的第7天和第8天进行2次复配（1＋7＋1），或者采用在第1个周期初配1次后第8天复配1次（1＋8），或者采用在第1个周期初配1次的第二天再复配1次时，可获得较高的妊娠率。对每只母水貂究竟采取哪种配种方式，主要是根据发情时间的早晚和初配的时间而定。在开始配种的前一周内（约在3月12日以前）已初配的母水貂，可采用1＋7＋1或1＋8的配种方式；而到3月12日后才初配的母水貂，则采用1＋1配种方式。总之，应以顺利地达成交配为前提，最后一次复配日期应落在本场历年的配种旺期。

由于母水貂交配后出现排卵不应期（5～6天），所以，应在初配后的1＋2天或7～10天进行复配，不应该在初配后的3～6天内复配，无规律的交配方式更容易造成空怀。配种间隔时间对繁殖有一定的影响，因此，复配间隔天数要合理。凡是被公水貂爬跨而未达成交配的母水貂，应尽量在两天内达成交配，在2天内仍未达成交配，可等下一次发情周期到来时再放对交配。

实践证明，在配种旺期结束配种的母水貂空怀率低，产仔多，因此，采取上述几种配种方式时，必须考虑每只水貂的配种结束日期。

（3）水貂的配种的划分　水貂属季节性发情动物，春天则是配种的关键季节。配种期虽依各地气候条件、光照时间长短、个体品种和饲养管理条件的不同而有所差异，但一般都在2月末到3月下旬之间，历时20～25天。水貂的配种期可分为初配阶段、复配阶段和补配阶段。

①初配阶段　初配阶段是指开始配种到发情旺期来临前一段时间。在我国，由于气候条件的不同，初配阶段的时期存在差异。例如，山东烟台地区在2月28日至3月5日，东北地区从3月5日左右开始，往南可适当提前，历时为7～10天。在初配阶段，应使已发情的母水貂全部达到1次交配，要求初配母水貂数能达到全群母水貂数的80%左右。对部分不发情或错过发情期的母水貂，不能强迫配种，可放在复配阶段完成配种。在此期应训练青年公水貂的交配能力。

②复配阶段　复配阶段又称配种旺期。山东烟台地区的复配阶段为3月6～15日，东北地区为3月12～19日，历时7～10天。在复配阶段，应将初配过的母水貂进行1～2次复配，对未初配过的母水貂应连续配种2次。异期复配的母水貂，初配与复配的时间间隔一般要求7～9天，不可少于6天，否则空怀率高。通常初配与复配时要求使用同一公水貂，但对初配公水貂精液质量差的，在复配时可更换公水貂。

③补配阶段　补配阶段是指对配种没有把握的母水貂再进行1次补配。在我国，山东烟台地区的3月16日以后和东北地区3月19日以后为补配阶段。在此阶段，应对配种结束早的（3月10日以前）或只配过1次的母水貂、与配公水貂精液品质差的

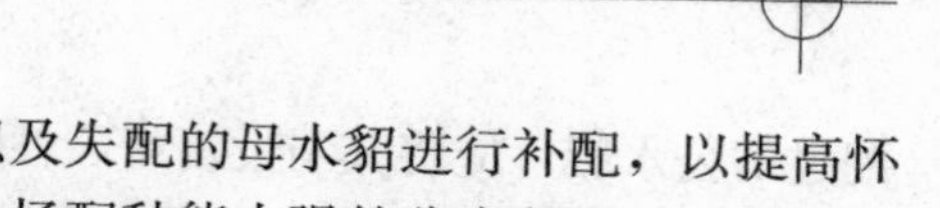

母水貂、逃跑过的母水貂以及失配的母水貂进行补配，以提高怀胎率。在此时，可以使用全场配种能力强的公水貂配种，争取全配全怀。

3. 提高配种效率的措施　在坚持管理科学化、饲养规范化和配种科学化的同时，应通过以下措施提高水貂的繁殖效率。

(1) 提高种公水貂交配率的措施

①早期检查　在繁殖季节到来之前对种公水貂繁殖力进行估测，及时淘汰繁殖力低下公水貂。目前，常用睾丸触诊法检测种公水貂繁殖能力。

在正常情况下，雄性睾丸从12月下旬起发育迅速，到翌年1月末至2月初达到最大，2月中旬开始萎缩。当公水貂睾丸没有从腹腔下降至阴囊内，即在12月至翌年3月间也触摸不到睾丸，称之为隐睾症，或者由于睾丸发育延迟，即1月到2月中旬睾丸较小，而2月末、3月初增大，达到正常大小。因此，在一定时期内通过触诊睾丸，可以在一定程度上估测雄性水貂的繁殖力。

当1月末到2月初进行的2～3次睾丸触诊检查时，如果触摸不到睾丸或睾丸最大直径小于0.7厘米，或者睾丸比较柔软（发育不良），或者单睾的公水貂，均不能用作种水貂，必须淘汰。而对睾丸大小正常（长轴直径1.2～1.7厘米），并且位于阴囊内正常位置，仅在阴囊内滑动性较差者，或睾丸大小、致密性、位置和滑动性都正常的可用作种水貂。

②训练种公水貂的交配能力　公水貂的初次交配能力的强弱直接影响整体配种进度。如果配种期初配阶段种水貂交配率达到80%以上，按1∶4（公∶母）留种的水貂群，种公水貂在配种季节的利用率达到85%～90%以上时，才能保证顺利完成配种期的配种工作。但是，一般情况下，由于种公水貂（尤其是青年公水貂）第1次交配比较困难，常发生被母水貂拒配、撕咬，诱发惧怕心理以至丧失性欲，导致后期的交配障碍。因此，尚未交

配过的公水貂，应将其与发情好、性情温顺的母水貂（通常是经产母水貂）发生交配，以提高交配成功率。当公、母水貂合笼后，如果发现母水貂拒配并且要撕咬公水貂时，应及时分开。通常情况下，如果第一次交配成功后，由于已获得交配经验，很容易再与其他母水貂交配。

③种公水貂的合理利用　种公水貂的配种能力在个体间存在很大的差异。一般公水貂在一个配种期可交配10～15次，多者高达20次。为了保证种公水貂在整个配种期都有旺盛的性欲，应有计划地控制使用。在初配阶段，公水貂1天仅能交配1次；复配阶段，1天可利用2次，但使用2～3天应休息1天。对于交配能力强的公水貂，配种初期交配的母水貂数不要超过7只。对性欲过盛、交配能力过强的公水貂，要注意防止其在母水貂非发情持续期里交配，造成空怀。对具有较强的配种能力公水貂，应重点使用，专配后期难配的母水貂。

④检查精液品质　采用第一章公狐的精液品质检查方法，检测种公水貂的精液品质2～3次，对于无精子或精子品质不良的公水貂应淘汰，对已被其交配的母水貂，要用其他公水貂进行重配。

（2）*提高母水貂繁殖效率的措施*　繁殖是水貂养殖的关键环节，直接关系到水貂养殖业的经济效益。因此，在掌握母水貂的繁殖生理的特点，探明影响母水貂繁殖率的相关因素的基础上，建立提高水貂繁殖效率的相关技术，以期充分发挥和挖掘水貂繁殖潜力。

①保持最佳的体况　母水貂体况是指其身体的肥瘦状况，主要通过眼估法或称重法测定。母水貂体况可分上等、中上等、中等、中下等和下等五种。一般来说，中上、中和中下体况的母水貂的繁殖率较高，而过肥或过瘦的母水貂繁殖力较低。

②选择适龄母水貂配种　当年产出并被选留种用的母水貂，9～10月龄时性成熟，翌年3月即可参加配种繁殖。母水貂一生

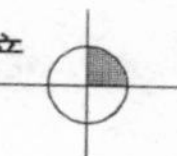

中可保持8～10年的繁殖能力，其中，在1～4岁时繁殖能力较强，可获得较高的产仔率和仔水貂的成活率。初产母水貂的产仔数量较多但成活率较低。从5岁开始，母水貂的性机能逐渐衰退，而导致其繁殖能力显著下降。

③筛选繁殖性能高的母水貂配种　水貂系多胎动物，但个体间产仔数量不尽相同。这与亲代遗传特性有很大关系。通常，高产母水貂所产的仔水貂，成长后同样具有较强的繁殖力。

④适时配种和选择合理的配种方式　母水貂排卵后若有足够的精子到达输卵管与卵子相遇即可受精。因此，配种时间对母水貂的繁殖效率产生重要影响。根据生产实践，在3月上旬采取一个发情期隔天连配2次的方法，可获得较高的妊娠率和产仔率。

⑤光照时间要适当　水貂的繁殖力与光照密切相关。水貂配种期的11.5～12.0小时光照时间，正适合其发情和交配。一般情况下，水貂进入妊娠期后适宜的光照时间为12小时以上。

⑥对于交配不能的母水貂实施辅助交配　当母水貂由于某种原因而不能正常交配时，挑选配种能力强、善于交配公水貂与之交配；交配时不抬尾的母水貂，可用细绳扎住尾尖，人工辅助提尾；对于阴门狭窄者，可施外科手术或用较粗滴管插入阴门，待阴门扩大后再放对；对于不会支撑举臀的母水貂，从笼下用手或木棍托起母水貂后腹，使它交配；因咬伤而拒配者，应先行治疗，待伤愈后，选择性情温顺、配种能力强的公水貂与之交配；对于经观察处阴部变化明显，但一直拒配者，可用胶布缠嘴和前肢，选择配种能力强、善于控制母水貂的公水貂与之交配。如果仍不能交配，则可在当天下午晚饲前肌内注射安定注射液0.7～1.0毫升（含药量3～5毫克），次日清晨恢复正常时放对，也可以夜间进行放对。

对于生殖机能失调的母水貂，可注射170国际单位/只的人绒毛膜促性腺激素（HCG），注射后在4～9天内可以放对交配。HCG对无任何发情表现的母水貂效果较好。但要严格控制药量及使用时间。一般在3月16～25日期间一次肌内注射。在配种前、后期不要乱用各种激素催情，更不能无规律的延长或缩短光照时间，以免造成大批空怀。

（四）母水貂的妊娠与保胎

母水貂最后1次交配结束后，即进入妊娠期。妊娠期平均为47±2天，个别个体妊娠期出现缩短或延长现象。妊娠期的母水貂新陈代谢旺盛，营养需要量大。除维持自身生命活动外，还要为春季换毛、胎儿生长发育及产后泌乳提供营养。所以，此期要充分满足水貂对各种营养物质的需要，提供安静舒适的环境，确保胎儿的正常发育。否则会造成胚胎被吸收、死胎、烂胎、流产和产出的仔水貂生命力不强等情况的发生。

（五）母水貂分娩和哺乳

因水貂的个体不同其产仔日期存在差异。通常水貂产仔日期在4月下旬至5月下旬。幼水貂出生后即能吮乳，哺乳期为45天。

母水貂突然拒食1～2次，呈现不安，在笼网上摩擦外阴部或舔外阴部，出现排便动作可作为分娩的重要先兆。除个别母水貂外，通常都能顺利产子。

（六）仔水貂生长发育

刚出生的仔水貂体重8～12克，体长6～8厘米，闭眼，无齿。未吃乳前鼻镜干燥，吃初乳后鼻镜发黑。脐带经2～3天脱落。爪不尖、不硬。粪便呈小条状，黑黄色或黄绿色，排出后立即被母水貂吃掉。母水貂均可精心照顾仔水貂。产后应注意观察脐带是否被咬断和缠身、胎衣是否被母水貂吃掉和仔水貂是否吃上母乳等。其他请参照仔狐的保活的相关内容。

10日龄仔水貂毛色更深，颈上部皱纹增多，被毛长约2毫米，触须长2.5毫米左右，爪变硬。母仔水貂腹部可见乳头，公仔水貂睾丸不明显。黑褐色水貂体重约46克，体长约11.5厘米。20日龄仔水貂被毛长6～7毫米，少数仔水貂长出牙，多数

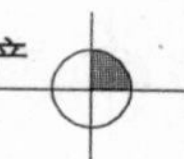

还未出牙。母水貂外阴部明显外突4～5毫米。黑褐色仔水貂体重约100.7克，体长约15.7厘米。部分30日龄仔水貂睁眼，靠近犬齿的1对门齿显露，体重约174.2克，体长约19.2厘米。40日龄仔水貂针毛开始长出，下门齿亦开始生长。体重约295.3克，体长约22.9厘米。

在哺乳期，仔水貂机体的各种机能尚不完善，对环境变化的适应能力弱，抵抗力低，最易死亡。据观察，仔水貂哺乳期一般死亡率达10%～20%，而其中前5天的死亡率占整个哺乳期死亡数的70%。

（七）仔水貂保活

1. 难产母水貂的处置 如果妊娠母水貂拒食多次，腹部很大，又经常出入于小室，行动不安，精神不振，蜷缩在小室中，在笼网上摩擦外阴部或舔外阴部，出现排便动作，且外阴部有血样物流出，"咕咕"直叫，又不见仔水貂叫声，这些现象可能是母水貂难产。对于出现难产母水貂，应根据情况，采取人工助产、注射催产素（0.3～0.4毫升）或通过剖宫产术等措施，及时助母水貂产仔。取出的仔水貂经人工处理后代养，对术后的母水貂一定要加强护理。

2. 异常仔水貂的处置 适时检查初生仔水貂健康状况和吮乳情况，发现异常，及时处理，对提高仔水貂成活率、减少仔水貂初生时的死亡率十分必要。健康仔水貂的叫声尖而短促和强而有力；否则为弱仔水貂。仔水貂长时间叫声不停，由尖短有力变为冗长无力、沙哑时，说明仔水貂没有吃上奶、窝冷或爬出窝外远离母水貂受冻所致。此时，应立即开箱检查，并果断采取相应的护理措施。

3. 仔水貂急救 当仔水貂发生意外而被冻僵，如果冻僵时间不长，一般情况下，通过抢救都可救活。抢救时，先擦去仔水貂身上的泥沙和胎膜，然后用保温袋进行保温，待仔水貂恢复生活能力后，再送回原窝或代养。因母水貂难产或受压而窒息的仔水貂，如果发生时间较短，可采取心脏按摩的方法，帮助仔水貂心脏跳动，然后进行人工呼吸，有时亦能将仔水貂救活。

母水貂因难产死亡时，要立即剖宫取胎，先去掉胎膜，擦干羊水，然后用人工呼吸的方法抢救仔水貂。

在检查仔水貂时，发现无力吃奶的，可人工温暖后，用水吸管喂给5%的葡萄糖、牛乳、羊乳1～2滴（温度在40℃左右。）人工哺乳后，待叫声有力时送回窝。在给仔水貂人工哺乳时，不可急躁，喂量不要过大，以防呛入肺内。

4. 适时仔水貂的代养 当同窝仔水貂较多，母水貂已无力哺育，或母水貂乳量不足、无乳，或产后患乳房炎、自咬病等疾病，或母水貂弃仔、死亡时，要对这些母水貂的部分或全部仔水貂采取代养措施。代养仔水貂的母水貂必须健康，尽量使2窝仔水貂日龄和大小接近，代养时饲养人员手上不应有异味，以防母水貂咬仔或弃仔。

代养时可以采取同味法，把要代养的仔水貂用代养母水貂的仔水貂肛门或垫草轻轻摩擦全身，使它们身上的气味相似（先将母水貂诱出小室），然后一次放在窝内，打开小室门，让母水貂自行护理。还可以采取自行叼入法，用插板封死小室内，在门口放一块小木板，然后将仔水貂放在代养母水貂洞口的木板上，打开小室门，母水貂听到仔水貂的叫声后会自行将仔水貂叼入。

三、提高繁殖率综合措施

1. 选种选配 根据个体品质鉴定、谱系鉴定和后裔鉴定相结合的原则，实行6月初选、9月复选、12月精选的3次选种法，选留繁殖力强的公、母水貂进行繁殖。选作种用的成年公水貂要睾丸发育好，性欲旺盛，年交配母水貂在4只以上，配种达10次以上，且精液品质好。选作种用的成年母水貂要外生殖器发育良好，发情正常，交配、妊娠、产仔理想，其中初产母水貂的双亲产仔不低于6只，2～4岁的母水貂胎产不低于6只，且

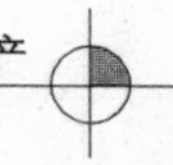

应母性强，泌乳量高，仔水貂发育好，成活率高。

2. 饲养管理　加强公水貂的饲养管理，提高运动量，保持中等或中上等配种体况，保证精液品质；适时调整母水貂体况，母水貂体重指数调整在23～25克/厘米，保证其旺盛的性欲和良好的配种能力；加强母水貂妊娠期饲养管理，供给优质全价饲料，促进其胚泡着床发育，保证母水貂产后正常泌乳，提高仔水貂成活率；把握配种良机，严格实施配种制度。

3. 预防流产和减少胚胎死亡　参见第三节仔水貂的保活。

4. 预防常见病　参见第六章常见疾病与防治。

第四节　水貂的选育

与狐和貉的选育一样，水貂的选育在水貂养殖中具有重要地位。水貂选育是以提高水貂群品质，增加优秀个体的数量和培育新的品种，以获取更多的优良品质毛皮为目的。

由于水貂的毛皮属小毛细皮类型，因此，通常采用下列方法筛选种水貂。

（一）水貂的选种方法

根据水貂的生物学时期，采取每年分3时期的三级选种法，即通过初选、复选和终选的三个步骤进行选种。

1. 初选阶段　在每年的6～7月，根据成年公水貂在配种期的配种能力、精液品质来初选公水貂；而对成龄母水貂，根据产仔数、泌乳量、后代成活数等，进行初选。对仔水貂，根据同窝仔水貂数、发育状况、成活情况和双亲品质，在离乳时按窝选留。初留要比实留种的数量多25%～40%。

2. 复选阶段　在每年的9～10月，根据生长发育、体型大小、体重、体质、换毛迟早、毛绒色泽和质量等，对已初选的成龄和幼水貂逐只进行选择。复选数量要比实留种的数量多10%～20%。

3. 终选阶段 每年的12月，对已复选水貂群，根据毛绒品质（包括颜色、光泽、长度、密度、弹性、分布等）、体型大小、体质类型、体况肥瘦、系谱和后裔鉴定等综合指标，淘汰不符合标准的水貂，余下的用于种水貂。

种水貂的性别比例（公：母）一般是标准色水貂1∶3.5～4.0，白色水貂1∶2.5～3.0，其他彩水貂1.0∶3.0～3.5。此外，种水貂的年龄比例要适宜，2～4岁的成年水貂应占70%左右，当年幼水貂不宜超过30%。

（二）我国培育的水貂品种

1. 东北黑褐色水貂 由黑龙江省横道河子、泰康和密山野生饲养场和中国农业科学院特产研究所等单位，利用苏联黑褐色水貂为母本，丹麦黑褐色水貂为父本，通过级进杂交三代，横交固定，历经10年培育的水貂品种。

东北黑褐色水貂的毛色基本一致，呈黑褐色，绒毛致密呈灰褐色，被毛光泽性好，针毛长22～24毫米，绒毛长14～16毫米。甲级皮比例达80%以上。头形稍宽大，呈楔形，嘴略钝，鼻镜乌黑色，体躯粗大而长。6月龄公水貂体长42.0～43.5厘米，尾长22.0～24.0厘米，体重1 800～2 200克；母水貂体长35.5～36.5厘米，尾长18.0～20.0厘米，体重900～1 100克。

东北黑褐色水貂具备体质健壮，听觉敏锐，适应环境和饲料和抗病能力较强等优点。此外，母水貂乳汁充足，护仔能力好。

2. 吉林白水貂 吉林白水貂属于红眼白水貂，是中国农业科学院特产研究所经杂交培育的白色水貂品种。其特征是头形圆大，嘴略钝，眼睛呈粉红色，体躯粗大而长，被毛背部和腹部呈现一致的白色，毛皮成熟后外观洁净，新颖美观。成年公水貂体长44.5～47.8厘米，尾长22.5～24.0厘米，体重2.2～2.3千克；成年母水貂体长36.5～39.0厘米，尾长18.5～20.0厘米，体重1.1～1.3千克。

吉林白水貂具有体质健壮，抗病力强，生长发育快等特点。

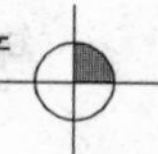

公水貂利用率达 88.2%，母水貂平均受胎率达 90%，胎平均产仔 5.97 只，群平均成活 4.36 只。6 月龄公水貂平均体重 2.1 千克，母水貂平均体重 1.2 千克。

3. 金州黑色标准水貂　由辽宁省金州珍贵毛皮动物公司历经 12 年选育，并于 2000 年 5 月通过国家审定的水貂新品种。该水貂头型轮廓明显，面部短宽，嘴唇圆，鼻镜湿润，有纵沟，眼圆明亮、耳小。公水貂头呈现粗犷而方正；母水貂头纤秀，略呈三角形。

毛色深黑，背腹毛色一致，底绒深灰色，下颌无白斑，全身无杂毛。公水貂针毛长 20.0～22.0 毫米，绒毛长 13.0～14.0 毫米；母水貂针毛长 19.0～21.0 毫米，绒毛长 12.0～13.0 毫米。幼水貂 9～10 月龄性成熟，种水貂利用年限 3～5 年，公水貂参加配种率 90%以上，母水貂受配率 95%以上，胎平均产仔 6 只以上，年末群平均成活 4.2～4.5 只。6 月龄公水貂体重为 2.0～2.2 千克，母水貂体重为 1.1～1.3 千克。

第五节　水貂的饲养管理

与狐和貉相似，水貂也具有季节性繁殖、季节性换毛的特点。此外，由于在一年中的不同时期，呈现明显的生理及饲养特点。因此，在饲养过程中，应根据水貂的生理特征，科学合理地加强饲养和管理，以获取最大的经济效益。

一、水貂的生物学时期的划分

根据水貂的生理学特点，人为地将一年划分为几个不同的具有必然联系的饲养时期，即准备配种期、配种期、妊娠期、产仔哺乳期和恢复期等。

二、水貂的饲养管理

由于水貂在上述的不同时期具有不同的生理特点，应根据水貂的不同时期采取相应的饲养管理方法，以获取最大的经济效益。

（一）准备配种期的饲养管理

准备配种期从 9 月下旬（秋分）开始至翌年 2 月为止，历时 5 个月。因准备配种期时间较长，根据饲养管理的差异，又可分为准备配种前期、准备配种中期和准备配种后期。准备配种期饲养管理应以调整种水貂体况和促进种水貂生殖系统的正常发育为重点。

1. 体况鉴定与调整 水貂的体质、健康状况与繁殖力有密切关系，只有健康的体质和适宜的体况，才能使水貂保持较高的繁殖力。因此，应在准备配种前期检测种水貂的体况，并在整个准备配种期通过调整使全群种水貂普遍达到提高繁殖率的中等体况。公水貂达到中等略偏上，母水貂达到中等略偏下。

（1）体况的测定 目前，常用的测定体况的方法包括目测法、称重法和指数测算法。由于个体之间的差异，有时根据体重法难以得到准确的体况信息，因此，通过目测法、称重法和指数测算法结合应用，可获得真实的水貂体质状态。

①目测法 根据肉眼观察水貂站立时形体特点判定体况。将后腹部突圆甚至脂肪堆积下垂、行动笨拙、反应迟钝和食欲不旺的水貂判定为肥胖体况；将腹部平展或略显有沟、躯体前后匀称、运动灵活自如和食欲正常的水貂判定为中等体况；将后腹部明显凹陷、躯体纤细、脊背隆起、肋骨明显、多作跳跃运动和采食旺盛的水貂判定为瘦体况。

②称重法 根据体重判定水貂体况。当公水貂体重超过 2 200克和母水貂体重超过 1 100 克时，判定为肥胖体况；当公水貂体重为 1 800～2 200 克和全群平均体重约 2 000 克，母水貂的体重为 800～1 000 克，全群平均体重约为 850 克时，判定为中等体况；当公水貂和母水貂的体重不足 1 700 克和 700 克时，判定为瘦体况。

③指数测算 首先测量水貂体重和体长，然后根据下列公式计算体重指数，以判定体况。已研究证实，当水貂配种前的体重

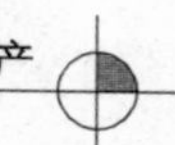

指数在 24～26 克/厘米时，其繁殖效率最高。

体重指数＝体重（克）/体长（厘米）

（2）*调整体况的基本方法* 目前，常采用减肥法和追肥法，分别调整过肥和过瘦水貂的体况。

①减肥法 减肥法的核心是设法使种水貂加强运动，消耗脂肪。如人工逗引或滞后喂饲料，均可刺激其加强运动。同时，减少日粮中的脂肪含量，适当减少饲料量。对明显过肥者，可每周断食 1～2 次，如外界不太寒冷，亦可暂时撤出小室内的垫草。

②追肥法 通过增加日粮中的优质动物性饲料比例和总饲料量，也可单独补饲，使其吃饱。同时，给足垫草，加强保温，减少能量消耗。对因病消瘦者，应优先治疗疾病，再进行追肥。

2. 准备配种期的饲养 与狐和貉一样，在准备配种期，水貂的生殖器官逐渐发育，至准备配种期结束之前，睾丸和卵巢已充分发育。公水貂附睾中已储有成熟的精子，而母水貂卵巢中也已形成成熟的卵泡。因此，在这个时期，应根据水貂的体况，科学合理地饲养，保证水貂生殖系统的发育和达到最佳的体况。常用的饲料配方如表 3－1 所示，但根据如下的准备配种期各阶段，还应对饲料组成作适当的调整。

表 3－1 不同饲养时期水貂的饲料配方

饲料成分	准备配种期	配种期	妊娠期	产仔哺乳期
热量（兆焦）	1.17～1.34	0.84～1.05	0.92～1.09	1.01～1.09
饲喂量（克/只）	250～300	220～250	260～350	不限
肉鱼类（%）	55～60	60～65	55～60	60～70
乳蛋类（%）	5～10	5～10	5～10	10～15
谷物窝头（%）	10～15	10～12	10～12	10～12
蔬菜（%）	8～10	8～10	10～12	10～12
豆汁（%）	10～15	10～15	5～10	15～20
酵母（克/天）	2	4	4	5

（续）

饲料成分	准备配种期	配种期	妊娠期	产仔哺乳期
麦芽（克/天）	5～10	15～20	10～15	5～10
骨粉（克/天）	2	2	4	2
食盐（克/天）	0.4	0.4	0.5	0.5
维生素A（国际单位/天）	500～800	500～800	800～1 000	1 000～1 500
维生素D［毫克/（天·只）］	50～80	50～80	80～100	100～150
维生素E［毫克/（天·只）］	3～5	3～5	5～7	5～10
维生素B_1［毫克/（天·只）］	0.5～1.0	0.5～1.0	2～3	1～2
维生素B_2［毫克/（天·只）］	0.4	0.4	0.5	0.5
维生素C［毫克/（天·只）］	—	—	20～25	10～15

注：①肉鱼类中鱼占75%，肉占25%，或鱼、肉各半，鱼、肉副产品不得超过鱼、肉量的30%。

②谷物窝头可由玉米面和豆面组成，其比例为7：3。

③配种期公水貂中午补饲100～150克鱼、肉、乳、蛋类饲料。

④妊娠期的鱼、肉类由鱼200克、肉25～30克、鲜碎骨15～20克、鲜肝10～15克和奶10～15克组成。

⑤哺乳期饲料量含仔兽的饲喂量，应吃多少给多少。

（1）准备配种前期饲养　准备配种期中的9月下旬至10月末为准备配种前期。在此期，主要以增加营养和提高膘情为重点。因为成年水貂在夏季食欲不振，体况偏瘦，而此时食欲开始恢复；幼龄水貂仍处于继续生长发育阶段，全群普遍都要脱掉夏毛，长出冬毛，因此，应提高日粮标准和动物性饲料的比例。此时，日粮标准的代谢能应达到1 172～1 340千焦，需要约占饲料70%的两种以上的动物性饲料。日粮总量应达到400克左右，其中蛋白质含量不低于20克。

（2）准备配种中期　准备配种期中的11月初至12月末为准备配种中期。在准备配种中期，以维持营养为主，并根据气候条件调整膘情。在我国北方冬季十分寒冷，应当在维持营养的基础上向上调整膘情，防止过瘦，以保证越冬贮备和代谢消耗的需

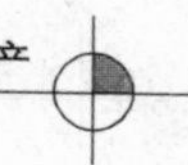

要。而在冬季不太寒冷的地区，则应在维持营养的情况下，向适中体况调整，主要是防止出现过肥和过瘦体况。在此期，动物性饲料占全料中的比重应达到70%以上，而蛋白质含量也应达到30克以上。

（3）*准备配种后期*　准备配种期中的1月初至2月末为准备配种后期。主要以调整营养和体况为主。在此期，日粮的热量标准要在低于准备配种中期的同时，增加营养水平。日粮标准应为921～1 047千焦，其中鱼类、肉类、内脏、蛋类等的动物性饲料占75%左右。谷物饲料可占20%～32%，蔬菜可占2%～3%或更少。此外，还应饲喂鱼肝油1克/只（含维生素A 1 500国际单位），酵母4～6克，麦芽10～15克（或清棉籽油1毫升，或维生素E 5毫克），大蒜2克，食盐5克。饲料总量为250克左右（含约30克的蛋白质）。

3. 准备配种期的管理　参照狐的准备配种期的管理方法（第一章第五节狐的饲养管理），在增加光照时间、防寒保暖、保证采食量和充足的饮水、加强驯化、调整种水貂体况平衡、异性刺激和做好配种前的准备工作等同时，做好发情鉴定。

水貂从1月份起就开始陆续发情，但必须到3月初方可配种。因此，通过母水貂的发情鉴定，不仅能能够掌握每只母水貂发情时间的早晚和周期变化规律，而且，可根据情况适时调整饲料和环境条件。以提高母水貂的繁殖效率。

从1月份起，趁水貂群活跃的时候，每5天或1周观察1次母水貂外阴部变化，并逐个记录。在正常饲养的情况下，一般在1月末母水貂发情率应达到70%左右，2月末达90%以上。如果在1～2月份发现大批母水貂无发情征候，则可推测可能在饲养管理上存在某种缺陷，必须立即查找原因，加以改进。

（二）配种期的饲养管理

水貂的配种期为2月下旬至3月下旬。在配种期，由于水貂频繁地放对和交配，消耗很大体力，出现食欲下降。因此，配种期饲养管理应以保持公水貂具有旺盛的性欲，保持持久的配种能力，确保母水貂顺利完成交配，并保证配种质量。

1. 配种期的饲养 在配种期，应饲喂营养全价、适口性强、容积较小、易于消化的饲料。常用配种期水貂的饲料配方见表3-1。对配种能力强和体质瘦弱的公水貂，每天中午还可单独补饲优质饲料80～100克。此外，对于配种能力强而又食欲低下的公水貂，可饲喂少量鸡蛋、禽肉、鲜肝、鱼块等。此外，应提供充足的清洁饮水。

2. 配种期的管理 在水貂的配种期，不仅要参照狐的配种期的管理方法（第一章第五节狐的饲养管理）进行管理，在防止水貂的逃脱和伤人伤水貂、准确发情鉴定和详细配种记录、鉴别病水貂及维持良好的配种环境的同时，应做好如下的管理工作。

（1）调整饲喂次数和时间 通常，水貂在白天交配，因此，水貂的放对和配种主要在白天进行。为此，应调整饲喂次数和时间。在配种前半期，通常在早晨饲喂后经1小时放对，中午补饲并休息2小时，下午再放对，然后傍晚再饲喂一次。在气候温暖的地区，到配种后半期，可趁早晨凉爽之时先放对，后饲喂，中午补饲，下午放对和傍晚再饲喂。水貂不宜在光照下饲喂和放对，以免因增加光照时间而引起水貂发情紊乱，造成失配和空怀。

（2）选择配种方式 根据母水貂发情的具体情况，选用合适的配种方式，提高复配率，并使最后一次复配结束在配种旺期。根据水貂的发情特点，适时交配。严禁强制放对交配，否则容易造成咬伤、失配、甚至死亡，即使配上也很难受孕。母水貂具有刺激性排卵的特点，除交配刺激外，通过放对、公水貂追逐爬跨等亦可诱导其排卵。因此，不能频频试放，否则就会干扰母水貂排卵而影响受孕产仔，同时也容易造成咬伤和失配。

（3）区别发情与发病 发情期由于性冲动，使水貂的食欲减退。应鉴别与发生疾病时的食欲减退。发情时，应调整水貂饲喂次数和时间，使其每天都要采食饲料，性行为正常，有强烈的求

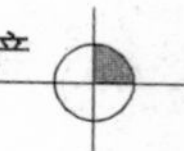

偶表现；病水貂往往完全拒食，精神委靡，被毛蓬松，粪便异常，对其应及时诊治。

（三）妊娠期的饲养管理

母水貂的平均妊娠期为48±2天。在妊娠期，母水貂不仅维持自身生命活动，而且为春季换毛、胎儿生长发育及产后泌乳提供营养。因此，保证妊娠母水貂营养的同时，应提供安静舒适的环境，确保胎儿的正常发育。如果饲养管理不当，会造成胚胎被吸收、死胎、烂胎、流产和产出的仔水貂生命力不强。

1. 妊娠期的饲养　在水貂的妊娠期，应饲喂营养全价、品质新鲜、成分稳定和适口性强的饲料。常用的妊娠期水貂的饲料配方见表3-1。此外，必须保证母水貂有充足清洁的饮水。

2. 妊娠期的管理　应参照狐的妊娠期的管理方法，增加光照时间，注意观察母水貂的行为、体况和粪便，保持环境安静和做好产前准备工作等。与此同时，由于在妊娠期气候日趋温暖，母水貂营养好而活动少，易出现过肥而造成胚胎被吸收、难产、产后缺奶、仔水貂死亡率高等现象。因此，在妊娠前半期（以4月5日为界），必须给予少而精的日粮，同时经常促使母水貂运动，将体况控制在中等略偏下的水平，防止过肥。

妊娠期的水貂饲料必须保持品质新鲜，绝不能喂腐烂变质、酸败发霉的饲料，否则水貂会拒食，或食后发生下痢、流产、死胎、烂胎、大批空怀和大量死亡等严重后果。

妊娠期不能饲喂如难产死亡的畜肉、带甲状腺的气管、经雌激素处理过的畜禽肉及内脏等含激素量过高的动物性饲料，否则会干扰水貂正常繁殖功能而导致大量流产。

在结束配种后20天内，对公水貂仍要按配种期的饲料饲养，以使其尽快恢复体质，保持下年的配种能力。

（四）产仔哺乳期的饲养管理

母水貂的而产仔日期为4月下旬至5月下旬。产仔哺乳期仔水貂生长发育得好坏，主要取决于母水貂的泌乳能力，而日粮组成则是影响母水貂泌乳量的主要因素。与此同时，随着仔水貂日龄不断增长，消化系统不断完善，可以开始采食。因此，此期在加强母水貂的饲养管理的同时，还应关注仔水貂的生长发育状况。

1. 产仔哺乳期的饲养

（1）*母水貂的饲养*　为了提高母水貂的泌乳量和延长泌乳时间，产仔哺乳期要求饲料营养丰富而全价，质量新鲜而稳定，适口性要好且易于消化。常用的产仔哺乳期母水貂的饲料配方见表3-1。此外，应提供充足清洁的饮水。

（2）*仔水貂的补饲*　对同窝数量多且达到20日龄以上的仔水貂，在母乳不足的情况下，可在哺乳前每天补喂1次添加有少量鱼肝油和酵母的鱼、肉、肝脏和蛋糕等。但不能全群普遍饲喂，以防仔水貂吃饲料不吮乳，造成母水貂假性乳房炎（胀奶）而拒绝护理仔水貂。

2. 产仔哺乳期的管理　严格按照狐的产仔哺乳期的管理方法（第一章第五节）对水貂的产仔哺乳期进行饲养管理。与此同时，根据水貂的生理特点，应调整母水貂的饲喂次数和时间及加强产后仔水貂的护理。

（1）*做好产仔前准备*　要在4月中旬准备好垫草，做好产箱的清理、消毒工作。小室消毒可用2%热碱水冲刷，也可用喷灯火焰消毒。产箱四壁缝隙要封严。保温用的垫草要清洁、干燥和柔软，且不易碎，以山草、软杂草、乌拉草等为好。垫草量可根据当地气温确定。此外，可准备一些保温产仔箱。

①制作木桶套箱　用木料制作圆桶，大型的高30厘米，上口直径26厘米，下口直径30厘米；小型的高23厘米，上口直径20厘米，下口直径23厘米，壁上开一直径12厘米的小门。使用时将圆桶放入产仔箱中，桶与箱的间隙用草紧密填充，窝底铺少量柔软草。

②制作网笼套箱　用铁丝编成长20厘米、宽16厘米、高

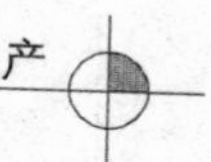

20 厘米的小笼，笼网眼大小为 2.5 厘米，笼壁一侧也设有入口，笼底稍呈锅底状。使用时将网笼放入产仔箱内，笼与箱的间隙用草紧密填充，笼底铺垫少量短而柔软的垫草。

（2）提高成活率　水貂产仔数较多，有时所产的仔数超过母水貂的抚养能力。应注意观察，发现异常仔水貂，应加强人工护理。对生后数小时内没吃上奶的仔水貂，可用牛羊乳经巴氏消毒或奶粉并加少许鱼肝油临时滴喂，然后尽快送给母水貂哺乳。

（3）调整饲喂次数和时间　常规饲养一般日喂 2 次，最好 3 次。饲喂时，要按产期早晚、仔水貂多少，合理分配饲料，切忌一律平均对待。此外，必须保证饮水充足而清洁，这对泌乳量大的母水貂尤为重要。

（4）保持环境安静　即将产仔母水貂，过度惊恐容易造成弃仔、咬仔甚至吃掉仔水貂，故必须避免场内和附近有震动性很大的奇特声响干扰。要加强仔水貂的护理，以提高仔水貂的成活率。

（5）做好保温措施　及时发现母水貂产仔。在春寒地区，要注意在小室中加足垫草，以利于保温。在温暖地区，垫草不宜过多，遇有大风雨天气，必须将水貂棚迎风一侧加以遮挡，以防寒潮侵袭仔水貂，导致感冒继发肺炎而大批死亡。

（五）种水貂恢复期的饲养管理

种水貂恢复期是指公水貂从配种结束到性器官再次开始发育，或者母水貂从断乳分窝到性器官再次开始发育的时期。通常公水貂的恢复期为 3 月下旬至 8 月末，而母水貂恢复期为 6 月初至 8 月末。由于种水貂经过繁殖季节，体质消耗很大，采食量减少，体重处于全群最低水平（特别是母水貂）。此外，种水貂开始换毛。因此，恢复期应恢复种水貂的体质，为下年度的配种繁殖生产打下良好的基础。

1. 种水貂恢复期的饲养　公水貂在配种结束后 10～15 天内和母水貂在断乳分窝后的 10～15 天内，应继续给予配种期和产仔哺乳期的标准饲料，以后再逐渐转变为恢复期饲料。恢复期水貂的饲料配方参见表 3-2。对患授乳症的母水貂，应在饲料中加入 0.4%～0.5%的食盐，并加喂肝脏、酵母、铁铜制剂、维生素 B_6、维生素 B_{12} 和叶酸，以使其尽快恢复体质。否则，母水貂夏季死亡率增高，对第二年繁殖也有不良影响。

2. 种水貂恢复期的管理 参照种狐恢复期的管理方法（第一章第五节狐恢复期的管理）对种水貂的恢复期进行管理。

（六）仔水貂育成期的饲养管理

仔水貂从 40～45 日龄离乳分窝到 9 月末为育成期，而 9～12 月为冬毛生长期。处于育成期的仔水貂生长和发育速度很快，尤其在 40～80 日龄时，生长发育速度最快。此时，仔水貂新陈代谢极为旺盛，摄入氮总量大于排出氮总量，对各种营养物质尤其对蛋白质、无机盐和维生素的需要极为迫切。育成期饲养管理得正确与否会直接影响水貂体型的大小和皮张的幅度。

1. 育成期的饲养 在仔水貂的育成期，日粮能量应达0.84～1.17 兆焦。总饲料量应由 200 克逐步增加到 370 克，蛋白质含量要达到 25 克以上。常用的仔水貂的饲料配方参见表 3-2。

育成期时值酷暑盛夏，要严防水貂因采食变质饲料而出现各种疾患。

表 3-2 育成期水貂的饲料配方

饲料成分	恢复期	育成期	冬毛生长期
代谢能（兆焦）	1.05～1.17	0.84～1.17	1.09～1.34
饲喂量（克/只）	250～300	200～370	350～400
肉鱼类（%）	50～60	55～60	45～55
谷物窝头（%）	15～20	10～15	15～20
蔬菜（%）	12～15	12～15	12～15
水（%）	15～20	15～20	15～20
酵母（克/只）	2	2	2
食盐（克/只）	0.4	0.4	0.4
骨粉（克/只）	1	2	1

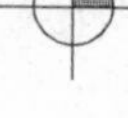

（续）

饲料成分	恢复期	育成期	冬毛生长期
维生素 A［国际单位/（天·只）］	300～400	300～400	300～400
维生素 D［毫克/（天·只）］	30～40	30～40	30～40
维生素 E［毫克/（天·只）］	—	2～5	—
维生素 B_1［毫克/（天·只）］	0.5	0.5	0.5
维生素 B_2［毫克/（天·只）］	—	1.0	0.5

注：（1）肉鱼类中鱼占 75%，肉占 25%，或鱼、肉各半，鱼、肉副产品不得超过鱼、肉量的 30%。

（2）谷物窝头可由玉米面和豆面组成，其比例为 7∶3。

（3）育成期公水貂比母水貂食量多 30%左右。

2. 育成期的管理

（1）*离乳分群*　仔水貂出生后 40～45 天应及时断乳分群。提早或推迟断乳对母水貂和仔水貂均无益处。断乳前，应做好笼舍的建造、检修、清扫、垫草消毒和准备等工作。断乳通常采用一次性全窝仔水貂断乳。断乳后，先将 2～3 只同性别的仔水貂放入同一笼舍饲养，经过 7～10 天后再分成单笼饲养。

（2）*调整饲喂次数和时间*　育成期每天饲喂 3 次，早晚饲喂的间隔尽量延长，每次饲喂 1 小时，保证吃完饲料。当饲料吃不完时应及早撤出食具。供给充足的清洁饮水。

（3）*加强防疫和防止疾病的发生*　避免水貂采食变质饲料，饲料加工工具和饮食具要天天刷洗和定期消毒，饲料室和水貂棚内的卫生要经常清扫，对蚊蝇、老鼠等要尽力消灭，以预防胃肠炎、下痢、脂肪组织炎、中毒等疾患的发生。催醒在阳光下睡觉的水貂，加强通风，预防中暑。对犬瘟热、病毒性肠炎等传染病应实行疫苗预防接种。

（七）皮用水貂的饲养管理

皮用仔水貂和从种水貂淘汰的成水貂，在毛皮成熟后期进行屠宰取皮。与狐和貉一样，水貂的屠宰取皮期为 12 月中旬至翌年1月上旬。

1. 皮用水貂的饲养 在冬毛生长期不能用品质低劣、品种单调的动物性饲料，更不能用大量的谷物和蔬菜代替动物性饲料饲养皮用水貂。否则水貂营养不良，出现大批带夏毛、毛峰勾曲、底绒空疏、毛绒缠结、枯干零乱、后裆缺针等有明显缺陷的皮张，导致毛皮质量严重降低。因此，在冬毛生长期应保证饲料中的营养。常用冬毛生长期水貂的饲料配方见表3-2。

2. 取皮水貂的管理 在加强日常管理的同时，应根据水貂的生理特点，调整光照时间、保护水貂的绒毛并通过使用褪黑激素促进毛皮的成熟。

(1) 调整光照时间 水貂生长冬毛为短日照反应。因此，不可增加任何形式的人工光照，应在较暗的棚舍中饲养取皮水貂，避免阳光直射，以保护毛绒中的色素。

(2) 保护毛绒 在秋分过后开始换毛时，应在小室中添加能起自然梳毛作用的少量垫草，搞好笼舍卫生并及时维护检修笼舍，防止污物沾染毛绒或锐利刺物损伤毛绒。添喂饲料时勿将饲料沾在水貂身上。10月份应检查换毛情况，遇有绒毛缠结的，应及时梳毛除掉。

(3) 褪黑激素的皮下埋植 水貂的夏毛一般在7～10月间脱落，而冬毛则在9～11月开始生长至12月生长完成，一直维持到翌年3月份。到3月中旬开始脱冬毛，至6月中旬完全由夏毛代替。使用褪黑激素能使水貂毛皮成熟提前1个多月，而且又能提高皮张的长度及毛皮质量。

在7月初，将5～10毫克褪黑激素埋植于取皮水貂的颈部皮下。依褪黑激素的埋植剂量、方法及个体差异等不同，水貂毛皮成熟程度存在差异。因此，应经常对埋植褪黑激素的水貂进行毛皮成熟检查，必须在完全成熟后方可取皮，应成熟1只取1只，否则会影响毛皮质量。

（安铁洙）

第四章 獭兔、海狸鼠等的生产

除上述的狐、貉和水貂之外，由于獭兔、海狸鼠、毛丝鼠、麝鼠等以其优良的毛皮或珍贵药用价值而被广泛人工饲养。以下主要介绍獭兔、海狸鼠和毛丝鼠的人工饲养方法。

第一节　獭兔的生产

獭兔又称力克斯兔、天鹅绒兔，它是家兔的突变种，是目前世界上优良的皮用兔种之一。因其被毛短而平齐、柔软细密，酷似水獭，故而得名。除主产品皮张之外，獭兔肝脏（制肝浸膏、肝宁片和肝注射液等）、胰腺（提取胰酶、胰岛素等）、胆汁（提取胆汁酸）、胃（提取胃膜素和胃蛋白酶等）、肠（提取肝素）、血液（提取血清、血清抗原、凝血酶、亮氨酸、蛋白胨等）、骨（提取工业骨胶或医用软骨素、骨浸膏或骨宁注射液等）和头（提取蛋白胨）等可提取多种生物活性物质。此外，利用粪尿可生产高质的农家肥。

一、獭兔的生物学习性

（一）獭兔的分类学地位、分布及其形态特征

1. 獭兔的分类学地位　獭兔在动物分类学上属于兔形目（Lagomorpha）、兔科（Leporidae）、兔亚科（Leperidae）、穴兔属（*Oryctolagus*）、穴兔种（*Oryctolagus cuniculus* Linnaeus）、家兔变种（*Oryctolagus cuniculus* var. *domesticus*）。

2. 獭兔的分布 法国的卡隆牧场（1919）从两窝家兔的后代中发现2只异性的，不同于家兔的被有红棕色短毛的家兔突变种，对其扩繁后，获得绒毛短而整齐和戗毛不露出绒面的特种新的家兔品系。1924年，獭兔首次在法国巴黎国际家兔博览会上展出，得到了养兔界人士的高度评价，成为当时最受欢迎的新品种之一，很快被世界各国引入饲养，并培育出许多其他色型的獭兔。目前在英国得到认可的獭兔色型有28种，在美国有14种，其中以白色、黑色、红色、青紫色和加利福尼亚色较为流行。

20世纪50年代以后，我国先后从苏联、美国、德国和法国等国家引进大量的不同血统的獭兔。目前，我国的獭兔养殖业已具规模，并能获得良好的经济效益。

3. 獭兔的形态特征

（1）外部形态　獭兔的口小嘴尖，眼大而圆，眼球的颜色与被毛颜色具有密切联系。如白色獭兔（图4-1）呈粉红色，黑色獭兔呈黑褐色，蓝色獭兔呈蓝色或蓝灰色等；耳长中等，直立、转动灵活；眉毛和胡须细而弯曲；颈部较短粗，肉髯明显；胸部较窄，腹腔发达，背腰略呈弓形，臀部发达，肌肉丰满；前肢较短，后肢较长，前脚5指，后脚4趾，指（趾）端有爪。爪的长度和形状可用来判断獭兔的年龄，爪的颜色也是不同毛色色型的重要特征之一。

图4-1　獭　兔

獭兔属中等体型，一般成年体重3～3.5千克，体长43～50厘米，胸围30～35厘米。

（2）被毛特征　獭兔是典型的皮用兔，兼用其肉。獭兔的被毛具有如下的特征。

①被毛纤维短而细　与肉用兔被毛纤维长度（2.5～3.3厘

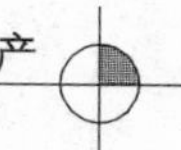

米）和毛用兔的毛纤维（8～12 厘米或更长）相比，獭兔毛纤维短（1.3～2.2 厘米）；此外，虽不同色型间存在差异，但与其他家兔相比，毛纤维横截面的直径小，绒毛含量高，戗毛含量低。

②被毛密度高而平整　与普通家兔的被毛密度（11 000～15 000根/厘米^2）和长毛兔被毛的密度（12 000～13 000 根/厘米^2）相比，獭兔的被毛密度（15 000 根/厘米^2 以上）大且被毛平整，即被毛的所有毛纤维，无论是绒毛还是戗毛，长度基本一致。此外，当用口吹其被毛时，形成喇叭状旋涡，在旋涡基部所露出的皮肤很小。用手触摸被毛，有浓厚之感且具有极强的弹性。

③被毛美观而牢固　由于獭兔被毛颜色多样，绚丽多彩，美观诱人；獭兔被毛纤维与皮肤连接结实牢固，不容易脱落。

（二）獭兔的生物学习性

獭兔为家兔的突变种，因此，和家兔具有许多相同的习性。

1. 獭兔的生活习性

（1）昼伏夜行　獭兔仍保留野兔的昼伏夜行特性。在白天除采食外，多处于静息或睡眠状态，而晚间则活跃活动，尤其在晚上 22 时左右为活动的高峰时期。一般情况下，若自由采食，则晚上的采食量可占全天采食量的 75%。

（2）喜干厌湿和爱清洁　獭兔具有爱清洁的特性，喜欢在干净、干燥的区域活动。此外，兔的抗病力很差，容易感染消化道疾病和球虫病等。

（3）胆小和怕惊　兔行动轻捷，听觉灵敏，非常胆小惊疑，常常竖耳听音，以便逃避敌害。在家养时，突然的喧闹声或者生人和陌生动物的走动，都会使獭兔惊慌，在笼内乱窜乱撞，同时有踏足动作。

（4）成兔好咬斗　獭兔虽属于比较温驯的动物，但群居性很差。同性别的成兔，尤其是成年公兔或新组成的兔群，相遇时常发生斗殴、撕咬，咬伤鼻端和上唇等。

（5）打洞穴居　穴兔驯化成家兔后，通常为笼养。但当放回大自然时，獭兔仍具有打洞作窝、穴居的特性，尤其妊娠母獭兔更善于打洞作窝。

（6）啮齿行为　獭兔的大门齿是恒齿，终生不停地生长，其生长速度必须和咀嚼食物的磨损速度保持平衡，才能不使牙齿过长。因此，獭兔往往通过啃咬坚实的物体维持恒齿的长度。

2. 獭兔的食性　獭兔是食草动物，其肠道长度相当于体长的10倍以上；獭兔有近于体长、在其肠道中最为粗大的盲肠，盲肠中有大量的微生物，对獭兔消化纤维素起着重要作用。在獭兔的小肠末端，入盲肠前，有一个中空壁厚的囊状器官——淋巴球囊，具有吸收、机械压榨和分泌碱性物质作用，分泌的碱性物质对调控獭兔盲肠酸碱环境起着重要作用。

獭兔以植物的根、茎、叶、种子为食，对食物有选择性。獭兔喜吃多叶的饲草，如苜蓿、三叶草、猫尾草、胡萝卜、甜菜以及苦荬菜、油麻菜、蒲公英等；在谷类饲料中喜食燕麦、大麦、小麦等；爱吃脂肪在5%～10%的饲料。獭兔不喜食鱼粉、肉粉等动物性饲料，动物性饲料在日粮中的比例不宜超过5%。从饲料形态上讲，獭兔爱吃颗粒饲料，采食颗粒饲料獭兔不但能达到啃咬磨牙的效果，还可防止采食粉料对鼻腔黏膜和上呼吸道的刺激，减少饲料浪费。

3. 獭兔的繁殖习性　獭兔具有终年产仔的特性，每月可产仔1窝，一年可产7～8窝，每窝产仔7～8只。獭兔的妊娠期约为30天，断乳期约在生后的第30天。獭兔为刺激性排卵动物，只有通过交配或人为刺激子宫颈时，才能发生排卵。

4. 獭兔的寿命与天敌　兔的寿命约为10～15年，由于兔比较温驯，攻击性差，因此，很多的食肉动物均为兔的天敌。在人工饲养条件下，主要天敌为野生狐、貉和野鼠等。

二、獭兔饲养场的建设与引种

獭兔为家兔的突变种，易于人工饲养。在饲养獭兔之前，学

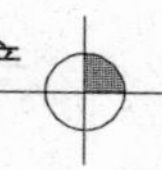

习养兔的相关知识，并根据拟要饲养的数量制定相应的饲养场发展规划，科学合理准备各种饲养设施和器具、饲料、预防疾病措施和管理等，以保证獭兔的正常生产，获得最大的经济效益。

（一）建设獭兔饲养场的基本条件

在建设獭兔饲养场的过程中，除考虑建设普通饲养场的各个因素之外，还应根据獭兔的生理特性，在场址的选择过程中，应注重下列的基本条件。

1. 地势、地形及面积　兔饲养场的场址应选择地势较高、平坦而有适当的坡度（1%～3%）、背风向阳、干燥和通风良好、地下水位低的区域，以尽量保证家兔的生活习性。饲养场的面积，可根据饲养场的发展规划，即饲养规模、饲养管理方式和集约化程度等因素而确定。如以饲养一只母獭兔及其仔兔占地面积为 0.8 米^2 建筑面积计算，兔场的建筑系数约为 15%，500 只基础母獭兔的饲养场需要占地面积约为 2 700 米^2。

2. 水源和土质　饲养獭兔需要良好的水源，而且需要用水冲洗兔笼中的粪便及其用具和笼舍，以及人生活用水，因此，饲养场的用水量很大。为此，应选择水源水量充足，水质良好和清洁，不被细菌、寄生虫和有毒物质污染的区域。最好的水源是泉水、溪涧水、井水或城市中的自来水；其次是江河中流动的活水，水质必须符合饮用水标准。

饲养场应选址在土质良好，透水、透气性强，没有被有机物或有毒物质污染的区域。土质最好为砂质壤土，因为该土质透水和透气性好，能保持干燥，导热性小，还有良好的保温性能。此外，由于砂质壤土的颗粒大、强度大，因此，在冰冻季节其体积不发生膨胀。砂质壤土中空气、水分较适宜，便于植物生长。

3. 位置　獭兔饲养场应远离交通要道和繁华居民区，而且，应在居民区的下风头和 200 米以外区域建场；饲养场离交通干道和一般公路的距离不能少于 200 米和 100 米。此外，兔舍与兔舍之间也应保持约 50 米间距；为了预防巴氏杆菌病和球虫病等鸡兔共患传染病，避免白天公鸡的打鸣声对獭兔的惊吓，饲养场应远离养鸡场 100 米以外。

（二）兔舍及其养兔设备

1. 饲养獭兔的设施 目前，兔舍类型多种多样。可根据饲养场的经济实力、发展规划、生产水平及饲养方式等确定兔舍。

（1）棚式兔舍 又叫敞棚，四面无墙，只有舍顶，靠立柱支撑。棚式兔舍具有通风透光好、空气新鲜、光照充足、造价低等优点，同时存在不能控制环境变化及不利于防兽害等缺点。棚式兔舍适用于冬季不结冰或四季如春的地区，也可作为季节性生产（如温暖季节）使用。

（2）开放式兔舍 开放式兔舍具有三面墙与顶棚，前面敞开或设丝网。其特点与棚式兔舍相似。适用于较温暖的地区采用。

（3）半开放式兔舍 与开放式兔舍相似，只是为了防兽害而在前面设半截墙，并用铁丝网封闭半截墙上部。在冬季可用塑料膜封闭铁丝网部分。为了利于通风，可设后窗。半开放式兔舍具有通风透光好、可防兽害、投资少和管理方便的优点。适用于四季温差小而较温暖的地区。

（4）地沟群养兔舍 选择地势高燥、排水良好的地方，挖一个沟深 1.2 米、上宽 2 米、底宽 0.8 米和根据数量确定沟长的地沟。在沟的一边挖成斜坡，便于兔进出活动。在沟边砌一座南面有窗和小门的小屋，小门连通兔的运动场。该种兔舍具有造价低、冬暖夏凉且适合兔生活习性等优点，缺点是不易管理、不易清扫、雨季地沟潮湿、易发疾病等。

2. 饲养獭兔的器具 饲养獭兔的常用器具包括兔笼、兔料槽、饮水器和产箱。

（1）兔笼

①兔笼结构 一个完整的兔笼由笼体及附属设备组成。笼体由笼门、笼底（踏网、踏板、底板）、侧网（两侧及后部）、笼顶（顶网）及承粪板等组成。

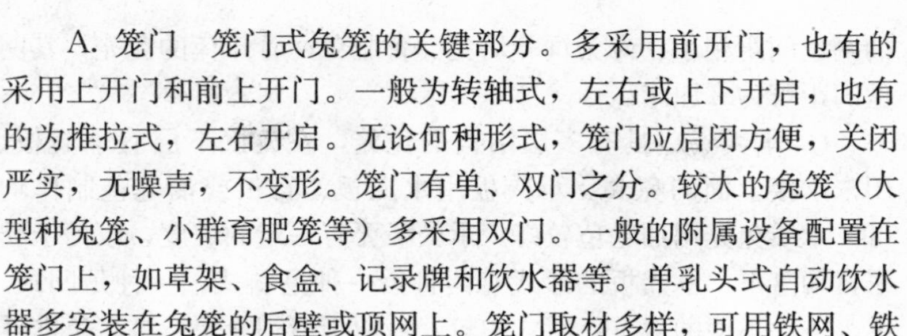

A. 笼门　笼门式兔笼的关键部分。多采用前开门，也有的采用上开门和前上开门。一般为转轴式，左右或上下开启，也有的为推拉式，左右开启。无论何种形式，笼门应启闭方便，关闭严实，无噪声，不变形。笼门有单、双门之分。较大的兔笼（大型种兔笼、小群育肥笼等）多采用双门。一般的附属设备配置在笼门上，如草架、食盒、记录牌和饮水器等。单乳头式自动饮水器多安装在兔笼的后壁或顶网上。笼门取材多样，可用铁网、铁条、竹板、木板、塑料等。兔笼侧网及前门底部钢丝应有一定的密度，保持适当的距离，以防仔兔爬落笼外。笼门宽度以笼的大小而定，一般 30～40 厘米，高度与兔笼前高相等或稍低。

B. 笼网　笼网是兔笼最关键的部分。因肉兔直接接触的是底网，故底网的质地、网孔大小、平整度等对兔的健康及笼的清洁卫生有直接影响。笼网要求平而不滑，坚固而有一定柔性，易清理、消毒，耐腐蚀，不吸水，能及时排出粪尿。笼网丝间隙以 1.2 厘米左右为宜（断奶后的幼兔笼 1.0～1.1 厘米，成年兔笼 1.2～1.3 厘米）。

笼网多用竹板。其优点是取材方便，经济适用。板条平直，坚而不硬，较耐啃咬，吸水性小，易干燥，隔热性好，容易钉制。制作时应将竹节锉平，边棱不留毛刺，钉头不外露。板条宽度一般为 2.5～3 厘米。其缺点是有时粪便附着，彻底清扫、消毒较困难。若板条质量不佳（如强度不够）或钉制不好（如板条宽窄不一），容易卡兔腿而造成骨折。尤其是当种公兔配种时容易发生。

规模化、工厂化养兔，兔笼具多用金属丝焊网作为笼网。网丝直径多为 2.3 毫米，网孔一般为 20 毫米×（150～200）毫米。其优点是耐啃咬，易清洗，适于各种方法消毒，粪尿易排出，不出现卡兔腿现象。其缺点是导热快，有时镀锌过薄或工艺不当容易出现锈蚀。金属焊网要求焊点平整，牢固。

C. 侧网及顶网　选材与建造时应注意通风透光。板条或网丝间距视所养兔类型而定。繁殖母兔网丝间距为 2 厘米，下 1/2

的网丝间距稍小。专为饲养幼兔、育肥兔、青年兔的兔笼，其网丝间距可为 3 厘米。

D. 承粪板　具有多层结构的兔笼，在笼底下层有承粪板，用来承接上面的兔粪。承粪板用水泥板、石板或油毛毡制作均可。木质兔笼用油毛毡较好。承粪板要有一定的坡度，以便于粪尿自动落下。承粪板的形式有两种，一种是斜式，一种是凹式。供水条件不便的地方，斜式的较好，便于清扫粪便；供水条件好的地方，凹式的较好，便于用水冲洗。此外，笼底板与承粪板之间要有适当的空间，以利于打扫粪尿和通风通光。笼底板与承粪板之间的间距以 14～18 厘米为宜。

E. 支撑架　是兔笼组装时制成和连接的骨架，多为金属材料（如角铁、槽冷板）。要求坚固，弹性小，不变形，重量较轻，耐腐蚀。

②兔笼类型　兔笼的种类很多，按照制作材料可分为金属兔笼、水泥预制件兔笼、砖（石）砌兔笼、木质兔笼和竹制兔笼等；按照兔笼固定方式可分为固定式兔笼、活动式兔笼、悬挂式兔笼和组装固定式兔笼等；按兔笼放置环境可分为室内兔笼、室外兔笼等。下面主要介绍按照兔笼的层数多少和层次之间的关系进行划分的兔笼。

A. 单层兔笼　兔笼在同一水平面排列。这种兔笼饲养密度小，房舍利用率低。但通风通光好，便于管理，环境卫生好。适于饲养繁殖母兔。养兔发达国家和地区种兔多采用单层悬挂式兔笼。

B. 双层兔笼　利用固定支架将兔笼上下两个水平面组装排列（图 4－2）。较单层兔笼增加了饲养密度，管理

图 4－2　双层兔笼

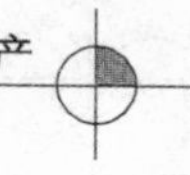

方便。

C. 多层兔笼　由三层或更多层笼组装排列。饲养密度大，房舍利用率高，单位兔所需房舍的建筑费用小。但层数过多，最上层与最下层的环境条件（如温度、光照）差别较大，操作不方便，通风通光不好，室内卫生难以保持。一般不宜超过三层。

D. 重叠式兔笼　上、下层笼体完全重叠，层间设承粪板，一般2～3层。兔舍的利用率高，单位面积饲养密度大。但重叠层数不宜过多，以2～3层为宜。舍内的通风通光性差，兔笼上、下层温度和光照不均匀。

E. 全阶梯式兔笼　在兔笼组装排列时，上、下层笼体完全错开，粪便直接落入笼下的粪尿沟内，不设承粪板。饲养密度较大，通风透光好，观察方便。由于层间完全错开，层间纵向距离大，上层笼的管理不方便。同时，清粪也较困难。因此，全阶梯式兔笼最适宜二层排列和机械化操作。

F. 半阶梯式兔笼　上、下层兔笼之间部分重叠，重叠处设承粪板。因为缩短了层间兔笼的纵向距离，所以上层笼易于观察和管理。较全阶梯式兔笼饲养密度大，兔舍的利用率高。它是介于全阶梯式和重叠式兔笼中间的一种形式，既可手工操作，也适于机械化管理。因此，在我国有一定的实用价值。

（2）兔料槽　兔料槽是用于盛放混合饲料，供兔采食饲料的容器。兔料槽要达到坚固耐啃咬、易清洗消毒、方便装料和家兔采食及防止扒料和减少污染等要求。根据饲喂方式、家兔类型及兔的发育时期等不同采用不同的兔料槽。常用的兔料槽可分为大肚兔料槽、翻转兔料槽和群兔料槽等。

①大肚饲槽　利用水泥或陶瓷制作口小中间大的大肚状的饲槽。该料槽具有简单、可避免兔扒食或翻料等特点，但不易添加饲料。适于小规模兔场使用。

②翻转饲槽　利用镀锌板制作的半圆柱状带轴的料槽。料槽两端的轴固定在笼门上，使料槽以一定角度内外翻转。外翻时添

饲料，内翻可便于兔采食。为了防止兔扒食，将0.8～1.0厘米的内缘向槽内内卷。该料槽虽然具有加料方便，可保持饲料清洁等优点，同时具有饲槽高度不能调整等缺陷。适于笼养种兔和育肥兔。

③群兔饲槽　用水泥、木板和铁板等制作宽8～12厘米、高7～10厘米和根据饲养兔的数量确定的长度（一般为20～35厘米）的料槽，然后固定于兔笼或运动场。该料槽制作简单，投资小。但同时具有容易造成兔扒食、饲料易被污染及饲槽容易被啃坏等缺陷。因此，采用该种料槽时，应定时喂料，饲喂后及时取出。

（3）饮水器　小规模兔场多用瓶、盆或盒等容器作为饮水器，但由于这些简易饮水器具有易被污染、易被兔啃损及需要时常清洗等缺点，因此，目前大型养兔场普遍采用市售的自动饮水器。

（4）产箱　产箱又称育仔箱、巢箱。是母獭兔分娩和哺乳仔兔的场所。产箱应能保温、母獭兔哺乳和仔兔不易爬出箱外。产箱可用光滑的木板或胶合板制作，底面用间隙0.2～0.4厘米的竹片拼成。目前常用的产箱有平口产箱和月牙形缺口产箱。

①平口产仔箱　用1厘米厚的木板钉制，上口水平，箱底可钻一些小孔，以利排尿、透气。产仔箱不宜做得太高，以便母獭兔跳进跳出。这种产箱制作简单，适合于小型养兔场采用。

②月牙形缺口产仔箱　这种产仔箱便于母獭兔出入。分娩时将产箱横倒，分娩后将产箱竖起，使仔兔不易爬出。仔兔开食后，再将产箱横倒，仔兔可以自由出入。这种形式的产箱，对接产和采用自然哺乳的方法哺乳均很方便。

（三）引种

獭兔为四季均能繁殖的动物，因此，在不同的时期均能引种。引种是獭兔养殖最重要和关键的技术环节。优良的种兔是养殖获得高效益的重要保证，獭兔品系较多，色型丰富，不同品

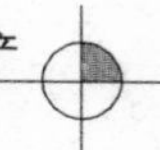

种、品系具有不同的生产特点和品种固有的外貌特征。对于品种和品系鉴别一般需有专业知识，或者具有丰富的养殖经验，因此引种时最好有专家或者经验丰富的技术员进行指导。

三、獭兔的繁殖

獭兔的繁殖力较强，每年可繁殖4～6胎，每胎均产仔7只左右，仔獭兔可在30天断乳。因此，如果掌握正确的獭兔繁殖技术，就能很容易扩群，提高獭兔的养殖效率。

（一）獭兔的繁殖生理特点

獭兔是家兔的突变种，因此其繁殖特点与家兔相同。獭兔的繁殖生理与其他家畜相比具有如下特点。

1. 繁殖力强　獭兔每月可产仔一窝，每胎产仔7～8只，若配种和分娩及时，一年可产7～8窝。

2. 刺激性排卵　与其他家畜的周期性排卵不同，獭兔为刺激性排卵，即獭兔的卵巢上具有处于不同发育阶段的卵泡，其中的成熟卵泡只有在交配刺激或人工刺激其子宫颈时才能排卵。一般排卵发生在交配后第10～12小时内。若用绒毛膜促性腺激素（HCG）处理母獭兔时也可诱发排卵。

3. 子宫为双子宫　兔子宫为两个完全分离的双子宫类型，两侧子宫的子宫角、子宫体和子宫颈分别开口于阴道。因此，受精后形成的胚胎不能在两侧的子宫间相互移动。

4. 发情周期　獭兔没有明显的性周期。但是，由于没有排出的成熟卵泡在经过10～16天的被吸收期间，又有新的卵泡成熟，可以认为此间为一个性周期。

（二）獭兔的繁殖技术

獭兔的繁殖技术是指提高其繁殖效率的一系列相关技术，包括发情鉴定、配种时机的掌握、配种方法的选择等技术环节。

1. 发情鉴定　为了提高母獭兔怀胎率，在獭兔配种前应先进行发情鉴定，掌握最佳配种时机，在母獭兔性欲最高时配种。

常用的獭兔发情鉴定方法包括外阴部观察法、触摸检查法和公兔试情法。

（1）行为观察法　当母獭兔发情时，呈现精神不安、食欲减少、喜欢跑跳、用下颌摩擦餐具、并有叼草筑窝和隔笼观望等异常现象。

（2）接触检查法　用手抚摸母獭兔时，若发情则表现温驯、扒贴笼底、展开身子和翘起尾巴。此外，母獭兔发情时，可观察到外阴部红润且有黏液。

（3）公兔试情法　当母獭兔发情时，若将其放入公兔笼内时，主动接近公兔。如公兔性欲不强，母獭兔会咬舔公兔，甚至爬跨公兔。当公兔追逐并爬跨时，母獭兔主动抬高后躯接受交配。

通过上述三种方法的结合应用，可以准确判定母獭兔的发情状况。

2. 公獭兔的精液品质鉴定　为了提高配种效率，保证母獭兔妊娠，对种公獭兔的精液进行品质鉴定。

（1）人工采精　采用雌兔的横向采集法，即助手用双手保定雌性家兔使其站立，诱导雄性家兔从雌性家兔躯干侧面横向爬跨，当雄性家兔出现前后运动时，将其阴茎诱导至如图 4－3 所示的人工阴道内进行采精。

（2）精液的品质鉴定　采用狐的精液品质鉴定方法（第一章第三节），对采集的精液进行鉴定。当公獭兔的

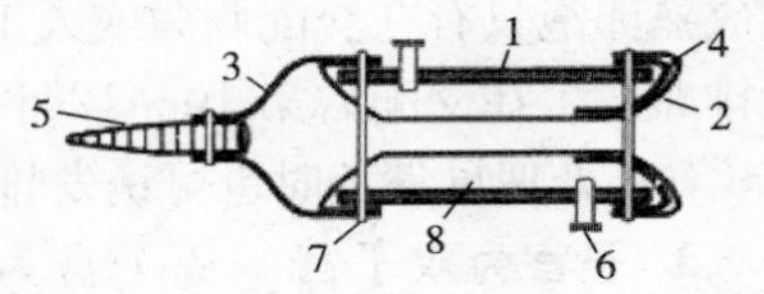

图 4－3　家兔人工阴道构造

1. 玻璃管（内径 29 毫米，外径 34.5 毫米，70 毫米长，打磨光滑边缘，用钻头在两端钻 4 毫米直径的孔）　2. 内筒（用未涂硅油的避孕套，剪成比玻璃管稍长的套管）　3. 采精胶套（切断一小部分用于制作内筒的剩余材料，并切断顶部）　4. 阴道口加压装置（用细长气球切成 30 毫米左右）　5. 细管（2 毫升尖底精液管或 1.5 毫升小型离心管）　6. 栓塞（用 1 毫升一次性注射器切成）　7. 皮套　8. 温水加入腔

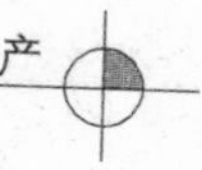

精液品质优良时，用于配种。

3. 獭兔的配种

（1）配种月龄　体重2.5千克以上的5～6月龄母獭兔和体重3千克以上的7～8月龄公獭兔可开始配种。随着种獭兔年龄的增加，其繁殖力逐渐下降，因此，通常种獭兔的可利用年限为3～4年。

（2）公、母獭兔的比例　本交时，公、母獭兔的比例应为1∶8～10，即每只公獭兔可固定轮流配种母獭兔8～10只。

（3）配种时间和次数　通常，獭兔在日落前后的性活动最旺盛，在此时间段进行自然交配时，可获得最高的配种率和妊娠率。此外，由于獭兔和其他家兔一样，通常白天配种妊娠的母獭兔在夜间产仔，而晚间配种妊娠的在白天分娩，因此，应合理安排配种时间，控制其在便于管理的白天产仔。

通常，母獭兔在第一次交配后6～8小时再复配一次。成年公兔一天可配种2次，青年种公兔每天可配种1次，配种2天应休息一天。

（4）配种方法　獭兔的配种方法包括自然交配和人工辅助交配两种。

①自然交配　将公、母獭兔放在一起饲养。当母獭兔发情时，公獭兔可根据母獭兔的性欲适时交配。自然交配具有配种及时、方法简单可靠和节省人力物力的优点。但是，采取这种方法配种，由于公兔频繁追逐母獭兔而消耗大量体力，而且由于配种次数过多而导致公獭兔的精液品质下降，缩短使用年限。此外，易造成早配、近亲交配，不能选种选配，从而导致兔群品质下降。

②人工辅助交配　将分开饲养的公、母獭兔，在母獭兔出现明显发情征状时，即母獭兔的外阴部红润且有黏液时，将母獭兔移入公獭兔笼中进行配种。采用该方法，可以人为控制初配时间、交配次数和种兔使用年限。此外，采用该方法可有计划地进

行选种选配。

③人工输精　在优良种公獭兔的数量不足时，可通过人工输精的方法提高种公獭兔精液的利用率。

A. 精液的准备　采用上述獭兔精液的采集方法采集精液，利用其中部分精液进行精液的一般性状检查，选择＋＋＋活力精子；用0.85％氯化钠或磷酸盐缓冲液液稀释用于授精的精液，使0.3～0.7毫升精子悬浮液中含（2～5）$\times10^7$个精子。在1×10^6个以上的精子密度条件下，能够获得较高的受胎率。授精之前，已稀释好的精子悬浮液在37℃温度下保存。

B. 输精　由两个人操作时，助手坐在椅子上，用双手握紧已发情的母獭兔的颈部和腰部，使其仰卧，并用双腿夹住其躯体。当一个人操作时，将雌性家兔的头部朝下并使其仰卧，用双腿夹紧颈部予以保定，牵引尾部吊起。用酒精消毒棉消毒外阴部，并张开阴道外口；将吸有稀释精液的输精器缓慢地插入阴道内。当注入器插入至5厘米左右时（图4-4），其前端就会接触到阴道壁。此时，应旋转注入器180℃后继续插入至12～14厘米为止。如果在输精器上涂凡士林，会更容易插入。当输精器插入到预定部位后，挤压输精器上的胶球，将精子悬浮液注入阴道深部。在拔出输精器时，应注意防止精子悬浮液逆流。

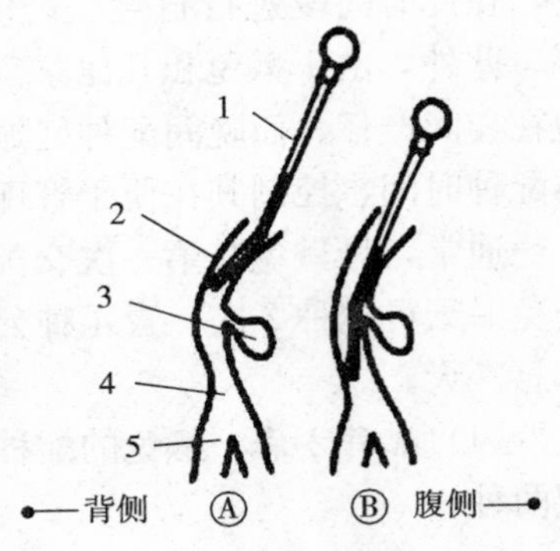

图4-4　插入授精用细管
（头部朝向下保定）
A. 细管插入至骨盆缘后，旋转180℃
B. 精液注入部位
1. 输精用细管　2. 阴道　3. 膀胱
4. 子宫口　5. 子宫

（5）配种时应注意的事项

①公、母獭兔比例　正常情况下，1只公獭兔可配种8～10

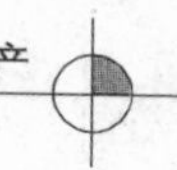

只母獭兔。因此，在饲养过程中，种公獭兔和种母獭兔的比例要适宜，并合理使用种公獭兔。

②防止精液逆流　在公、母獭兔交配完毕后，及时将母獭兔臀部提起，并轻拍几下，促使母獭兔阴道和子宫收缩，使精子向子宫方向移动。

③交配环境　为了公獭兔保持性欲，应将发情母獭兔移入公獭兔熟悉的笼中。当母獭兔拒绝交配，或公獭兔对母獭兔不感兴趣时，应更换公獭兔再行交配。此时，母獭兔从公獭兔的笼中取出后，经 5～10 分钟再移入第二只公獭兔笼中进行交配。

④保持安静　配种时要保持环境安静，禁止陌生人围观和大声喧哗。

⑤配种时间　夏季在清晨或夜间；冬季在中午；春、秋季在日落或日出前后更好。配种应在饱喂半小时后进行，或配种半小时后再喂。

⑥注意观察　配种之后如发现母獭兔排尿，应予补配。

⑦禁配的母獭兔　严禁对达不到配种月龄、有疾病、老龄母獭兔（3 年以上）和有与公獭兔有血缘关系的母獭兔进行配种。

4. 母獭兔的妊娠及其检查

（1）妊娠及其妊娠期　当配种后，精子和卵子受精形成的受精卵，在母体子宫内进一步生长发育为成熟的胎儿，这一过程称为妊娠。完成这一发育过程所需要的时间，叫妊娠期。家兔的妊娠期平均 30～31 天，变动范围为 29～34 天。正常情况下，绝大多数（95%）的孕兔能如期产仔，延迟 2～3 天分娩的仔兔能正常成活和发育。而提前 2～3 天分娩的仔兔死亡率较高。

（2）妊娠检测　在母獭兔妊娠期，应进行定期妊娠检测。常用的妊娠检查方法有复配法、称重法、放射免疫法和触摸法等。

①复配法　母獭兔在采用上述方法配种后约过一周进行复配。若母獭兔已受孕，则拒绝交配，且有踏足动作，当公獭兔接近时，多数母獭兔会发出“咕咕”的叫声。

②称重法　根据配种前和配种后经15天的体重变化确认是否妊娠。当体重变化非常显著时，表明已经受孕。

③放射免疫法　根据血液中的孕酮浓度变化确认是否妊娠。母獭兔发情期孕酮水平是每毫升血清中0.8～1.5纳克，配种后第五天未孕的为2纳克，而妊娠的高达7纳克。由于该法操作复杂，成本高，所以，难以普及应用。

④触摸法　常用的一种方法。该方法具有操作简单和准确率高的优点。在母獭兔交配一周后，用术者的左手握住母獭兔的耳和颈皮部位并使母獭兔的头朝向术者，右手五指成八字形分开，自前向后按摩腹部。当母獭兔妊娠并妊娠期达到1周时，可触摸到位于腹后部两旁的已发育的如花生米大小的滑动的肉球样胎儿；当妊娠期达到15天时可摸到连在一起的肉球；当妊娠期达到20天时，可摸到成形的胎儿。

5. 母獭兔的产仔和哺乳

（1）产仔　母獭兔在产仔前数天，乳房肿胀，肷部下垂；外阴部肿胀充血，阴道黏膜潮红、湿润；行动不便，食欲减退，甚至绝食，精神不安，频繁地出入产箱；临产前1～2天开始衔草、拉毛做窝。

除少数外，母獭兔通常在凌晨产仔。产仔时，在催产素的作用下，子宫强烈收缩，引起阵痛，母獭兔表现精神不安，弓背努责，四肢下蹲，嘴舐阴部。待排出胎水，仔兔便连同胞衣排出，母獭兔用嘴一个个地“接下”，并将脐带咬断，将胎衣吃掉。

刚生下的仔兔，全身布满黏液，母獭兔迅速用嘴舔干黏液。一般产完一窝仔兔约需15～30分钟。

（2）哺乳　通常，母獭兔在产后1小时内进行第一次哺乳，此后每天哺乳1次，个别的1天哺乳2次。母獭兔分娩后泌乳量逐渐增加，到20天左右达到泌乳高峰，此后开始下降。母獭兔在哺乳期内，每天要分泌大量的乳汁，平均60～150毫升/天，并且乳汁中养分的浓度高于牛羊奶3倍，其中蛋白质10.4%，

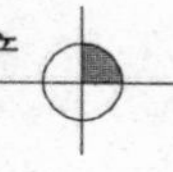

脂肪 12.2%，乳糖 1.8%，灰分 2.0%。这些乳汁是仔兔断奶前赖以生存的主要物质。

母獭兔泌乳可长达 2 个月，但延长泌乳期对母獭兔和仔兔均无益处，一般 30 天左右即可断乳。

6. 提高产仔率的综合措施

（1）*培育优良种兔群*　引进良种种獭兔，并在生产过程中应加强选育，淘汰生产性能低、母性差的种兔及其后裔，并及时更新、引种，合理配备种獭兔的年龄和性别数量。

（2）*提高繁殖效率*　根据獭兔的繁殖生理特点，建立完善的繁殖体系。加强饲养管理，保证种獭兔的适宜体质，充分挖掘母獭兔的繁殖潜力；充分利用已成熟的繁殖技术，提高繁殖效率。

（3）*预防流产和减少胚胎死亡*　严禁饲喂变质和发霉的饲料，要保证饲料的品质和新鲜，饲养水平要适宜，以防止发生死胎或胚胎被吸收的现象。特别在产仔过程中严禁观望，保持安静的环境，防止母獭兔吃仔兔现象的发生。

（4）*预防常见病*　要定期检疫和免疫接种，淘汰病獭兔，净化种群。预防球虫病等传染病和其他疾病的发生，以减少疾病对繁殖率的影响。

四、种獭兔的育种

獭兔育种的目的在于提高其种群的品质，不断改良和扩大现有良种，增加优秀个体的数量，培育新的品种。通过育种，培育出毛皮质量优良，肉质鲜嫩，深受消费者喜爱的獭兔新品种，并不断扩大其数量，已达到获取最大经济效益的目的。

（一）獭兔的选种

1. 种公獭兔的选种　种公獭兔品质的好坏直接关系到獭兔育种的进程和成败。“公兔好好一群，母兔好好一窝”。因此，在獭兔的饲养过程中，应筛选种性纯、生长发育良好、体质健壮、性情活泼、睾丸发育良好和性欲强的公獭兔作为种用。对于单睾、隐睾或行动迟钝、性欲不强者应及时淘汰。

2. 种母獭兔的选种 由于母獭兔除自身的成长生活活动外，还具有妊娠、泌乳和哺乳等功能，种母獭兔的品质直接关系到后代的生活力和生产性能。因此，种母獭兔的选种过程中，应筛选具有 8 个以上奶头、发育健壮、受胎率高、产仔多、仔兔成活率高、泌乳力强（21 天窝重大）和母性好的母獭兔留作种用。对于泌乳力不高、母性不好、甚至有食仔癖的母獭兔不能留作种用。

（二）彩色獭兔

最先发现的獭兔毛色为红棕色，即海狸色。经过几十年的獭兔育种，已经培育出近 20 种獭兔的毛色型。獭兔的色型是区别不同品系獭兔的重要标志之一。经引进并在我国成功饲养的有 14 种彩色獭兔。以下主要介绍较受人们喜爱的 9 种彩色獭兔的一般特点。

1. 白色獭兔 被毛洁白。眼睛为粉红色，爪为白色或玉色。如果被毛带污色、锈色或黄色，或混有其他杂毛者，均属缺陷。

2. 红色獭兔 被毛为深红色，背部颜色略深于体侧部，腹部毛色较浅。眼睛呈褐色或榛子色，爪为暗色。当腹部毛色过浅或有锈色、杂色与带白斑者，均属缺陷。

3. 黑色獭兔 黑亮的被毛布满全身。毛纤维呈炭黑色，并富有光泽，既不是褐色，也不是锈色，同时又不表现有褪色的感觉。眼睛呈黑褐色，爪为暗色。当毛表现褐色、锈色、棕色、白色斑点或杂毛者，均属缺陷。

4. 巧克力色獭兔 全身被毛呈棕褐色，毛纤维基部及皮肤多为珍珠灰色，毛尖部呈深褐色，不出现褪色或变黑现象。眼睛为棕褐色或肝褐色，爪为暗色。被毛带锈色、白色或出现褪色，被毛带有白斑，戗毛为白色者，均属缺陷。

5. 蓝色獭兔 蓝色獭兔为最早育成的獭兔色型之一，是獭

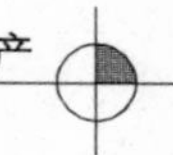

兔中毛绒最柔软的一种。被毛为纯蓝色，每根毛纤维从基部至毛尖都是蓝色，不出现白毛尖，不褪色，没有铁锈色。眼睛呈蓝色，爪为暗色。当被毛带霜色、锈色、白色、杂色者，均属缺陷。

6. 海狸色獭兔　全身被毛呈红棕色，背部毛色较深，体侧部颜色较浅，腹部为淡黄色或白色。毛纤维的基部为瓦蓝色，中段呈深橙色或黑褐色，毛尖部略带黑色。眼睛呈棕色，爪为暗色。当被毛呈灰色，毛尖过黑或带白色、胡椒色，前肢有杂色斑纹者，均属缺陷。

7. 紫貂色獭兔　背部被毛为黑褐色，腹部、四肢呈栗褐色，颈、耳、足等部位为深褐色或黑褐色，胸部与体侧毛色相似，多呈紫褐色。眼睛为深褐色，在暗处可见红宝石色的闪光，爪为暗色。当被毛呈锈色或带有污点、白斑及其他杂色毛，或带色条者，均属缺陷。

8. 山猫色獭兔　又称猞猁色獭兔。全身被毛色泽与山猫颜色相似，毛基部为白色，中段为金黄色，毛尖部略带淡紫色，毛绒柔软，带有银灰色光泽，腹部毛色较浅或略呈白色。眼睛为淡褐色或棕灰色，爪为暗色。当毛根或毛尖部呈蓝色，或与白色、橙色混杂，或带斑纹者，均属缺陷。

9. 水獭色獭兔　是近几年育成的獭兔的一个品种。水獭色獭兔全身被毛呈深棕色，颈、胸部毛色较浅，略带深灰色，腹部毛色多呈浅棕色或略带乳黄色。被毛浓密，富有光泽。眼睛为深棕色，爪为暗色。当被毛呈锈色或暗褐色，体躯主要部位带白斑、污点或其他杂色者，均属缺陷。

五、獭兔的饲养管理

獭兔是家兔的突变种。在獭兔的人工饲养过程中，与饲养其他毛皮动物一样，应建立科学合理的饲养管理方法，充分挖掘其生产潜能，获取最大的经济效益。

(一) 獭兔发育阶段的划分

根据獭兔不同生长发育的生理特点，通常将其发育时期划分为仔兔、幼兔、青年兔和成兔阶段。

1. 仔兔 仔兔是指从出生至断奶阶段的幼龄獭兔。

2. 幼兔 幼兔是指从断奶到3月龄的幼龄獭兔。

3. 青年兔 青年兔是指3～6个月龄的兔，又称中兔、育成兔。

4. 成年兔 一般将6月龄以上的兔子称为成年兔，简称成兔。成兔又根据经济用途分为育肥兔（商品兔）和种兔。

(二) 獭兔的饲养方法

根据獭兔的品种、年龄、性别以及气候等条件，可采用笼养、散养、围栏饲养和洞养。獭兔的规模化饲养应采取笼养方法。

1. 笼养 笼养是指将一只或几只兔终年在笼子里饲养，又称为笼饲。根据兔笼的位置又分为室内笼饲和室外笼饲两种。采用室内笼养方法便于管理，冬季防寒，夏季防暑和平时防敌害；当室外笼养时，由于家兔直接接触自然环境，可使兔形成生命力和抗病力增强，适应恶劣环境的优良性能，但平时须防敌害。笼养是目前最为常见的獭兔饲养方法。

2. 散养 又称放养或群养，即将兔成群放牧在陆地或牧场上，任其自由活动、自由采食、自由配种繁殖。该方法主要用于饲养肉用兔。放养时公、母獭兔比例以1：8～10为宜。由于不便管理等问题，规模化养殖场不宜采用该方法。

3. 围栏饲养 围栏饲养是在室外空地或室内就地筑起栅圈，将兔群放在围栏内饲养。每圈占地5～6米^2，可养成兔15～20只。采用这种方式时，根据兔的品种、年龄、性别以及用途分群后再栅养。该方法可用于小规模饲养场。

4. 洞养 洞养是指在地下或半山坡挖窑洞，然后把兔放在窑洞里饲养。这种方式适宜于北方高寒地区或地势高燥地区。

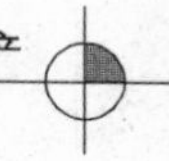

（三）獭兔的饲养管理

如上所述，根据獭兔的不同生长时期划分为仔兔、幼兔、青年兔和成兔阶段，在这个不同时期各具有不同的生理特点，又具有内在必然联系，因此，在獭兔的饲养过程中，应根据不同时期的生理特点采取相应的饲养管理方法。以下主要介绍仔獭兔、幼獭兔、青年獭兔、种母獭兔、种公獭兔和育成期獭兔的饲养管理。

1. 仔獭兔的饲养管理　獭兔刚出生时，由于发生自母体子宫到外界环境的变化，发生自主呼吸、接触微生物（包括病菌）和自主调节体温等变化，应认真喂养，细心护理，保证仔兔正常的生长发育和成活率。仔兔的饲养管理，以其生长发育的特点，可分睡眠期和睁眼两个阶段。

（1）睡眠期的饲养管理　兔睡眠期为出生至约12日龄间的一段时间。此时，仔兔以母乳为唯一食物，其生长发育与母獭兔的泌乳情况密切相关。初生仔兔体重一般为55～75克，正常发育情况下，生后一周体重可增加一倍。

①睡眠期仔獭兔的哺乳

A. 初乳　仔獭兔出生后约经3小时即可吮母獭兔的初乳。初乳中含有较多维生素、抗体、蛋白和氯、钠、镁等矿物质，其中，抗体可提高仔兔的免疫力，而矿物质可促进仔獭兔的胎粪排出。因此，初乳对初生仔獭兔不可缺少。

B. 自然哺乳法　指母獭兔和仔兔一起饲养，母獭兔按其本身的哺乳方式给仔兔喂奶。或者将母獭兔与仔兔分开饲养，定时让母獭兔给仔兔喂奶。

C. 人工哺乳　当仔兔出生后母獭兔死亡、无奶或患乳房炎等情况时，采取人工哺乳的方法喂奶。可用玻璃滴管、注射器、塑料眼药水瓶等，将预先煮沸消毒的牛奶或羊奶注入仔獭兔的口中进行饲喂（每天1～2次）。

②睡眠期仔獭兔的管理

A. 采取保温措施　仔兔刚出生时全身无毛，眼睛紧闭，体温调节机能很差，生后2～4小时内，体温会降至最低点，因此，产前应提前做好防寒保温措施，避免仔兔冻伤或冻死。

B. 检查仔兔的健康及饮乳情况　仔兔刚出生时全身无毛，白兔浑身发红，有色兔只有色素沉着，第4天才长细毛。长毛前的仔兔，饥饿时成一长条，食饱后腹部臌大如球，皮肤润滑光亮。待獭兔稍稍长大后，可观察其行动来判断饥饱（如用手触摸）。

C. 搞好清洁卫生　仔兔的抗病力差，要注意清洁卫生，保持箱内褥草干燥、清洁，4～5天换垫草一次。

D. 注意调换垫毛　巢箱内的盖毛若为长毛，易受潮挤压成毡块，仔兔也不易钻动，易造成窒息死亡，故需剪碎。兔巢箱内的垫毛量，视气温高低加以调节，天冷时厚些，天热时少些。到夏天可不铺盖兔毛，否则，易"蒸窝"而死。应该每天拨弄仔兔1～2次。

（2）睁眼期的饲养管理　睁眼期为仔獭兔从开眼至断奶的一段时间。仔獭兔的睁眼时间与其发育状态有关，发育良好者睁眼相对早。一般情况下，仔獭兔在生后12天左右睁眼。仔兔睁眼后，开始活动。睁眼数天后能跳出巢箱，即出巢。

①睁眼期的饲喂　在睁眼期由开始的以母乳为主、饲料为辅，逐渐转变为以饲料为主、母乳为辅的过程。开眼期仔獭兔应适时补料和断奶。进行补料时应注意补料的时间、方法、次数和补料的种类。

A. 补料时间　仔獭兔约12日龄睁眼，14～16日龄出巢。一般情况下，约在18日龄时补料为宜。

B. 补料的方法　可依次采用引食、认食和抢食三个步骤进行补料。从17～19日龄开始，在喂奶之前，用易消化并带有甜味熟食诱引仔獭兔采食；从20～25日龄开始，仔獭兔可以采食草料，此时，应饲喂混合料或生熟料，促进仔獭兔认识食物。在

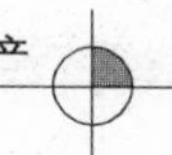

此阶段，应每天定时补饲，少喂多餐，6 次/天为宜；从 25 日龄以后，由于泌乳高峰已过，且仔獭兔对食物需求量增加，仔獭兔相互间争抢食物。因此，可逐渐减少饲喂次数，增加每次的饲喂量。

仔兔补料应与母獭兔分开，即母吃母料，仔吃仔料。否则，大兔抢吃仔兔料，仔兔吃大兔料时，还会误食大兔的粪便，如果母獭兔有寄生虫病，很易传给仔兔。此外，提高母獭兔的饲料量或质量，增加饲料槽，由于母仔同笼饲养，共同采食，因此最好采用长形饲槽，以免由于采食时拥挤，体质弱小的兔吃不到饲料。

C. 补料的种类　仔兔料应具备体积小、营养高、适口性好、易消化和防疾病等特点。在引食和认食阶段，可给少量熟食或混合料，在料中加一些助消化药物（乳酶生、酵母粉）和抗菌药物（敌菌净土霉素等）。

③仔獭兔的断奶

A. 断奶时间　獭兔的断奶时间依品种不同而存在差异。小型品种獭兔在 40～45 日龄时体重可达 500～600 克，大型品种可达 1 000～1 200 克，长毛品种可达 900～950 克，此时已能独立生活，即可断奶。

B. 断奶方法　通常采用一次断奶法或分期断奶法。当全窝仔兔生长发育均匀，体质强壮，可采用一次断奶法，即在同一天将母子分开饲养；如果全窝体质强弱不一，生长发育不均匀，可采用分期断奶法，即体质好的仔獭兔开始逐渐断奶。

离乳母獭兔在断奶 2～3 天内，只喂青料，停喂精饲料，以促进其停奶。

2. 幼兔的饲养管理　在幼兔期，由于仔獭兔刚刚离开母乳而独立生活，对环境和饲料变化的适应能力较弱，且胃肠道机能尚未完善。在此期间如果饲养管理不当，就会引起幼獭兔的发病率和死亡率增高。因此，应根据幼獭兔生长快、食量大、对饲料条件要求高、抗病力差和易发食粪癖等的特点，科学合理地加强对其的饲养管理。

（1）幼獭兔的饲养　断奶后的幼獭兔需要较多营养，但幼兔的消化机能尚未完善，对粗纤维的消化率较低，因此，对于喂给的饲料，要求营养全面，品种多样化，适口性好，容易消化吸收。幼獭兔的饲料配方参见表4-1。

表4-1　不同饲养时期獭兔的精饲料配方（%）

饲料成分	幼獭兔	青年獭兔	种公獭兔	妊娠獭兔	哺乳期獭兔
玉米面	10	30	27	25	20
豆饼	20	20	25	25	24
麦麸	40	20	20	20	20
米糠	10	20	—	20	20
大麦	17	6	20	—	10
骨粉	1.5	—	—	—	—
鱼粉	—	3	5	5	5
贝壳粉	—	—	1.95	1.95	—
食盐	0.5	1	1	1	1
食用糖	—	—	—	2	—
复合维生素	—	—	0.05	0.05	0.05
生长素等	1	—	—	—	—

（2）幼獭兔的管理

①加强仔獭兔的营养　加强管理，按时喂草喂料，保证幼兔采食、饮水和休息制度化。应保持仔獭兔的生活环境和营养水平，即饲喂体积小、营养全和易消化的饲料。变换饲料时，应逐渐变换。

②加强季节性管理　加强多雨季节的管理，在多雨季节，气温高、湿度大，微生物易繁殖，饲料容易霉败变质，对幼兔威胁较大。

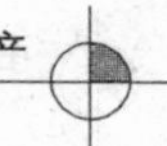

③保持环境的清洁卫生　幼獭兔应在温暖、清洁和干燥的环境下饲养，以笼养为佳。笼养初期，每笼可养兔3～4只。群养时，可8～10只组成一群。

⑤加强运动　为了助消化、增进食欲、锻炼兔四肢筋骨和晒到太阳（皮肤合成维生素D_3，可促进钙、磷的吸收），约从60日龄开始，每天应放到运动场上活动3～4小时。

⑥预防球虫病　幼獭兔在断奶后，应进行粪便检查，当查出球虫卵囊时，应及时予以治疗。

3. 青年獭兔的饲养管理　青年兔又称中兔、育成兔。青年兔对粗饲料的消化能力和抗病力增强。

（1）青年獭兔的饲养　应以青、粗饲料为主，适当补给精饲料。在4月龄之内应饲喂足量的饲料。5月龄以后，应适当控制精饲料，防止过肥。

青年獭兔夏季和秋季日喂精饲料量（表4-1）为40～70克，青饲料600～700克；冬季和春季精饲料日喂量为50～90克，块根类200克；干草粉130～160克。每天饲喂3～4次。

（2）青年獭兔的管理

①适时分群和选种　青年兔3月龄后已达性成熟，为防止早配、乱配，把公、母獭兔分开饲养。4月龄后进行一次选种工作，把生长发育好、体质健壮、符合种兔要求的留做种用，并单笼饲养。不合种用的肉皮兔，如需继续饲养，可将公兔去势育肥，达到上市标准即可出售。

②加强运动　通过增加运动量，提高抗病能力。

③保持环境清洁卫生　及时清扫兔舍，保持干燥，防止饲料的霉变，防止胃肠等疾病的发生。

④预防传染病　定期进行粪便检查，及时治疗球虫病等传染病。

4. 种公獭兔的饲养管理

（1）种公獭兔的饲养　饲养种公兔的目的是用来与母獭兔进

行配种，获得大量种用和商品后代。种公兔质量的好坏直接影响着整个兔群的质量，也与饲养管理有着密切的关系。因此，种公兔的饲养管理十分重要。生产上要求种公兔体质健壮、生长发育良好、性欲旺盛、精液品质优良、体况不肥不瘦。种公兔夏季和秋季日饲喂精饲料（表 4-1）100～120 克和青草 800～1 000 克。冬季和春季日喂量：精饲料为 100～120 克，块根块茎类 150～200 克，干草 150～200 克。

（2）种公獭兔的管理

①科学合理选种　在幼兔达到 3～3.5 月龄时，将发育良好、生殖睾丸发育正常、健康的幼獭兔留作种用。对于筛选的种公獭兔应分笼饲养。当性完全成熟后，应一笼一兔且远离母獭兔笼处饲养。

②坚持饲喂营养全价饲料　饲粮的营养水平对种公兔的配种能力和精液品质有很大影响，特别是蛋白质、矿物质和维生素等营养物质。种公兔的营养不仅要全面，而且要做到长期稳定，使饲粮的营养水平保持在一个比较平稳的状态。饲料对精液品质的影响较为缓慢，通过优质饲料来改善种公兔的精液品质时，大约需要 20 天的时间。所以，种公兔在繁殖季节到来前 1 个月就要调整饲粮配方，提高饲粮的营养水平，在配种期间适当增加动物性饲料，以达到改善精液品质、提高受胎率的目的。

③单笼饲养　种公兔自幼经过严格选育后，自 3 月龄接近性成熟开始，就应实行单笼饲养，严防与母獭兔同笼时出现早交，与公兔同笼时出现咬架。小公兔的笼位可与成年母獭兔相邻，以刺激早日参加配种；成年公兔笼位平时要尽量远离母獭兔，以防分散精力，影响采食和休息。

④加强运动　应增加公兔的运动量（每天运动 1～2 小时，多晒太阳），以增强体质，特别保持发达的肌肉，以提高交配能力。

⑤固定配种环境　应把母獭兔捉到公兔笼内，不宜把公兔捉

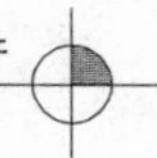

到母獭兔笼内进行配种。否则，会抑制公兔性活动机能，精力不集中，影响配种效果。

⑥控制配种次数　一般以 2 次/天为宜，初配的青年公兔以 1 次/天为宜，连续配种 2 天后，应休息一天。此外，种公獭兔的换毛期不宜配种。

⑦做好配种记录　通过后代评定种公獭兔的品质；对于品质优良的种公獭兔，应充分合理使用其繁殖性能，不断提高兔群的质量。

5. 种母獭兔的饲养管理　种母獭兔由于其独特的生理机能，又分为妊娠期、泌乳期和空怀期。处于不同时期的母獭兔需要不同的饲养管理方法。

（1）空怀期饲养管理　种母獭兔在空怀、妊娠和泌乳等各个不同的生理状态下，对饲养管理的要求有很大差异。母獭兔的空怀期长短取决于饲养方法，当采取密集饲养时，很少发生空怀期。

①空怀期的饲养　由于哺乳期消耗了大量营养，体质比较瘦弱，因此，在空怀期应饲喂母兔含有丰富营养的饲料，以恢复体质迎接下一个妊娠期。根据母獭兔的体质确定饲料。对于营养良好的母獭兔以青绿饲料为主，通常在断奶后的 2～3 天即可发情配种；体质过瘦的母獭兔常不发情或发情异常，即使配上种也常发生流产，或产弱胎、死胎，产后泌乳量不足，仔兔很难育成。给予优质青绿饲料的同时，饲喂含蛋白质、维生素和矿物质丰富的饲料，促进体质尽快恢复，并适当推迟配种时间；过肥的母獭兔要以青干草为主，并增加运动，使体质恢复到种用体况。

②空怀期的管理　在空怀期，除加强日常的管理之外，主要根据空怀母獭兔的体质，特别对体质瘦弱母獭兔加强营养，尽快恢复其正常的繁殖性能。

（2）妊娠期的饲养管理

①妊娠期的饲养　在妊娠期，母獭兔不仅需要自身生命活动

所需的营养，而且，还需要提供胎儿发育所需的营养。因此，在妊娠期，母獭兔的营养以蛋白质、维生素和矿物质为最重要。当蛋白质含量不足时，会引起仔兔死胎增多，初生重降低，生活力减弱；当维生素缺乏时，会导致畸形、死胎与流产；当矿物质缺乏时，会使仔兔体质瘦弱，死亡率增加。因此，根据胎儿的不同发育时期，饲喂相应的饲料。

在妊娠早期（1～12 天），饲喂优质青绿饲料和适当全价精饲料；在妊娠中期（13～18 天），根据母獭兔体况，青、粗饲料配合使用并补充精饲料，特别要保证维生素充足；妊娠后期（19～30 天），饲喂由优质青绿饲料、豆饼、花生饼、麸皮、骨粉和食盐等组成的混合料；在临产前 3 天，根据母獭兔的体况来调整营养。若母獭兔体况良好，临产前 3 天应减少精饲料，多喂青饲料。

妊娠母獭兔夏季和秋季日喂精饲料（表 4－1）为 130～150 克，青草 1 100～1 300 克；冬季和春季精饲料日喂量为 130～150 克，块根块茎类 250～300 克；干草 200～300 克。此期饲养得当，产后母獭兔泌乳能力强，所产仔兔发育良好，生活力强。严禁饲喂霉烂、变质的饲料。

②妊娠期的管理

A. 提高营养水平　饲喂营养价值高、易于消化的饲料，保证胎儿的正常发育。

B. 预防流产　母獭兔常在妊娠后 15～20 天内发生流产。捉兔方法不当、母獭兔突然受惊吓、高处跌下、饲喂霉烂变质饲料、营养不良和冬季饮冰水等情况均能引起母獭兔流产。因此，少用带刺激的药物，少摸胎，少移动，更不能无故捉兔。

C. 保持清洁卫生　兔笼应保持干燥、清洁，防止细菌感染，因为母獭兔一旦染上疾病，可能会传染给仔兔。冬季饮温水，饲喂质地良好的饲料，保持环境安静。

D. 作好产前准备　在妊娠母獭兔预产期前 5～6 天，应清洗

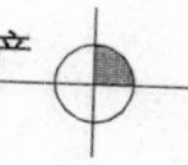

消毒兔笼、产箱，消除药物异味，避免母獭兔乱抓或不安。将备好的产箱放入笼内，让兔熟悉环境，以便拉毛做窝。

E. 加强护理　母獭兔临近产前1～2天，喜安静多卧，不愿走动，食欲低下，临产时，腹部胀痛，拒绝采食，这时要有专人看管、负责，严防惊吓。冬季室内要保温，夏季注意防暑、驱蚊。备足清洁引水。

（3）哺乳期的饲养管理　从母獭兔分娩到仔兔离乳，大约需要40～45天时间，这段时间称为母獭兔的哺乳期。母獭兔在哺乳期平均每天分泌60～150毫升乳汁，并且乳汁中养分的浓度很高，其中蛋白质10.4%，脂肪12.2%，乳糖1.8%，灰分2.0%。因此，根据母獭兔的泌乳特点，饲喂具有丰富营养的饲料，并加强管理。

①哺乳期的饲养　在母獭兔哺乳期，应饲喂营养全面、新鲜优质、适口性好、易消化吸收的饲料。饲喂方式应以全价颗粒饲料配合适当青绿多汁饲料，使兔的乳汁营养价值保持较高的水平。哺乳母獭兔的饲料喂量要随仔兔生长发育不断增加，并供足饮水，以满足泌乳需要，直至仔兔断奶前一周左右，开始逐渐给母獭兔减料。

哺乳母獭兔夏季和秋季日喂量精饲料（表4-1）为130～150克，青草1 200～1 400克；冬季和春季精饲料日喂量为130～150克，块根块茎类260～300克；干草230～260克。哺乳期母獭兔每天饲喂3～4次。另外还必须供给充足清洁的饮水。

②哺乳期的管理

A. 提高营养水平　为了提高母乳量和预防母獭兔过度消瘦，应增加饲喂富含蛋白质、维生素（特别是维生素A）和矿物质的饲料。

B. 保持清洁卫生　兔舍内垫草勤换，兔笼食具要经常洗刷，以保持卫生。

C. 检查哺乳情况　在产后5～6小时，应观察仔兔的哺乳情况，若母獭兔不喂奶，应及时采取人工辅助喂奶。根据母体的体重变化和粪尿情况，及时调整母獭兔的饲料供应。

D. 催乳　当母獭兔产后无奶或奶水很少时，应及时催奶。常用催奶片（每天1次，3～4片/只，连喂3～5天），也可使用中草药、蚯蚓等催奶。此外，葡萄糖与催产素并用，即用50%的葡萄糖注射液60～80毫升稀释人医用催产素8万～10万单位，然后静脉注射，经1～2天即可泌乳，有效率达100%。

E. 预防乳房炎　当母獭兔泌乳过剩时，容易发生乳房炎。因此，此时应减少精饲料或停喂精饲料，少喂青料，多喂干草，限制饮水，饮喂含2%～5%食盐的凉开水。

6. 育肥獭兔的饲养管理　育肥是通过增加营养的储积和减少营养消耗而实现。育肥时，摄入的养分除维持自身生命外，都转化成肌肉和脂肪。为了尽快增膘和改善肉的品质，在屠宰育肥獭兔之前，应进行育肥饲养。通常育肥獭兔包括用于育肥的幼獭兔和淘汰的种獭兔。用于育肥的幼兔可以是纯种或兼用种的后代，也可以是杂种一代兔，在养兔发达国家，已有肉用品系獭兔。淘汰的种兔也可以经过一个短时期的育肥再出售。

（1）育肥期的饲养　獭兔的育肥期可分为前期和后期。在育肥的前期，以青饲料为主，精饲料为辅，使消化机能得到锻炼；后期（上市前20～30天）逐渐增加精饲料的喂量，在育肥兔的消化吸收能力允许的限度内充分供给精饲料。但日粮中粗纤维不低于10%，以免引起消化紊乱。最适于做肥育的饲料有：大麦、麸皮、豌豆、马铃薯、甘薯等。

（2）影响獭兔育肥的主要因素

①育肥时期的选择　在骨架生长发育完成以后进行效果最好。这时短期内育肥增加的体重主要为肌肉和脂肪。

②去势　用幼兔作为育肥兔饲养，可不用去势。如果用青年兔或成年兔育肥，去势可改善兔肉品质和提高育肥效果。

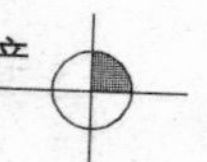

③獭兔的品种　肉用种优于兼用种，杂种兔优于纯种兔。

④温度与光照　环境温度为 5～25℃，每天光照 12～14 小时可获得最佳的肥育效果。

(3) 育肥期的饲养管理　请参照青年獭兔的管理方法。

第二节　海狸鼠的生产

海狸鼠为具有较高经济价值的食草性毛皮动物，其毛皮具有皮板坚韧、耐磨性强、针毛挺爽、沥水性和光泽性好的特点。毛皮保温柔软，皮板强度大，适合制作各类服饰。此外，海狸鼠肉质细嫩、味道鲜美、营养丰富，已成为野味佳肴中的珍品；海狸鼠的脂肪（包括皮下脂肪和体内脂肪）理化性质指标与猪的十分相近，既可食用，又可作为高级化妆品的原料；利用海狸鼠屠体小肠可提取肝素，已用于医学。由于海狸鼠性情温驯，适应性强，圈舍构造简单，饲养技术要求低，适合作为广大农村个体户的致富项目。目前，我国海狸鼠的养殖已具一定规模。

一、海狸鼠的生物学特征

（一）海狸鼠的分类地位、分布和形态特征

1. 海狸鼠的分类地位　海狸鼠（*Myocastor coypus*）又称河狸鼠、狸獭、泽狸、沼狸等，属于啮齿目（Rodentia）、海狸鼠科（Myocastoridae），有 3 个亚种：*M. coypus bonariensis*、*M. coypus coypus* 和 *M. santa cruz*。

2. 海狸鼠的分布　海狸鼠原产于南美洲的南纬 22°～25°地带，分布于阿根廷、智利、乌拉圭、巴拉圭、玻利维亚、巴西等国家，直到南部的火地岛，地理分布很广。

海狸鼠的人工养殖历史悠久，自阿根廷首次人工饲养海狸鼠获得成功以来，法国、德国、日本、朝鲜、匈牙利、波兰、俄罗

斯、意大利等国开始人工养殖海狸鼠并形成比较大的规模。我国在20世纪50年代中期首次从苏联引进海狸鼠种，并在山东省微山湖、贵州草海建立了海狸鼠饲养场。目前，北京、吉林等地利用从国外引进的海狸鼠种，扩大了种群的数量，推动了国内海狸鼠养殖业的快速发展。

3. 海狸鼠的形态特征

图4-5　海狸鼠

海狸鼠（图4-5）的体型与水獭相似，是一种性情比较温驯的大型啮齿动物。体型肥胖，头大，颈短而粗，身躯圆平，上唇有浅褐色的长须，具有触觉作用。眼小而圆，位于前额表面，在水中游泳时可四面观望。耳小呈扁圆状，耳壳黑色，多被绒毛所覆盖。耳孔内有特殊的活瓣，潜水时活瓣关闭，从而可防止水流入耳内；听觉灵敏，能觉察出周围环境中很细小的声音。海狸鼠有两对发达的门齿，外表呈鲜艳的橙黄色，露于唇外。上下颌各有一枚前臼齿和三枚后臼齿，它们的大小几乎相等，无犬齿。嘴唇能紧闭于4颗门齿之后，使门齿与口腔隔离，鼻孔有自由开闭的活瓣，潜入水中时鼻孔不进水，因此能潜入水中啃咬水生植物的根和茎。海狸鼠四肢粗壮，前肢比后肢稍短，前趾间无蹼，后趾有蹼（1～2趾间无蹼）。蹼宽大，2.5～3.0厘米。趾掌光亮无毛，后肢可支撑身体站立，游泳时可作桨划行。海狸鼠的尾巴呈长圆锥形，长30～35厘米，尾上有角质鳞片，呈深褐色，也有浅灰色的，并长出稀疏的毛。游泳时，可以起舵的作用。

标准色海狸鼠的针毛棕褐色，背部毛色比腹部深，呈黄褐色，绒毛为棕色；腹部绒毛比背部密而厚；呈浅褐色。但以冬毛最密而有光泽。常年不明显地换毛，3～5月份和8～9月份换毛比较明显。春季毛被稀疏，夏季短而稀，秋冬季密而有光泽。

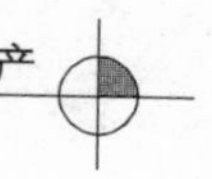

（二）海狸鼠的生物学习性

1. 海狸鼠的栖息特点　海狸鼠营半水栖生活，喜栖息在水草丰茂、常年不冻冰的河、湖、沼泽地带。多在具有坡度的堤岸边挖洞群居，洞口直径 20～30 厘米，通常开口于水中，并用树枝和泥土在洞口附近筑成水坝，以防水位降低时暴露洞口，有的部分洞口露在水面，用树枝或树干隐蔽洞口，夏季多隐藏在草丛中。洞深 2～3 米，一般无支洞。在不能挖洞的沼泽地，则用树枝杂草等筑窝营巢。海狸鼠性温驯，不好斗，喜群居。只有在食物、水位、气候等条件不利于生存时才进行分窝和迁徙。

2. 海狸鼠的生活习性　海狸鼠视力较差，对光反应敏感，夜间视力强于白昼。嗅觉也较差，但听觉灵敏。当它遇到野猫、狼、狐及各种猛禽等天敌时，立即跳入水中躲避。

海狸鼠在陆地上行动笨拙，在水中行动自如，善游泳潜水，游泳时头部露出水面；潜水能力很强，在水中可潜水 5～6 分钟。在清晨、傍晚和夜间外出活动觅食。白天、夏季多喜隐伏在草丛、灌木丛中，冬季喜在无风的岸坡上晒太阳，天气恶劣时，躲在窝巢内基本不出来活动。

3. 海狸鼠的食性　一般只采食植物性食物，尤喜食带甜味的水生植物幼芽、根茎和嫩枝。在水生植物不足或人工饲养情况下也采食旱生草类、栽培作物及谷物籽实、饼粕等。同时也采食少量螺、蚌等软体动物，但不危害鱼类。海狸鼠采食时用前肢抓捧食物，慢慢啃咬，咀嚼较为细致，吃食慢，采食时间较长，并喜欢将食物拖入水中食用。海狸鼠没有贮食习性，也不将食物带回窝穴。海狸鼠与大多数啮齿类动物一样，门齿是不断生长的，因此人工饲养时，要投给木质饲料，以满足啮齿的需要。

4. 海狸鼠的繁殖力　海狸鼠生长快，繁殖力强。成年鼠的生长期为 7～9 个月，体重可达 6～12 千克，体长 45～60 厘米。幼鼠发育到 3 个月即可配种，妊娠期为 132 天。产后的第二天即可选配，一年可生产二胎，每胎产6～14只，盛产期二年可产5胎。一年四季都可配种、分娩。

5. 海狸鼠的寿命与天敌 海狸鼠的寿命为8～10年，其天敌为猛禽、狐和狼等。

二、饲养场的建设与引种

（一）人工饲养海狸鼠的基本条件

1. 场址的选择 应选择地势较高、干燥而易于排水、背风向阳、砂质土壤、环境僻静、干扰少、少污染和不易传播疾病的区域。为了避免疫病的相互感染，海狸鼠饲养场应远离畜牧场（一般在500～1 000米）。同时还应考虑交通运输和电源条件，要求场舍距主要交通干线至少应超过300米，距人行道应在100米以上。

2. 饲料来源 无论建设的规模多大，均应保障足够饲料。在规模饲养时所需饲料量较多，因此，在购入饲料的同时，应建设与饲养场规模相适应的饲料基地。

3. 水源 饲养海狸鼠需要大量供饮用和洗浴用无污染的洁净水，此外冲刷圈舍也需大量的水，因此，规模较大的养殖场应自备深水井，保证水源供应。利用自来水，应考虑一是供应有保障，二是无污染。

4. 附属建筑 兽舍是主建筑，经营者还应注意有一些附属房舍与主建筑相配套才能保证养殖工作的顺利进行。如饲料贮存间、饲料加工间、毛皮初加工间等。北方地区还应考虑冬季养鼠的取暖。

（二）饲养海狸鼠的圈舍设备

根据海狸鼠的生活习性，鼠舍必须配备窝室、运动场和水池。修建鼠舍应本着因地制宜、就地取材的原则，要求鼠舍整齐、经济实用。目前，人工养殖海狸鼠主要采用圈养方式。

圈舍由窝室、笼舍、运动场和水池3部分组成，一般用水

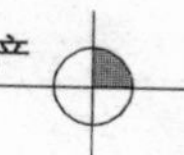

泥、砖、木板、石棉瓦等材料制作。

(1) 窝室　窝室一般长120～130厘米，宽80厘米。可饲养1只母鼠及其仔鼠，或1只种公鼠和3～5只成年母鼠，或育成鼠6～8只。冬季为了保温，可将窝室由中间隔开，分成饲喂室和窝室两部分。窝室内可在木板床上铺设柔软的垫草。

(2) 笼舍　单个笼养或2～4个为一组，单层或双层均可，北方可放在舍内，南方可放在舍外。每笼由笼体和笼箱组成。笼体由砖、水泥、钢筋和铁丝网建成，内设水池。笼舍的规格大小无统一标准，饲养一对成年鼠的笼舍为：长×宽×高可为160～200厘米×130～150厘米×65～70厘米，其中水池面积为160～200厘米×80～90厘米，深40厘米，窝箱100～120厘米×60～80厘米，通向笼体的小门为20厘米×20厘米。

(3) 运动场　运动场是海狸鼠活动的场所，一般长200厘米左右，宽120～130厘米，四周墙壁不能低于80厘米，以海狸鼠不能爬出墙外为原则。运动场要向水池方向有一定的倾斜度，以便于排水和清洗。

(4) 水池　水池的长度与运动场宽度一致；水池宽度可根据具体条件而定，一般应在60厘米左右；水池的深度以30～40厘米为宜。水池要设有排水口，以便于定期更换新水。水池可分为一舍一池和多舍一池两种，前者有利于防疫但管理较为费事，后者供水方便、省工、便于管理，但不利于防疫。

(三) 引种

引进包括国外引种和其他地区引种，由于国外引种手续繁杂，因此，除大型养殖场之外，通常由其他饲养场引进。引进时，应根据海狸鼠的繁殖特性，公、母比例要适合，引进体型大、体质好、毛绒品质和色泽优良且具有较强繁殖力的海狸鼠。

海狸鼠性情温驯，因此，可以用实验动物鼠的鼠笼搬运，一般情况下，若搬运过程不超过8～10小时，则不用途中喂饲和饮水。

三、海狸鼠的繁殖

海狸鼠一年四季产仔，因此，其繁殖效率较高。如果科学合理饲养，就能保证快速扩大总群的数量。

（一）海狸鼠的繁殖生理特点

从外观上很难辨别公、母海狸鼠。公海狸鼠在肛门下方有一肛门腺的外口，且在距肛门 4～5 厘米处有长 15～18 厘米的阴茎；母海狸鼠的肛门与肛门腺的共同开口，在其前方依次有阴门和尿道孔。幼鼠阴门未裂，此孔不易观察，因此，很难区别雌雄。

1. 海狸鼠的性成熟

（1）*公海狸鼠的性成熟与性周期*　公海狸鼠约 4 月龄性成熟。公鼠没有阴囊，睾丸隐藏于腹腔中。

（2）*母海狸鼠的性成熟*　仔海狸鼠 6～7 月龄性成熟。

2. 海狸鼠的性周期

（1）*公海狸鼠的性周期*　公海狸鼠无性周期，全年可以交配，但具有择偶性。

（2）*母海狸鼠的性周期*　仔鼠 6～7 月龄，体重 1.8～2.2 千克时首次发情，7 月龄至 4 岁是繁殖适龄期，4～5 岁时配种能力开始下降。性周期的长短因母鼠年龄、体况和生活环境等有显著的差异。一般母鼠每间隔 20～30 天发情一次，持续 2～4 天，在一个发情期内，母鼠可接受交配 2～3 次，每次交配一般需 2～4 分钟。一年中可出现多次发情并能交配繁殖。母鼠产后 2～3 天即可以交配并受胎，但在产后第 2～3 个发情周期里受胎率最高。青年母鼠的性周期比老年母鼠短；若气温下降至 16℃以下时，母鼠就不再发情。

3. 母海狸鼠的排卵　海狸鼠是诱导性排卵，只有在交配等刺激后才能排卵。但是，没有完全发情时，虽受交配刺激也不发生排卵。

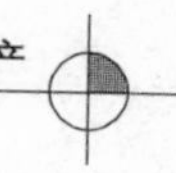

（二）海狸鼠的繁殖技术

1. 海狸鼠的发情鉴定

（1）*公海狸鼠的发情鉴定*　公海狸鼠主要根据其行为表现判定发情。公海狸鼠达到性成熟时，呈现不安、急躁、跳爬栏舍和咬铁丝网等现象，并常露出生殖器。

（2）*母海狸鼠的发情鉴定*　通常根据母海狸鼠的外阴部的变化判定发情。当发情时，外阴部发红，并逐渐胀大，原闭锁的阴道外口开张。达到发情高峰时，外阴部潮红肿胀而湿润，阴道外口略呈三角形，并流出黏液性分泌物，并经常排出带有强烈恶臭味的尿液。此时，发情母海狸鼠呈现精神烦躁、坐立不安、食欲降低、发出鸣叫等现象，并愿意接近公海狸鼠，甚至主动寻找公鼠。

2. 配种　海狸鼠的交配在水中或陆上都可以进行。当母海狸鼠与公海狸鼠放对后，如果是发情母海狸鼠，会拱起身体的后部，伸直后腿，并把尾翘向一边，这时公海狸鼠则骑上并发生交配。若非发情母海狸鼠，则拒绝交配。交配时，公海狸鼠两前肢紧抱母鼠腰部，将阴茎插入母鼠阴道里，臀部有节奏地前后抽动。交配射精后，公、母鼠各自用前爪梳理被毛。

（1）*配种时机*　当母鼠发情后，应及时放对交配。通常在夏、秋两个季节，在8～10时和14～19时进行交配；冬、春两季早晚冷，上午9～11时和下午14～16时放对配种。

（2）*交配方法*　海狸鼠的放对交配方法包括1公1母交配、1公多母交配和多公多母交配等。在种公海狸鼠数量有限时，通常采用1公1母配种交配法和1公多母交配法，但难以保持清晰的系谱，因此，其后代不能留作种用。

①一公一母交配　公、母按约1∶4比例搭配，将发情的母海狸鼠放进公海狸鼠窝舍进行交配，4～5小时后分开，间隔4～5小时后进行复配，或第二天进行复配，复配2～3次。

②一公多母交配　将1只公鼠和6～8只母鼠长期合养在一起，自由交配。当采用这种方法时，公海狸鼠常骚扰妊娠的母海

狸鼠而诱发流产。此外，妊娠母鼠对其他母鼠变得具有挑衅和攻击性，因此，每隔 15 天应进行 1 次妊娠检查，发现妊娠母海狸鼠应分开单独饲养，待仔断乳后，再将母鼠送回原室。

③多公多母交配　将年龄体重大致接近的 3～4 只公鼠和 20～30 只母鼠合养在一个窝舍内，自由交配。采用该法也应定期检查，将妊娠的母鼠及时分室饲养。

3. 海狸鼠的妊娠　海狸鼠的妊娠期约为 133 天。母鼠受孕后，不接受交配。为确保繁殖效率，常用下列方法对受配母鼠进行妊娠检查。

（1）触摸法　妊娠后第 40～50 天，胚胎可长达 1.5～2 厘米。检查时，用手抓住母鼠尾部，将母鼠前爪放在一个固定的物体上，另一只手沿着腹部从胸廓向后触摸，如果摸到光滑且具有弹性的圆球状胚胎，即可确定为妊娠。技术熟练的人员，可在妊娠的第 30～35 天，即可采用该方法确认妊娠。妊娠 3 个月时，胎儿发育得更大，母海狸鼠腹部变得更圆，表现很安静，多在小室中休息。

（2）测乳头法　在母海狸鼠的妊娠期，其乳头发生显著的变化，因此，可根据如表 4－2 所示乳头的长度和粗度变化，即可在妊娠早期对其进行确认。

表 4－2　妊娠母海狸鼠的乳头变化

单位：毫米

妊娠天数	初产母鼠		经产母鼠	
	长度	粗度	长度	粗度
未孕鼠	1.5	1.4	4.1	2.4
20	2.4	1.5	4.4	2.4
40	2.6	2.1	4.4	2.4
60	3.6	2.4	4.4	2.7
80	4.6	3.1	5.0	3.1
100	4.9	3.3	6.0	3.5
120	5.6	3.4	6.2	3.9
哺乳期	6.7	2.9	7.0	2.7

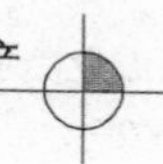

4. 产仔 海狸鼠是多胎繁殖动物，一般一胎可产 5～6 只，最多达 14 只。

母鼠产前表现安静，有衔草做窝的习惯，呼吸频率加快，阴部周围脱毛，常常钻到草里。产仔多在夜间或早晨，通常每 10 分钟左右产出 1 只，也有连续产仔的。整个产仔过程通常需要 2～3 小时，个别海狸鼠产仔需要更多的时间。

仔鼠初生重 150～250 克，公鼠比母鼠稍大。新生仔鼠能睁眼，牙齿俱全，身上有被毛和触毛，生后 2 分钟即能尖叫，4 小时后就能出窝活动，也能下水游泳，并能觅食。仔鼠生长发育很快，一般生后 2 个月后，公海狸鼠平均体重 1 450 克，母海狸鼠 1 325 克。

5. 哺乳 仔海狸鼠在生后 20 分钟就可吮乳。10 日龄前仔鼠依赖母乳生活，10 日龄后开始补饲，哺乳期 1～1.5 个月。

四、海狸鼠的选育

海狸鼠的选育是其养殖业持续发展的关键，在引进优良品种的同时，应加强海狸鼠的育种进度，提高种群的质量，以生产更多优良品质的海狸鼠。

（一）海狸鼠的选种

1. 选种时期 通常，在 11 月末至 1 月中旬从 6～7 月龄到 3 岁的成年鼠中筛选种用海狸鼠。应根据体况、毛绒的品质和色泽、繁殖力等进行选种。

2. 成体海狸鼠的选种

（1）毛绒品质和色泽 由于使用海狸鼠皮通常去除针毛，因此，皮毛的品质鉴定以毛绒为依据。在选种时，应选择毛绒品质优良的海狸鼠，应具有均匀、光亮的毛绒，背、腹部绒毛的密度和长度（20 毫米以上）应相近。毛色以褐色和深灰色为佳。淘汰那些毛被质量差、颜色不符合要求的个体。

（2）体况 腹围宽阔，体质健壮，四肢粗壮有力，适应性强，食欲旺盛，年龄不超过4岁，健康无病的海狸鼠留作种用。

（3）繁殖力

①公海狸鼠　对于种用公海狸鼠要求性欲要强，性情温驯，所配母鼠繁殖力强，体重在4.5～5千克以上。

②母海狸鼠　应选择具有高的受胎率，胎产仔6～8只，泌乳力强，母性好，乳头4对以上，年产仔2胎以上，性欲强，系谱清楚，体重4～4.5千克以上的母海狸鼠留作种用。

3. 仔、幼海狸鼠的选种

（1）仔海狸鼠　一般情况下，从胎仔数较多且为第二胎的仔海狸鼠中（全窝或选留）初选种用海狸鼠。应做好谱系登记及健康状况检查等，以作为终选时的依据。

（2）幼海狸鼠　幼海狸鼠在4～5月龄时尚未体成熟，因此，应在6～7月龄时，从在仔海狸鼠期初选预备种海狸鼠中，根据体况、毛绒品质等进行最终筛选种用海狸鼠。种用海狸鼠中，母海狸鼠体重应不低于3.5千克，公海狸鼠不低于4千克，毛被稠密而有光泽，长度不低于10毫米。

4. 彩色海狸鼠　目前，已经培育出10多个毛色突变基因（包括复等位基因）的彩色海狸鼠。在此基础上，通过基因组合，使毛色组合型已增加到7种。以下主要介绍常用于人工饲养的海狸鼠的毛色品种。

（1）标准色海狸鼠　野生海狸鼠被毛呈浅褐色至深褐色，带有微红色色调，绒毛具轻度卷曲，眼呈褐色。在人工饲养条件下，称为标准色海狸鼠。该品种具有繁殖力高（窝平均产仔5～6只，最高达17只）、母性（窝平均成活达5只左右）和抗病力及适应性强等特点。目前，人工饲养的海狸鼠中，标准色数量最多。

（2）黑色海狸鼠　黑色海狸鼠包括纯黑色和不完全黑色两种。纯黑色海狸鼠的针毛和绒毛似乎呈黑色（嘴和鼻孔周围有白色毛），但不完全黑色海狸鼠针毛呈深褐色，绒毛呈深灰色，也

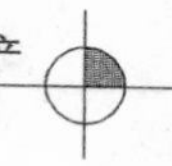

有绒毛尖呈褐色，针毛呈暗褐色的不完全黑色海狸鼠。

（3）银蓝色海狸鼠　银蓝色海狸鼠被毛色调有深青玉色、青玉色和浅青玉色三种，其色泽白灰蓝色至银蓝色，针毛基部呈黄褐色，上端呈灰白色，绒毛呈浅褐色。眼呈褐色。这种海狸鼠适应性强，繁殖力高，体型大，皮张价格高于标准色皮。

（4）意大利白海狸鼠　又称象牙白、溶雪色和金刚石色等，目前世界各地广泛饲养。典型的意大利白色海狸鼠被毛光亮，腹部绒毛呈浅奶油色，背部绒毛呈奶油色，尚未发现纯白色绒毛。眼呈褐色。这种海狸鼠的繁殖力与标准色海狸鼠比较无明显差异。

（5）黄褐色海狸鼠　被毛色泽接近于灰黄褐色，个别个体色泽不纯正。繁殖性能、体型大小均接近于银蓝色海狸鼠。

（6）金黄色海狸鼠　又称琥珀色、黄金色等，其被毛十分华丽。金黄色海狸鼠体质强壮，繁殖力高，针毛密而短，全身毛色一致，覆盖毛呈鲜艳的金黄色，绒毛呈浅蔷薇色，眼呈褐色。金黄色海狸鼠具有显性毛色遗传的特点，自繁时纯合体致死，因此，其繁殖力比标准色海狸鼠低25%。

（7）阿塞拜疆白色海狸鼠　覆盖毛和绒毛均呈纯白色，个别个体的臀部、耳部或眼周围出现标准色斑点，着色部位一般不超过整个被毛的10%，有的个体被毛中散在标准色毛纤维，眼呈褐色。这种色型与金黄色海狸鼠一样，具有显性遗传的特点，纯合致死，因此，自繁时繁殖力普遍低于其他海狸鼠。

（8）柠檬色海狸鼠　金黄色与意大利白色或银蓝色海狸鼠进行杂交时，其后裔中会出现银白色和柠檬色海狸鼠。柠檬色海狸鼠的被毛色泽与金黄色海狸鼠大致相似，大部分呈浅金黄色，个别个体与金黄色海狸鼠很难区分。

（9）雪白色海狸鼠　采用金黄色与意大利白色海狸鼠进行杂交而培育的色型，有3种基因型。雪白色海狸鼠的覆盖毛和绒毛均呈纯白色。眼呈褐色。

(10) 浅褐色海狸鼠　又称咖啡色。由稻草色与黑色，或者黄褐色与黑色海狸鼠杂交而获得此色型，有两种基因型，而表型一致。浅褐色仔鼠被毛呈褐色或浅褐色，成年后被毛色泽变浅。这种海狸鼠繁殖性能良好，接近于标准色海狸鼠。

(11) 深褐色海狸鼠　通过带有金黄色基因的海狸鼠与黑色海狸鼠杂交，其后代中出现此种色型。脊背部毛色深，而腋窝和鼠蹊部毛色浅。深褐色与标准色海狸鼠杂交，其后裔中出现黑色、金黄色、深褐色和标准色四种色型。

(12) 珍珠色海狸鼠　通过雪白色与深褐色海狸鼠杂交而培育的色型。珍珠色海狸鼠针毛呈灰白色，绒毛呈灰褐色。眼呈褐色。

五、海狸鼠的饲养管理

饲养海狸鼠过程中，应建立完善的饲养管理制度，根据不同发育时期的特点，科学合理地进行饲养管理。

(一) 海狸鼠发育时期的划分

根据海狸鼠不同生长发育的生理特点，通常将发育时期划分为仔海狸鼠、幼海狸鼠和成年海狸鼠。

1. 仔海狸鼠　仔海狸鼠是指从出生至断奶（40～50日龄）阶段的幼龄海狸鼠。

2. 幼海狸鼠　幼兔是指从断奶到7～8月龄的幼龄海狸鼠。

3. 成年海狸鼠　成年海狸鼠是指超过7～8月龄，已达到性成熟阶段的海狸鼠。

(二) 海狸鼠的饲养方法

海狸鼠的饲养方法包括散养、笼养和圈养等。

1. 海狸鼠的散放　散养海狸鼠饲养场应具备人工或天然水面、四周有天然屏障包围、常年水位相对稳定、水流缓慢和环境安静等条件，其中，11月份至翌年2月份的平均气温应在0℃以上，且结冰期不超过20天的地区。

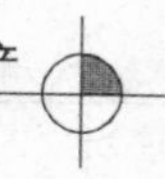

在散养时，预先对海狸鼠群在驯养圈进行短时间的驯养。驯养圈应用竹子将三面为水、一面靠岸的区域围成一圈篱笆，作为饲料台，应用较轻的材料制成浮排置于圈内的水面，然后将块根、块茎类饲料和少许精饲料置于饲料台饲喂驯养的海狸鼠。

该方法主要适用于气候温暖的南方地区。由于海狸鼠可常年在野外生活，因此，在饲养过程中，仅补喂一些必要的饲料及适当的管理即可。该方法具有养殖成本低、利于鼠群的生长发育和提高毛皮质量等优点。

在散养过程中，应根据天然饲料的多少及鼠群的密度，定时投放补充饲料，尤其是冬季，要供给块根类、干草和少量精饲料，保证鼠群正常生活的条件。此外，散放海狸鼠群应定期对巢穴数量、海狸鼠生长状况和数量等进行调查和评估，以便掌握繁殖生长情况和确定捕捉取皮数量。

2. 海狸鼠的笼养 笼养可单个笼养，或 2～4 个笼为一组饲养均可，此外，也可单层或双层饲养。采用笼养时，在北方通常将笼放在舍内，而南方则放在舍外。

3. 海狸鼠的圈养 圈舍可按每只海狸鼠需要运动场 0.6～0.8 米^2、水池 0.8～1.0 米^2 和窝室 0.5 米^2 的规格建设。窝室用砖砌，窝室有 20 厘米^2 的小门通向运动场。运动场与水池相连的部分应呈 30°的斜坡。水池用砖砌，池底要有倾斜度，以利排水。育成鼠和皮用鼠圈舍的窝室可以间隔成若干个，但运动场和水池不间隔。整个圈舍要修筑高 80 厘米左右的坚固围墙。

（三）海狸鼠的饲养管理

1. 仔海狸鼠的饲养管理

（1）仔海狸鼠的饲养　在哺乳早期，仔海狸鼠每隔 1.5～2 小时就要吮乳。5～7 日龄后，吮乳次数开始逐渐减少，并开始试着采食。在此期间，不仅要加强哺乳母鼠的饲养管理，而且应加强仔鼠的补饲。

（2）仔海狸鼠的管理

①代养或人工哺乳　当母鼠无奶、缺奶，母性不强或产后母鼠死亡时，应考虑用产仔期相近、乳量充足的海狸鼠代养或人工喂养。代养时，可用代养母海狸鼠乳汁、尿、产仔时污血等，涂抹在非亲生仔鼠身上，或将代养鼠关在小室外隔离（20～30 分钟）后进行代养。人工哺乳时，可用豆浆、牛奶、羊奶、奶粉等。初生 10 天内，喂奶 3～4 次，每次约 15～30 毫升，以后逐渐饲喂面包等。

②适时断乳　仔海狸鼠一般在 40～50 日龄断乳。根据仔鼠的发育和身体健康情况，应适时断乳。如果全窝仔鼠发育正常均匀，重达 1 000 克以上，可全部断乳；如果同窝仔鼠发育不均匀，分批断乳。夏天温度较高，生长发育较快，可以在 40 天左右断乳。冬季气候寒冷，可延迟至 60 天左右。断乳时，边断乳边打蹼号，打蹼号后的 2～3 天禁止下水。

③预防乳房炎　母鼠断乳期间，常发生乳房炎，故在断乳前2～3 天，逐渐减少多汁饲料喂量，促使乳腺收缩，以防止乳房炎。

2. 幼海狸鼠的饲养管理　刚断乳的幼海狸鼠，由于生活环境和食物的变化，在 1 周内表现不安，食欲不振。由于消化系统没有发育完善，消化能力较弱，因此，应根据其生理特点加强饲养管理。

（1）幼海狸鼠的饲养　对于刚断乳的幼海狸鼠，饲喂幼鼠喜吃、富含营养且容易消化的饲料，如白菜、鲜嫩牧草、胡萝卜、马铃薯等多汁饲料。与此同时，作为精饲料饲喂大麦、饼粕、麸皮或玉米等。如果在日粮中添加少量鱼粉和骨粉，可提高饲料的消化率，促进幼海狸鼠的生长发育。

断乳后，随着日龄的增加，幼海狸鼠的食量很大，食性甚广，并喜争食，所以这时需掌握喂量和饲料质量。2～3 月龄时，每天饲喂粗蛋白 15.4 克，5～7 月龄时每天饲喂粗蛋白 22～25 克。

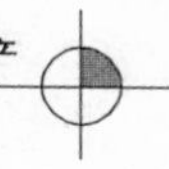

（2）幼海狸鼠的管理

①预防斗殴、逃跑　由于群养在一起，互相打斗串窝、逃跑等事故时有发生。因此，应注意观察，细心护理，一经发现咬斗者应及时分开。

②适时调整鼠群和选种　断乳后20～30天的幼鼠可将全窝养在同一个栏舍，以后按性别5～6只为一组，养在普通栏舍，或者15～20只为一组养在大的栏舍。到7～8月龄时进行一次选种，将幼鼠分成种鼠和皮鼠，皮鼠养到9～10月龄时取皮，留种的幼鼠按种鼠要求继续饲养供繁殖用。

③预防疾病　幼鼠的免疫力较弱，容易感染一些传染病，因此应注意环境卫生，保持圈舍清洁卫生。在夏季应防暑降温，提供充足的饮用水。在冬季，应多喂能量高的饲料，注意防风防寒。

3. 成年海狸鼠的饲养管理　由于海狸鼠通常为群养，且鼠常年繁殖，在同一时期，不同的群体处于不同的生理时期，因此，很难对其划分饲养期。因此，要根据不同群体所处的生理时期，采取相应的饲养管理措施。

（1）成年海狸鼠的饲养　海狸鼠特别喜欢吃各种块根、蔬菜和熟马铃薯。冬季日粮主要由多汁饲料（白菜、胡萝卜、甜菜等）、精饲料、干草和补充饲料组成。日粮配方为100克青菜（白菜、甜菜、胡萝卜）中添加1.0～1.5克可消化蛋白质。海狸鼠的夏季日粮，主要由青饲料和精饲料组成，青草代替块根和草。

配种期公鼠、妊娠期和哺乳期的母鼠以及生长发育中的幼鼠，特别需要注意蛋白质和矿物质的供应量。产仔头数多或泌乳量少的母鼠，还应在饲养标准之外酌情增加配合饲料，并制成窝头饲喂。7月龄以后的皮用鼠饲料，如适当提供蛋白质和脂肪含量，有助于提高皮张面积和毛绒质量。

（2）成年海狸鼠的管理

①合理配种　要合理地安排配种和产仔期，尽量避免在严寒

的冬季产仔，在11月末至12月交配，使其在4～5月份产仔为宜。在有取暖设备鼠舍里的海狸鼠，冬季也可以进行繁殖，但室温不能低于16℃。

②注意防暑　海狸鼠被毛丰厚，皮下脂肪较厚，体内热量不易散失，夏季容易中暑或引起热射病，要采取相应的防暑措施。夏季海狸鼠的圈舍必须通风，窝室周围要有遮阴设备，水池中的水要定时更换。

③注意防寒　冬季气候寒冷，海狸鼠抗寒能力有限，圈舍应采取防寒措施。窝室里应添足柔软的垫草，关好门窗，饲料应少给勤添，严禁饲喂结冻的饲料。

第三节　毛丝鼠的生产

毛丝鼠是一种食草性珍贵毛皮动物。毛丝鼠的绒毛丰厚致密，状如绒丝，毛色艳丽新颖，皮板坚韧轻薄（一张皮重约30克）美观，属上等裘皮，是国际市场上公认的优质裘皮之一。由于毛丝鼠毛皮制品数量稀少，原仅流行于欧洲和北美。近年来，随着日本、韩国，特别是中国香港和大陆市场对毛丝鼠皮制品的需求激增，引起毛丝鼠皮价格进一步上涨。

毛丝鼠因其长像奇特，前身像兔，后身像松鼠，逗人喜爱，而且无异味，具有观赏价值，适宜作宠物在室内饲养，为饲养者带来精神快乐。

毛丝鼠饲料来源广泛，饲养设施简单，饲养管理方便，投入人力少，繁殖正常时成本低廉，受益较高，是一项较好的养殖项目。

一、毛丝鼠的生物学习性

（一）毛丝鼠的分类学地位、分布和形态特征

1. 分类学地位　毛丝鼠（图4-6）又名绒鼠、美洲栗鼠、

图 4-6 毛丝鼠

龙猫、金丝鼠、金耗子、琴其拉，属于啮齿目（Rodentia）、毛丝鼠科（Chinchillidae）、毛丝鼠属（*Chinchilla*）。野生毛丝鼠有短尾毛丝鼠、长尾毛丝鼠和原始毛丝鼠3种。

2. 毛丝鼠的分布 毛丝鼠原产于南美洲智利、玻利维亚和阿根廷等国家的安第斯山区。目前人工饲养的有长尾毛丝鼠和短尾毛丝鼠。

目前，世界上饲养量最多的是美国，其次是加拿大和阿根廷等国家。我国从20世纪70年代开始引种，已在北京、山东、辽宁和黑龙江等地建有多家饲养场。

3. 毛丝鼠的形态特征 毛丝鼠与兔的体型相似，躯体小而肥胖，吻短，背部呈弓形，耳壳较大而钝圆，黑眼明亮，鼻两侧长有许多长短不齐的触须，后肢健壮有力，前肢短小灵巧。前肢具5指，后肢具4趾，趾前端有软垫，前爪不能挖掘洞穴，靠后肢站立、跳跃，前肢取食。尾毛长而密，形状似松鼠尾。肛门口有橙黄色分泌物的肛门腺。

毛丝鼠背部和两侧的被毛呈灰蓝色，腹部被毛渐蓝至白色。毛被呈美丽的蓝灰色，毛干呈现出深浅交替的色带，接近皮肤的毛根部为深瓦蓝色，毛的中段为白色，长约6毫米，由于个体不同，毛尖部的颜色常呈浅、中，或深，鼻尖到尾端的脊背部分接近黑色，两侧稍浅，腹部有狭窄的分界明显的白色色带。目前国外已杂交培育出青云色、米黄色、银灰色、木炭色、黑色、白色和银色（带有黑针毛的白色毛被）等新型色型。全身被毛致密、柔软如丝，分布均匀，主要为绒毛。体毛分布均匀，主要由绒毛组成，每个毛孔一般能长出50～60根，多至70～80根绒毛，每根直径为5～10微米，每丛绒毛中有一根针毛，直径为12～15微米。

短尾毛丝鼠体长32厘米左右，尾长10厘米左右；长尾毛丝鼠体长24～28厘米，尾长14厘米。成年母鼠的体型比公鼠大，一般成年长尾公鼠的体重400～500克，母鼠体重400～600克。短尾毛丝鼠体型比长尾毛丝鼠大，但尾部较短，毛皮品质好。

毛丝鼠上、下颌各具两颗门齿，门齿外表具一层较厚的珐琅质，呈橙黄色，露于唇外。

（二）毛丝鼠的生物学习性

野生的短尾毛丝鼠多在海拔2 700～3 600米的高山区生活，而长尾毛丝鼠则多活动在海拔360～2 100米山区。野生毛丝鼠常年生活在温度为20～30℃、雨量少、缺乏植被和荒无人烟的干旱地区。毛丝鼠具有咬木头的习惯，人工饲养时可在笼中放松木、柏木棒以供其磨牙。

1. 毛丝鼠的生活习性

（1）*昼伏夜行*　昼伏夜出，属夜间活动的动物。人工养殖，仍具有夜间活动习惯。

（2）*穴群居*　以石隙为穴，毛丝鼠喜欢群居。

（3）*感觉器官发达、善于运动*　行动敏捷，善于跳跃，能发出各种不同的叫声；毛丝鼠的视觉、听觉、嗅觉都很发达，对周围环境的变化十分敏感，前进时，鼻部的触须具有灵敏的触觉作用。

（4）*可发出各种叫声*　受惊时发出较长的像哭一样的报警声，不让其他兽靠近它；愤怒时发出像蛇一样的“嘶嘶”叫声或“呼噜呼噜”的怒吼声；交配时发出像鸽子一样柔和的咕咕声；笼养时，对操作人员射尿。

（5）*温驯、清洁*　毛丝鼠性情温驯，很少发生殴斗，公、母鼠一旦相处，则形影不离，十分和睦。群体中母鼠处于支配地位。如果公、母鼠发生咬架，母鼠常常获胜。喜欢在砂盘里打滚、嬉戏，清洁自身。

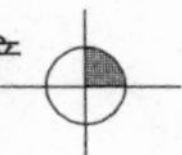

(6) 啮齿行为　毛丝鼠也具有恒齿，终生不停地生长，其不断地通过咬木头的磨损保持平衡。人工饲养时可在笼中放松木、柏木棒以供磨牙。

2. 毛丝鼠的食性　毛丝鼠在野生状态下，多以青草、植物果实、种子以及干草、树皮等为食。毛丝鼠的粪尿异味小，肛门腺分泌出类似复合维生素 B 的气味。

3. 毛丝鼠的繁殖习性　毛丝鼠可常年繁殖，但交配多发生在 12 月份至翌年 3 月份，发情周期可持续 28～35 天。性成熟最早为 3 月龄，最迟为 5 月龄。长尾毛丝鼠妊娠期为 110～112 天，短尾毛丝鼠约为 128 天，分娩后可立即进交配。长尾毛丝鼠一年可产 2～3 窝，每胎产仔 2～4 只。正常繁殖期限为 7 年。

4. 毛丝鼠的寿命和天敌　毛丝鼠的寿命为 15～20 年，其天敌为体型更大的食肉猛禽及兽类。

二、毛丝鼠饲养场的建设与引种

与其他毛皮动物相比，饲养毛丝鼠的自然条件要求比较低，只要具备场舍等条件，就能开展毛丝鼠的饲养。在饲养毛丝鼠之前，首先要掌握毛丝鼠的相关知识，并根据饲养毛丝鼠的数量，应科学合理准备饲养场舍、笼具等设备，以保证毛丝鼠的正常生产，获得最大的经济效益。

(一) 毛丝鼠的饲养场舍

饲养毛丝鼠的房舍要宽敞，经常保持干燥，要有良好的通风条件，冬季要能保温。生产皮张的鼠，室温应保持 7～10℃，种鼠室温应保持 10～19℃，夏季不超过 27℃。

当所建设的饲养舍的长、宽、高分别为 10 米、5 米和 5 米时，可以摆放两排三层笼，此时可饲养 120 只毛丝鼠。

(二) 毛丝鼠的饲养器具

1. 鼠笼

(1) 成年毛丝鼠笼　饲养成年毛丝鼠所用的鼠笼用镀锌铁丝

焊制成 60 厘米×30 厘米×30 厘米（长×宽×高）的骨架，然后用网眼为 2.5 厘米×2.5 厘米镀锌丝网封闭顶部和侧面，用 2.5 厘米×1.5 厘米镀锌丝网封闭底部。在笼的前部或顶部一侧制成一个可以固定的小门。

（2）种毛丝鼠笼　和成年毛丝鼠笼一样，用镀锌铁丝制作长、宽、高分别为 60 厘米、40 厘米和 38 厘米的鼠笼。种鼠笼网眼要适当小一些，顶部和侧面网眼 2.5 厘米×1.25 厘米或 1.25 厘米×1.25 厘米。鼠笼应用网制作，一般架 3 层，但有时为节省空间可架 5 层，一般一个笼位养一只雌鼠，在笼的后面，设雄鼠游走通道，并留一个圆门通向雌鼠笼内。

为了便于清洗，鼠笼的笼底不能固定。此外，应备 2 套以上鼠笼，以便替换冲洗。

2. 其他器具

在鼠笼中应配备饲料槽（钵）、饮水器、沙浴盘，安装蹲板、巢箱，笼门上安装固定编号的卡片夹 1 个，在鼠笼上挂温度计及湿度计。

（1）饲料槽　应选用洗刷容易、加料方便和不易翻倒的容器。饲料钵一般挂在毛丝鼠能够采食的鼠笼外侧，并添加颗粒饲料。干草应添加在另设的草栅中饲喂。

（2）饮水器　可用玻璃瓶或购置市售的实验鼠水瓶。

（3）沙浴器　用于毛丝鼠的沙浴。可用毛丝鼠自由活动（15 厘米×30 厘米×8 厘米）的陶瓷钵、铝制或木制或铁制盆均可作为沙浴器。在容器中装一半经水洗晾干的细沙。沙浴器要保持清洁无污物，以免弄脏毛被。沙浴器每天放入笼内 10 分钟，沙浴结束后立即将浴器取出。

此外，笼内还要设置浮石或硬木块、木条等，供毛丝鼠磨牙用。

（三）引种

引种包括国外引种和其他地区引种，其中，以国内引种为

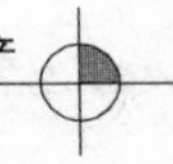

主。引进时，应引进体型大、体质好、毛绒品质和色泽优良且具有较强繁殖力的海狸鼠，公、母比例要适合。

毛丝鼠的性情也很温驯，因此，可以用实验动物鼠的鼠笼搬运，一般情况下，若搬运过程不超过 8～10 小时，不用途中喂料和饮水。

三、毛丝鼠的繁殖

(一) 毛丝鼠的繁殖生理特点

1. 毛丝鼠的性成熟和性腺

(1) 毛丝鼠的性成熟与性腺　公毛丝鼠在 3～6 月龄、体重达到 350～400 克时性成熟。睾丸位于骨盆腔内，外表不易看见公毛丝鼠的阴茎，阴茎两旁具有装有附睾尾萎缩的阴囊。阴茎呈 S 状弯曲。体重在 400 克以内的幼鼠，外性器官不明显，性别不易鉴定。

(2) 母毛丝鼠的性成熟与性腺　母毛丝鼠也在 3～6 月龄性成熟。毛丝鼠的初情期常受季节、温度、湿度、光照、营养和遗传等因素的影响，存在较大的变化幅度，早熟的可在 3 月龄，晚熟的 9～11 月龄出现初情期。成年母鼠的卵巢重量约 0.3 克。毛丝鼠为双角子宫。

2. 毛丝鼠的性周期

(1) 公毛丝鼠的性周期　公鼠没有明显的周期性变化，一般情况下，常年都能保持良好性欲和配种能力。

(2) 母毛丝鼠的性周期　毛丝鼠可常年繁殖，自发性排卵的动物。性周期无明显的性季节，但每年 11 月中旬至翌年 1 月份配种率较高，盛夏和秋季（7～10 月份）配种率较低，发情周期为 28～35 天，发情持续时间为 2～3 天。公鼠的尿道孔距肛门约 3 厘米，会阴部毛长且密。

3. 母毛丝鼠的发情　母毛丝鼠阴部有 3 个开口，即阴道口、尿道口及肛门，阴道口居中。非动情期的阴道口有薄膜封闭，不易发现。当发情期和分娩时，薄膜才破裂。母毛丝鼠发情时，阴门红肿，并流出黏液。毛丝鼠与其他哺乳动物不同，尿道与阴道完全分开，尿液通过圆锥形的尿道突起排除体外。母鼠的尿道突起与肛门间有距离，是公鼠阴茎与肛门间距离的1/4～1/3。

（二）繁殖技术

成年毛丝鼠可常年繁殖。因此，可通过人工补助方法，提高其繁殖效率。

1. 毛丝鼠的发情鉴定

（1）*公毛丝鼠的发情鉴定*　成年公毛丝鼠的发情常受异性刺激的影响。当靠近或直接接触发情母毛丝鼠时，公鼠变得十分活跃，活动增加，频繁地出入于母鼠笼舍，在母鼠不拒绝时，主动与母鼠亲近，相互追逐玩耍，频频爬跨。伴随着这些行为，性欲逐渐增强，排尿次数增多，发出求偶的“咕咕”声，并发生交配。

（2）*母毛丝鼠的发情鉴定*　母毛丝鼠的发情没有明显的季节性。成年母鼠发情时，往往舔舐或摩擦其外阴部，食欲减退，运动量增加，乳头红晕，被毛脱落，在跳跃中滴尿，发出求偶的低叫声，以诱引公鼠。与公毛丝鼠接触后，性情变得温和，并与公鼠追逐，爬跨公鼠。当公鼠爬跨时，主动将后肢抬起，尾巴偏向一侧，接受交配。

对母毛丝鼠的发情鉴定，除观察上述的变化之外，应根据母鼠发情时的阴道口变化鉴定发情。母鼠在发情过程中，阴道外口发生以下3种变化。

①阴道外口开裂期　当母鼠由静止期转入发情期时，外阴部轻微红润，阴道外口由浅褐色变为深红。约经过1天，阴道封闭膜自行开裂，形成一条窄缝，有少量透明的液体流出并黏附于阴门周围，此时称之为开裂期。

②阴道外口扩张期　在阴道外口开裂后的第1～3天，外阴部红肿，阴道封闭膜完全消失，阴道口增大，周围附有黏液，此

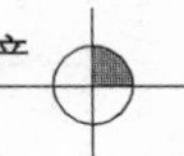

时称之为扩张期。公、母鼠通常在此时发生交配，此期相当于其他动物的发情期。

③阴道外口封闭期　在阴道外口发生扩张后的第 1～2 天，外阴部的红肿消失，黏液粪停止，并出现一层薄膜将阴道口封闭，此时称之为封闭期。此期相当于其他动物的发情后期。

2. 毛丝鼠的配种

(1) 最佳配种时机　毛丝鼠一般在夜间交配，极少数在白天交配。

(2) 毛丝鼠的交配行为　发情母毛丝鼠与公毛丝鼠交配时，在熟悉的基础上相互追逐、打逗，熟悉一定时间后，双方开始蹭鼻亲近，修整被毛，发出求偶声。当开始交配时，雄鼠爬上雌鼠背部并咬住颈部，两前肢紧抱雌鼠两侧肋部，弓背，臀部呈半蹲状，阴茎勃起，尾部摆动，当臀部向前抖动几下后，便完成射精过程。公鼠射精时，常常发出轻微的叫声，同时用一只后腿蹬几下母鼠的臀部。交配过程通常需要约 1 分钟。母鼠受配后，公、母鼠各自在笼角上休息数分钟，然后公鼠再次扑向母鼠，进行第二次交配，如此反复多次。据观察，母鼠一夜间可受配数次，但已受配 1～2 天后的母鼠多数拒配。

母毛丝鼠在受配后的第 1～2 小时，从阴道里排出白色或粉红色的由公毛丝鼠的副性腺分泌物与雌鼠阴道分泌物混合形成的阴道栓。若母鼠排出阴道栓，则可推断已交配，一般都能受孕。

(3) 毛丝鼠的配种方法　毛丝鼠的配种方法包括一公一母交配法和一公多母交配法。

①一公一母交配法　常年将一公一母合养在同一笼内，在发情时自由交配。该方法简单易行、系谱清楚和仔毛丝鼠的成活率高，但需要饲养和母毛丝鼠数量相当的公毛丝鼠，从而增加了饲养成本。此外，易发生母毛丝鼠空怀的现象。该方法适合初次养殖者采用。

②一公多母交配法　该方法为最常用一种配种方法。根据毛

丝鼠的系谱、年龄、毛色和体型制定配种方案。一只公鼠搭配数只母鼠（以公、母比例1∶3或1∶4～5为宜，第1次配种的雄鼠以1∶2～3为宜）。采用该法时，应采用通道式笼舍，同时给母鼠戴颈圈。采用一公多母交配法，不仅能够充分发挥优良公鼠的繁殖潜力，而且，通过减少公毛丝鼠的饲养数量以降低饲养成本。

3. 毛丝鼠的妊娠

（1）妊娠期　如果发现母鼠排出阴道栓，及时把日期记录下来，如果不再出现发情，即可认为母鼠已妊娠。长尾毛丝鼠妊娠期110～112天，短尾毛丝鼠为128天左右，一般在分娩后便可进行第二次交配。

（2）妊娠期毛丝鼠的变化及其检查

①体重增加　在配种后60天内，通过定期称重的方法可辨别母鼠是否妊娠。妊娠的母鼠每月约增重30克。

②触摸到胎儿　妊娠4周以后的母鼠，由于胎儿发育较快，增重更为明显。也可用摸胎法诊断毛丝鼠的妊娠，用手轻轻抚摸腹部时可触及樱桃大小的胎儿。

③乳头变化　妊娠初期母鼠的乳头呈白色，比较松弛，60天后乳头变红，并逐渐膨胀。

④行为变化　在妊娠中后期（约80天），母鼠表现行动迟缓，且常侧卧。

4. 母毛丝鼠的产仔和哺乳

（1）产仔时间　母毛丝鼠通常在凌晨产仔，只有个别母毛丝鼠在傍晚产仔。

（2）产仔过程

①产前预兆　临产时，阴门开张，松弛变软，湿润充血，并有稀薄的黏液流出。当饲养人员喂食时，自卫性地向外射尿。多数母鼠停食或减食，呼吸促迫，不断咬牙，不时发出轻微的呻吟，精神不安，时常回顾腹部，不断舔阴部。

②产仔　开始产仔时，母毛丝鼠的阴门中排出透明的黏液和

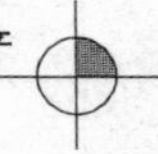

羊水，使母毛丝鼠的阴门周围、嘴、鼻和四肢被其沾湿。母毛丝鼠呼吸急促，背部弓起，腹肌强烈收缩，迫使胎儿后移，胎儿通过产道排出。头颈部露出阴道外时，母毛丝鼠用牙齿咬住向外牵拉完成产仔。当多胎时，间隔 20～90 分钟产仔 1 个，整个生产过程需要 2 小时左右。产仔后，雌鼠相对安静，约过 10 分钟后，排出胎盘、脐带等，雌鼠将其吃掉。

③产仔数和仔毛丝鼠的出生重　毛丝鼠平均每胎产仔 1～3 只，每只初生重约 44 克。

（3）毛丝鼠的哺乳　通常，母毛丝鼠的腹后部有 3 对乳头。仔鼠被毛干后即可吮乳。当母鼠产仔较多（3～4 只）时，乳汁不能满足仔鼠正常发育的需要，缺乏乳汁，或发现产后死亡，应参照海狸鼠饲养方法进行代养或人工哺乳。

5. 提高产仔率的综合措施　建场时就应引进优质高产、适应性强的种鼠。投入生产后，要勤观察，淘汰生产性能低、母性差的种鼠，有意识保留那些生产性能优良的种鼠及其后代，并摸清种鼠的年龄组成，确定适宜的年龄结构。

（1）加强饲养管理　在科学配料和合理饲养的同时，减少噪声，控制光照等不利因素，以提高其繁殖效率。

（2）准备配种期　除合理饲养外，要精心护理、调教和合理使用，以提高公毛丝鼠的配种能力，母毛丝鼠能正常发情、增加排卵数和交配。

（3）减少胚胎死亡和流产　在繁殖期要保持适宜的营养水平并采取科学管理措施，有效地防止胚胎吸收、死亡和流产。

（4）预防疾病　有些疾病可以导致流产。如布鲁氏杆菌病、钩端螺旋体病、加德纳菌病等。可通过疫苗接种和检疫措施，预防疾病的流行。

四、毛丝鼠的选育

和其他毛皮动物一样，毛丝鼠的选育在毛丝鼠养殖业中具有重要地位。科学合理的引种与选育相结合，保证毛丝鼠种群的快速增长，可推动毛丝鼠养殖业的快速发展。

1. 毛丝鼠的选种 在选择种公毛丝鼠时，应挑选体质健壮、气质良好、性欲旺盛、毛绒致密而平齐、毛色一致、无异食癖和体重在450克以上个体；在筛选种母毛丝鼠时，应挑选发情正常、产仔多、母性强、乳量足、体质健壮、性情温驯、无异食癖和体重在500克以上的个体。

2. 毛丝鼠的选配 选配时，一般选择年龄相近的公、母鼠进行交配。通常成年母鼠和成年公鼠容易完成交配，而初次参加配种的青年公鼠往往交配困难，此时可更换有交配经历的成年公毛丝鼠进行交配。交配后如发生空怀，则应更换公毛丝鼠进行交配。

近亲繁殖可导致后代的生长发育和繁殖力下降。因此，全群鼠应当健全系谱，严格控制近亲交配的发生。为了避免发生近亲交配，应经常调换种公鼠或引进部分种毛丝鼠。另外，过早配种会严重影响母体和仔鼠的正常生长发育，因此，应在合适月龄进行配种。

五、毛丝鼠的饲养管理

和海狸鼠一样，毛丝鼠通常公、母一同饲养，而且，毛丝鼠具有常年繁殖的特性，因此，很难根据其繁殖生理特点进行饲养和管理，在一般情况下，只能根据月龄的生理特点对其饲养管理。

（一）毛丝鼠发育时期的划分

根据毛丝鼠不同时期的生理特点，可将毛丝鼠的生物时期划分为仔毛丝鼠、幼毛丝鼠、成年毛丝鼠期。成年毛丝鼠又可分为准备配种期、配种期、妊娠期、产仔泌乳期、育成期和冬毛生长期等饲养时期。

（二）毛丝鼠的饲养管理

应根据不同的生物学时期进行科学的饲养管理。

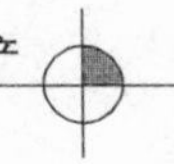

1. 仔毛丝鼠的饲养管理

（1）仔毛丝鼠的饲养　仔鼠初生重约30～50克，仔鼠被毛干后即有吮乳功能。正常哺乳的仔鼠，应在出生后1～2周开始饲喂一些新鲜蔬菜和优质干草。当仔鼠长到6～7周龄时即可断乳。

（2）仔毛丝鼠的管理

①代养或人工哺乳　当母毛丝鼠缺乳、仔毛丝鼠出生后死亡，或者母性差时，应采用海狸鼠的代养和人工哺乳的方法进行饲养。人工哺乳的乳汁为脱脂奶粉2份、葡萄糖1份、水3份，加适量复合维生素，乳汁温度37℃左右，初生时每2～3小时饲喂1次，每次2～4毫升，5日龄后每天4～5次。饲喂时，用2毫升注射器，套上磨平针尖的针头，将乳汁从口角注入口腔内饲喂。

②注意防寒防暑　仔毛丝鼠对外界环境的适应力较差，常因寒冷侵袭而诱发肺炎，因此，产仔箱应防寒保暖。在寒冷季节可在产仔箱内铺些干燥而柔软的木刨花，防止仔鼠受凉。当外界温度超过32℃时，会引起仔毛丝鼠中暑，超过36℃可引起死亡。因此，饲养室应保持12～25℃为宜。

2. 幼毛丝鼠的饲养管理

（1）幼毛丝鼠的饲养

①营养需要　幼鼠每天需要14～17克干物质和334～543千焦能量，因此，应根据饲料的种类，预先计算干物质和能量后，确定饲喂各种饲料的量，保证毛丝鼠的营养需要。

②饲料的种类　目前毛丝鼠常用饲料主要有颗粒饲料、青饲料以及其他类饲料。

A. 青饲料　青饲料的种类和分布比较广泛，包括青绿多汁饲料及干草类。青绿多汁饲料包括人工栽培牧草、野菜、野草、蔬菜等，其中三叶草、苜蓿、蒲公英、猫尾草等最适合毛丝鼠口味。夏季青草，应经过风晾后饲喂。秋季青草可收割贮存，以备毛丝鼠越冬。冬季还可饲喂果树小枝、灌木枝以及柞树、白桦树、山梨等。

B. 动物性饲料　包括鱼粉、肉骨粉、蚕蛹粉、干制蚯蚓及乳制品等。

C. 籽实饲料　包括大麦、小麦、玉米、大豆、高粱和燕麦、麸皮、豆饼、豆渣等。

D. 矿物质饲料　包括骨粉、石粉、蛋壳粉、贝壳粉、食盐及其他矿物质元素等。

E. 颗粒饲料　饲养毛丝鼠的主要饲料之一。颗粒饲料是将上述各种饲料混合并制成颗粒状，以便于毛丝鼠采食。目前，依饲养场不同采用不同的颗粒饲料配方。上海畜产进出口公司加工的颗粒饲料的配方为：苜蓿草20%，玉米10%，豆饼粉18%，鱼粉2%，麦麸17.5%，小麦14%，大麦11%，酵母5%，骨粉2%，食盐0.5%。另外，每千克颗粒饲料中补加叶酸1毫克、烟酸20.0毫克、蛋氨酸400.0毫克、氧化锌75.0毫克、碘化钾0.5毫克、硫酸锰60.0毫克、维生素A 15 000国际单位、维生素D_3 1 500国际单位、维生素B_{12} 20毫克、维生素B_2 6毫克、维生素E 30毫克。每只幼毛丝鼠每天喂食15克左右。

虽然饲喂颗粒饲料可满足幼毛丝鼠的营养需要，但是，由于颗粒饲料中缺乏纤维物质，因此，颗粒饲料不易消化。为了提高饲料利用率，在饲喂颗粒饲料的同时，应饲喂充足的干草。

（2）幼毛丝鼠的管理

①注意观察　经常检查鼠群的剩食和粪便情况。当吃剩较多饲料时，可能是鼠群有病或饲料有问题。毛丝鼠的正常粪便呈粒状（直径约3毫米，长约10毫米），坚实丰满，大小一致，表面光滑，呈黑褐色。如见粪稀软或腹泻，可能是饲料不合理或突然改变饲料品种所致。如粪粒小、皱缩、坚硬，说明饲料缺乏青草或干草。根据粪便及时调整饲料。

②及时发现患病毛丝鼠　根据鼠群的精神状态以及被毛状

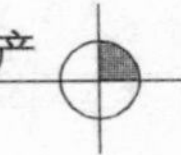

况，及时发现患病毛丝鼠，并尽早治疗。

③保持笼舍卫生及环境安静　及时清除粪便和撤去食盘中的剩食，清洗食盘和饮水瓶，经常保持鼠笼、食盘和饮水器的卫生，保证毛被清洁卫生。保持安静，严禁外人参观。鼠舍要通风良好，空气新鲜，忌穿堂风直吹鼠笼。防止狗、猫、老鼠等进入，以免病原传入和惊吓毛丝鼠。

④注意饮水　应保证提供充足的清洁饮用水。一只体重500克的成年毛丝鼠，每天约消耗水分18毫升，主要从青饲料和饮水中得到补充。根据季节补充水分的量有差异，平均每天需补充水分20毫升。

⑤注意防暑防寒　夏季毛丝鼠圈舍必须通风，窝室周围要有遮阴设备；冬季应采取防风防寒措施。窝室里应添足柔软的垫草，关好门窗。

⑥建立毛丝鼠谱系登记档案　对每只毛丝鼠的号码、血缘、配偶及繁殖情况都需详细记录。

3. 准备配种期毛丝鼠的饲养管理

（1）准备配种期的饲养

①营养需要　成鼠每天供给干物质14～21克，能量668～752千焦。日粮中保持16%蛋白质水平。

②饲料的种类和饲喂量　每天饲喂约25克颗粒饲料。除此之外，应饲喂充足的干草。

（2）准备配种期的管理　在毛丝鼠的准备配种期，在按照幼毛丝鼠期的管理方法进行管理的同时，应注意如下事项。

①注意清洁卫生　在配种期前，应用灭菌剂对木制窝箱进行一次彻底消毒，窝箱刷洗干净后，应在阳光下晒干。毛丝鼠是喜欢清洁的动物，每天应定时沙浴，

②建立谱系登记簿　对每只毛丝鼠的号码、血缘，配偶以及繁殖情况等做出详细记载。除此以外，还应在每只鼠的笼前悬挂标有号码、性别、父母号和拟要填写的配种日期、预产期、产仔

期、产仔数及仔鼠性别等标牌。

③设置避难箱　为了避免配种咬架，可特制规格为45.7厘米×30.5厘米×12.7厘米的避难箱，并置于鼠笼内。避难箱的两端留门，中间有隔板。

④注意观察发情　配种前注意观察是否发情，并做好发情鉴定。

4. 配种期毛丝鼠的饲养管理

（1）配种期的饲养　参见准备配种期的饲养。根据公、母毛丝鼠的营养需要，可适当调整饲料配方。

（2）配种期的管理　在按照幼毛丝鼠期的管理方法进行管理的同时，应注意如下事项。

①公、母毛丝鼠的合笼　毛丝鼠的繁殖是常年性的，公鼠在整个配种期内都可以参加配种。在繁殖期里，可将选配好的公、母鼠成对同笼饲养，让其互相熟悉，如有咬架现象则应立即分开。然后在笼子中间挡一铁丝网，等相互间熟悉3～4天后，再合笼配种。

②调整母毛丝鼠的饲料　母毛丝鼠发情期后，食欲下降。为此，应在喂完颗粒料后，可以喂一些野菜、苹果、葵花籽等饲料。

③保证公鼠营养　为了提高公鼠配种能力和精液品质，公鼠的饲料应适口性好、营养全价，不宜经常更换饲料配方。配种结束后可进行补饲。

5. 妊娠期毛丝鼠的饲养管理

（1）妊娠期饲养

①营养需要　每天供给干物质14～21克，能量668～752千焦。日粮中应含20%蛋白质。

②饲料的种类和饲喂量　每天饲喂颗粒饲料25克并补喂充足的干草。在孕期前50天，每天或隔天喂服维生素E 2.5毫克或5.0毫克。从孕期第50天开始，应在正常饲喂的基础上，每

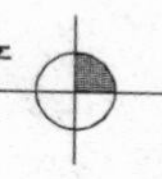

天补喂10～15克由小麦60%、紫花苜蓿粉10%、蒲公英10%、桑叶8%、何首乌7%、食母生5%及其以每千克饲料添加有维生素B_1 2.0毫克、土霉素250毫克和钙片25片组成的颗粒饲料。约在临产前10天，补喂1羹匙奶粉。同时应在分娩前数小时，保证有充足的饮水。

（2）妊娠期的管理　在按照幼毛丝鼠期的管理方法进行管理的同时，应注意如下事项。

①保持安静环境　要注意照顾和护理妊娠母鼠，没有特殊原因不要随便捕抓，应保持安静的环境，以免引起惊吓而流产。

②保持窝箱干燥　母鼠行动迟缓笨拙，长期侧卧。可在鼠笼内放置洗刷干净并经晒干消毒的窝箱，箱内放些柔软干净的麦秸或稻草，以吸收产仔时排出的羊水并能使窝箱保持干燥和温暖。当垫草潮湿或肮脏时，应及时更换。

③预防流产　在妊娠母毛丝鼠受到机械损伤、惊吓，缺乏必需氨基酸、维生素和矿物质营养及运输不当等情况下，易诱发流产。因此，在妊娠期应补充必需氨基酸、维生素和矿物质的同时，加强管理，避免上述情况的发生。

6. 产仔泌乳期毛丝鼠的饲养管理

（1）产仔泌乳期的饲养　产仔泌乳期母毛丝鼠的采食量极大，在此期间，仍需要维持妊娠后期的饲料营养水平，因此，应采取妊娠后期的饲养方法进行饲养，并尽量饲喂充足饲料。

（2）产仔泌乳期的管理　依照毛丝鼠的管理方法进行管理的同时，应注意以下事项。

①冬季保温　在寒冷的冬季，在临产前准备好辅助加温设备，保持温暖的环境，避免仔毛丝鼠冻伤或冻死。

②定期观察　每天早、晚都应认真检查母鼠和仔鼠的状况，发现问题及时解决。

③注意观察乳房及泌乳情况　产仔后，应当仔细检查母鼠的乳房。产仔少而乳汁分泌旺盛时，常诱发乳房肿胀和乳汁凝结，

此时，应及时挤掉多余的乳汁；如果发现母鼠乳汁不足应进行代养或人工哺乳。

④提供充足的饲料　在产仔泌乳期，饲料的供给应不加限制，以不剩余为宜，并适当补喂一些营养丰富、容易消化的食物，特别是野菜、水果等适口性好的饲料，以提高泌乳量。

7. 冬毛生长期皮用毛丝鼠的饲养管理

（1）冬毛生长期的饲养　在此期间，为了促进毛的生长和提高毛绒品质，应减少颗粒饲料的饲喂量（15 克为宜），饲喂充足的干草和燕麦秸等纤维性粗饲料。

（2）冬毛生长期的管理　依照毛丝鼠的管理方法进行管理的同时，应注意以下事项。

①避免直射阳光　毛丝鼠饲养笼应置于空气新鲜和光线充足处，即不能将饲养笼置于阴暗的墙角，也不能置于阳光直射的窗口下或门口，否则会使毛皮褪色或减少光泽。

②预防皮伤　应预先检查笼舍，对能够刮破毛丝鼠内皮的铁钉、铁刺、木刺等应及时清除。此外，应注意防止毛丝鼠相互撕咬导致皮毛损伤。

③适时取皮　由于毛丝鼠的月龄和环境气候的不同而使毛皮成熟期存在差异，一般从 10 月末到翌年 2 月份为取皮季节。毛皮成熟的毛丝鼠的全身被毛光亮美观，绒毛致密，针毛挺立，吹毛时可见到奶油色的皮肤，此时，应及时取皮。如果皮肤呈现深色，或者成熟最晚颈背部和尾部的毛呈深色时，显示毛皮尚未成熟。此时需要进一步观察，直至毛皮完全成熟后再取皮。

（安铁洙）

第五章

毛皮动物产品的加工

饲养毛皮动物的最终目的在于获得大量优良品质毛皮。在毛皮动物的生产中，取皮和毛皮的加工是毛皮动物养殖的重要环节。毛皮动物的屠宰时间，主要决定于毛皮成熟程度，毛皮成熟是根据毛皮的色泽，毛绒的密度、粗细度、长度以及皮板的厚度、色泽、强度等决定。采取合理有效的取皮及其加工工艺，可以提高和保证优良毛皮的利用价值。此外，毛皮动物毛皮以外的副产品也具有较高的利用价值。本章主要介绍狐、貉、水貂、獭兔、海狸鼠和毛丝鼠毛皮的加工方法。

第一节　狐、貉和水貂产品的加工

狐、貉和水貂是根据冬毛是否成熟而决定取皮时间。毛皮成熟期的早晚与品种、毛色、光照、温度、营养、年龄等因素密切相关。为了适时掌握取皮时间，在屠宰前要进行毛皮成熟鉴定，并做到随成熟随取皮，以保证毛皮品质，提高经济效益。

毛皮的成熟标志为毛绒丰厚，针毛直立，被毛灵活、有光泽和尾毛蓬松。当动物转动身体时，颈部和躯体部位出现一条条“裂缝”，当口吹被毛时，可见躯干部皮板呈白色，仅尾或头部略黑。刚刚成熟的冬皮最美观。如果取皮过早，则皮板发黑而针毛不平齐，而取皮过晚则毛绒光泽度减退，针毛弯曲。

一、狐、貉和水貂的最佳取皮时期

由于狐、貉和水貂毛皮的发育和冬毛的成熟与品种、饲养条件、季节、饲养地的气候等的不同而存在一定的差异。根据毛皮的色泽、密度、粗细度、长度以及皮板的厚度、色泽、强度等决定取皮时间。以下为狐、貉和水貂的取皮时间。

1. 狐的取皮时期 银黑狐的被毛在12月中旬成熟，而蓝狐则在11月中旬成熟，因此，此时即可开始取皮。

2. 貉的取皮时期 貉的被毛在11月下旬成熟。貉的屠宰取皮期为12月中旬至翌年1月上旬。

3. 水貂的取皮时期 和貉相似，水貂的被毛在11月初成熟。水貂的屠宰取皮期从12月中旬至翌年1月上旬。

二、狐、貉和水貂的宰杀

(一) 狐、貉和水貂的宰杀方法

常用下列方法处死并获取狐、貉和水貂的皮张。

1. 折颈法 宰杀取皮狐时，将捕捉的狐置于结实平滑的平台上，用左手擒肩颈部，用右手托其下颌使其头向上向后仰。然后迅速地用力将头向前向下推动，此时，可听到颈椎与枕骨发生脱臼的“咔嚓”声。采用该方法时，切不可用木棍或铁器打水貂的前胸和鼻部，以免溢血污染毛皮。此法操作简便，无需特殊设备，处死迅速。但该方法残忍，不建议使用。

2. 心脏注射空气法 采用该方法宰杀取皮狐时，由一个助手对狐进行保定后，术者用左手固定动物的心脏并确定最佳的注射部位。然后右手将注射器上针头插入心跳最明显的部位。当血液自然回流时，可向心内注入5～10毫升空气，至狐快速死亡。该方法简单易行，处死迅速。但术者需要掌握熟练的操作技能。

3. 窒息法 将拟要处理的狐笼，堆放入预先准备的大密闭木箱中，然后盖紧箱盖。用一个直径3～7厘米、长15～20米的

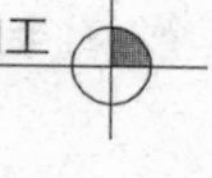

胶管连接木箱和汽车尾气管。发动汽车后，尾气排入木箱时，狐在3～5分钟即可中毒死亡。本方法虽然简单和效率高，但由于狐在中毒死亡过程中往往排出粪便和尿液而污染毛皮。此法适合用于大型养殖场。

4. 电击法　在狐的肛门内插入连接有导线的铁制电极棒，接通220伏电压后，狐即可在5～10秒钟内僵直死亡。此法操作简便且又不损伤毛皮。因此，该方法为比较合理的一种宰杀动物的方法。

5. 药物致死法　又可称安乐死法。常以骨骼肌松弛药司可林（氯化琥珀胆碱）处死较小型动物。狐的用量为每千克体重1毫克。皮下或肌内注射该药后，动物可在3～5分钟内死亡。由于狐在死亡过程中无痛苦和挣扎，因此，死后的被毛完整和清洁。此外，本药品无毒性，因此，不影响对毛皮动物副产品的利用。

（二）狐、貉和水貂尸体的保存

采用上述方法将狐处死后，迅速将尸体保存于清洁、凉爽处，切忌堆放（图5-1）。若不立即剥皮，应在适宜的条件下保存。在室温条件下，皮板易受微生物及酶的破坏，而温度过低（冰冻季节）则容易冻坏皮板，影响毛皮品质。因此，尸体通常在0℃条件下保存。

图5-1　狐、貉和水貂尸体的保存

三、狐、貉和水貂皮张的剥取与修整

根据产品的规格要求，即皮板完整、绒毛无损、美观，在皮张剥取过程中，应严格采取科学合理的剥取方法，皮张不能发生人为的损伤，保证获得大量优质的毛皮。

（一）狐、貉和水貂的剥皮方法

在宰杀狐、貉或水貂后，最好在尸体尚有余温时进行。对于在0℃条件下保存的尸体也应尽快剥皮，以免皮张发生损伤。如果尸体发生冰冻，则剥皮十分困难。狐、貉或水貂通常采用圆筒式、袜筒式和纵切等3种剥皮方法。

1. 圆筒式剥皮法 剥皮前将尸体置于预先添加有无脂锯末或玉米芯碎粉的洗皮转鼓中并转动10～20分钟，然后再将尸体放入转笼内转动3分钟。结束上述处理后，除去尸体上的锯末，再按照下列操作进行剥皮。

（1）*挑裆* 将一只后肢固定，从另一后肢掌心下剥皮刀，沿后肢内侧长短毛分界线挑至肛门，在距肛门一侧1厘米处，折向肛门后缘与尾部开口汇合。另一侧后肢采用相同的方法挑至肛门后缘，然后把后肢两刀转折点挑通，即去掉三角形皮。实施上述操作时，应注意避免损伤肛门腺。

（2）*抽尾骨* 用剥皮刀将尾中部的皮肤与尾骨剔开，然后用手指将尾骨抽出。

（3）*剥皮* 通过上述操作后，用无脂锯末将刀口处污血处理净后再剥皮。剥皮时，先用手指插入后肢的皮下与肌肉之间，通过皮下组织，将后肢的皮肤与肌肉剥离，当剥离至掌骨处，用手指插入足趾背面后继续剥离至露出最后一节趾骨，此时，用剪刀剪断趾骨，使剥离的后肢皮肤中保留有末端趾爪。两后肢剥好后，将一条后腿固定在剥皮台或支架上，再用双手紧抓皮张，向下拉皮，将皮张剥离成圆筒状。当剥离至前肢末端时，剪断最后一节指骨，在皮张中保留末端指爪。剥离公狐、公貉或公水貂时，当采用上述操作剥离至腹部的阴茎部位时，需剪掉阴茎。剥离头部时，用剥皮刀仔细切开耳根和眼眶基部紧贴骨膜连接的皮下组织，保持耳、眼睑、鼻、触须等完整。

2. 袜筒式剥皮法 与圆筒式剥皮法不同，袜筒式剥皮法是

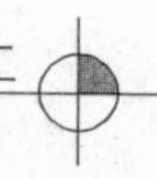

由口腔内开刀向后剥离。剥离时，用钩子钩住上颌并挂在较高处，然后用刀沿着唇齿连接处切开并剥离皮肉，以退套方法将皮张逐渐由头向臀部倒剥，四肢皮肤末端也保留末端指（趾）爪。最后切断肛门与直肠的连接组织，抽出尾骨，将尾从肛门处翻出，即皮板朝外的袜筒皮。本方法适用于皮张幅度较小、价值较高的个体。

（二）狐、貉和水貂皮张的修整

刚刚剥下的皮张，需要刮油、洗皮和修剪等处理，以保证皮张更加清洁和整齐。

1. 狐、貉和水貂皮张的刮油　由于刚刚剥下的皮张中附着许多皮脂、残肉及结缔组织等组织物（简称为油），其对皮张（又称为原料皮）品质产生影响，因此，应将其去除。刮油过程中应避免透毛、刮破、刀洞等伤残的发生，以免影响毛皮品质。目前，常采用手工操作和机械刮油的方法去除附着在狐、貉和水貂皮张的油。

（1）*皮张的手工刮油*　根据不同剥离方法剥离的皮张，采取不同的手工刮油法去除皮张上的油。

①纵切皮刮油法　将皮张以被毛下皮板朝下置于平整的刮油台上，在皮张的四周铺撒锯末，然后用钝刀开始刮油。通常从皮边向里、从尾向头刮。刮油时，用力要均匀。由于阴茎、乳头、耳根等处的皮肤较薄，刮油操作应细腻避免刮破。对不易刮的部位应用剪刀修整。

②筒状皮刮油法　在筒状的皮张筒内，插入光滑、平整的刮油棒并将皮张拉紧去皱。然后用钝刀从尾向头刮除油。在刮油过程中，根据情况，时常用锯末搓洗。由于头部肌肉和结缔组织较多而不易刮除，因此，应用剪刀修整。

③皮张的机械刮油　目前，在国内市场上已有多种机械刮油机出售，大型饲养场可选购使用。采用机械刮油法时，将皮张筒套在机械刮油机的木滚筒上，将皮张筒拉紧除皱并将两后肢和尾

部用铁夹固定。接通机械刮油机电源后，一只手扶木滚筒，另一只手握刮刀轻轻接触皮板，以能刮除油脂为度。刮油时，每次起刀都应从皮张的尾部向头部推进。在多次反复的上述操作过程中，严禁复刀，走刀不能太慢，更不能停留一处旋转刀具，否则将损伤皮张，造成严重脱毛。皮板上残留的肌肉及结缔组织，可用剪刀修整。

2. 狐、貉和水貂皮张的洗皮与修剪 当用上述的刮油方法除油后，还需要进行洗皮和修剪，才能使毛绒更加光亮、清洁和美观。

（1）*皮张的搓洗* 将经刮油后的皮张，用小米粒大小的硬质锯末（严禁用麦麸和含树脂的锯末）或粉碎的玉米芯进行搓洗，以除去附着皮板及毛皮上的污油和污物。目前，常用手工和机械方法对皮张进行搓洗，前者主要在皮张数量少时采用，而后者主要在规模化养殖场使用。以下介绍皮张机械搓洗法的基本程序。

①皮板搓洗 首先，将筒式或袜筒式的皮张翻转成皮板朝外并与干净锯末混合。然后放入机械洗皮机的转笼内转动 3 分钟，以除去皮板上的锯末。

②搓洗毛皮 将经皮板搓洗的筒式或袜筒式的皮张翻转成皮板朝里后，置于转鼓内滚动 5 分钟，以除去毛皮上污物及浮油，使被毛呈现出原有的状态。然后放入转笼内滚动 3 分钟，除去残留在毛皮内的锯末。

（2）*皮张的修剪* 将经搓洗的皮张，用剪刀去除附在后肢、尾和头部被皮中的残肉。

四、狐、貉和水貂皮张的干燥

将经上述刮油、修剪等处理的皮张，依次经过上楦、干燥和下楦等程序进行干燥。

1. 皮张的上楦 上楦是指根据产品的规格要求，人为地将经搓洗的鲜湿皮张利用楦板拉紧去褶，并使皮张保持对称的形

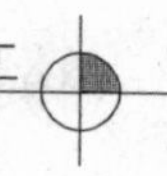

状，以防止干燥发生收缩或出现折皱。

在狐、貉或水貂的筒式或袜筒式皮张的上楦过程中，首先用废报纸成斜角地缠好楦板，然后将经搓洗的水貂皮张被毛朝外地套在楦板上，然后调整皮张使其对称，并把两前腿顺着腿筒翻入皮筒内，露出的腿口应与全身毛面平齐被毛朝上，摆正头部的位置，然后，依次牵拉两耳和臀部去除皮张的皱褶。最后使后裆开口平齐并用图钉固定。尾皮尽量拉宽，边固定边把尾皮折成横向皱褶，使尾皮呈宽而短的楔形。当背面固定好后，再旋转楦板使腹侧朝上。然后将两后肢翻出，拉宽两腿和腹侧，使腹皮下沿与臀皮下沿平齐，将两腿平直靠紧并用图钉固定，最后将下唇折入里侧。

在皮张上楦时，严禁皮张的拉伸或撑开过猛，以免造成板薄毛稀，尤其是有花纹和斑点的毛皮，以防皮板变形而失去美观。

已上楦的皮张应及时送入有通风和供暖设备的毛皮干燥车间内进行干燥（图 5-2）。干燥皮张的最适温度 25～28℃，而最适湿度为 55%～65%。为了防止闷板掉毛，严禁在火炉或火炕上烘烤，也不能在强日光照射下晒干。

图 5-2　上楦后干燥中的水貂皮张

2. 狐、貉和水貂皮张的干燥方法　为了提高皮张的干燥效率和保证皮张的品质，在建设养殖场时，最好配备上楦控温鼓风干燥设备，即 1 台电动鼓风机和带有一定数量气嘴的风箱 1 台。当接通电源时，鼓风机转动，将空气吹入风箱，风箱里的空气由气嘴吹出，将上楦的毛皮动物皮张插在气嘴上，让空气通过皮筒将皮张吹干。干燥皮张不能过快，否者皮板会变得过硬而失去弹性，如果过慢，则皮板就会发霉以致出现脱毛。在室温 20～

25℃，每个气嘴每分钟喷出的空气为0.29～0.36 米^3 时，皮张约经24小时即可风干。

3. 狐、貉和水貂皮张干燥的判定标准 可通过触摸的方法来判断毛皮动物皮张是否已干燥。耳部、前腿内侧以及尾部是干燥最慢的部位。因此，当这些部位已干燥时，即可将皮张下楦整理。

4. 狐、貉和水貂皮张的下楦和保存

（1）*皮张的下楦* 将经上述干燥处理的皮张应及时下楦。下楦时，先去掉图钉，然后将鼻尖挂在固定的钉子头上，捏住楦板后端，将楦板抽出。如果皮张太干，可将鼻尖部蘸水回潮后再下楦，以防止皮张被拉破。已下楦的皮张，应在风干室内至少再吊挂24小时，使其完全干燥。

（2）*皮张的保存* 将已完全干燥的皮张，应在暗光房间内后贮5～7天，然后出售，或者根据情况，将皮张吊挂在温度为5～10℃、相对湿度为65%～70%和每小时通风2～5次的条件下进行后贮。

五、狐、貉和水貂皮张的品质鉴定

皮张的品质决定皮张的价值。通过了解和掌握影响皮张品质的各种因素和鉴定标准，可在实际生产实践中，持续关注各个环节与皮张品质的相关性，采取必要措施，克服不良因素，以生产更多高品质的皮张。

（一）狐、貉和水貂毛皮的分类和特点

主要根据毛皮的来源、加工方法和取皮时间进行分类。

1. 狐毛皮的分类和特点 狐毛皮属大毛细皮类型，根据毛皮的来源分为野生毛皮和人工饲养毛皮，此外根据加工方法不同，分为圆筒皮和袜筒皮。又根据取皮季节，分为冬皮、秋皮、春皮和夏皮等。目前，主要以人工饲养的冬季圆筒皮或袜筒皮为主。狐毛皮具有细柔丰厚，色泽鲜艳，皮板轻便，御寒性强等特点。

2. 貉毛皮的分类和特点 貉毛皮属大毛细皮类型，也根据毛皮的来源、加工方法和取皮的季节进行类型划分，也以人工饲

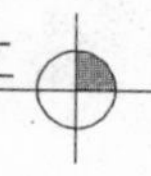

养的冬季圆筒皮或袜筒皮为主。貉被皮具有坚韧耐磨、轻便柔软、美观保温等特点。

3. 水貂毛皮的分类和特点 水貂毛皮属小毛细皮类型，也根据毛皮的来源、加工方法和取皮的季节进行类型划分，也以人工饲养的冬季圆筒皮或袜筒皮为主。水貂被皮具有针毛平齐而光亮、绒毛细密而丰满的特点。

（二）影响毛皮动物毛皮品质的因素

影响毛皮动物毛皮品质的因素包括自然因素和人为因素。

1. 自然因素 影响狐、貉和水貂毛皮品质的自然因素包括动物的性别、年龄、环境条件、营养、疾病等。

（1）*性别和年龄的影响* 一般雄性动物的皮比同年龄的母皮张大，而且皮板也厚。由于雌性动物具有妊娠和哺乳期，因此，常发生换毛相对滞后且被毛光泽下降。幼龄毛皮与成年毛皮相比，皮板薄弱、毛绒细短和色泽较浅。而老年动物相对于青年动物皮板厚硬而粗糙，绒粗涩和色泽暗淡。

（2）*环境的影响* 与栖息在沙土地带的动物相比，栖息在山区的狐和貉的被毛密度、细度和光泽更好；栖息在沙土地带的动物的针毛色泽分明，斑纹、斑点清晰，而生活在黄土、黑土地带的动物的色节、斑纹及斑点不太明显。但是，毛皮颜色较深的动物皮，则以产于黑土地带的为好。

产于寒冷地区的动物毛皮的毛绒丰厚，但斑纹、斑点欠清晰且皮板较薄，而产于温暖地区动物的毛绒短平，斑纹、斑点清晰，色泽较好，皮板细韧。

（3）*营养、疾病的影响* 动物的营养与毛皮品质有着密切的关系。食肉动物的毛皮一般都比食草动物好，皮板坚实、细韧，被毛光亮。

寄生虫病和其他疾病严重影响动物毛皮品质，患病动物皮板瘦弱，油性差，被毛杂乱，欠光泽。皮肤病（癣、癞、疮、疔、痘等）可严重影响毛皮的品质。

2. 人为因素 人为因素包括饲养管理、捕捉季节和捕捉方法、取皮及其加工方法等。

(1) *捕捉季节和方法的影响* 大多数的毛皮动物均具有在不同季节更换被毛的特性，因此，不同季节和换毛的不同阶段，其被毛的类型、成熟度和皮板的组织结构存在很大差异，因此，应掌握最佳的宰杀或捕捉时机。

选择不当的捕捉动物工具或宰杀方法，均有可能造成皮肤的损伤，导致皮张品质的下降。

(2) *饲养管理的影响* 人工饲养的毛皮动物，如果日粮中缺乏蛋氨酸、胱氨酸等，将会出现毛皮发育不良，毛纤维强度明显下降；缺乏亚麻酸和亚油酸，因皮脂腺功能下降而使被毛光泽减弱；缺乏维生素和矿物质，导致毛纤维发育不良，使被毛褪色且变得脆弱等。

如果管理不善，房舍布局不妥，笼舍卫生不佳，以及氨气、太阳光直射和潮湿等原因，都可导致动物被毛色泽减退。

(3) *加工皮张时损伤* 如上所述，动物的宰杀、取皮和加工（刮油、搓洗、上楦和干燥）等过程中，如果操作不当，均能造成毛皮的损伤，导致其品质的下降。

(4) *保管、运输方法的影响* 皮张在长期保管过程中，仓库漏雨而库房湿度过大、堆码挤压，以及虫蚀、鼠咬等原因，而造成皮张霉变、腐烂以及咬伤等伤残。在运输过程中，受水湿、雨淋，或捆扎不牢，撕扯头、腿皮等而造成伤残。

（三）狐、貉和水貂皮张的品质评定

毛皮品质应通过毛皮的品质和皮板品质进行综合评定。

1. 狐、貉和水貂毛皮品质的评定

(1) *毛皮的品质评定内容* 毛皮的品质主要根据其疏密度、长度、弹性、颜色与色调、光泽和柔软度等进行评定。

①毛皮的疏密度 疏密度是指在一定单位面积中的毛数量。如果毛皮的密度高、毛纤维细，则毛皮御寒力强，美观，反之则

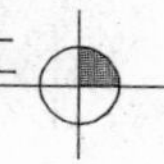

差。狐、貉或水貂毛皮的疏密度可随着动物品种、性别、年龄、取皮季节、营养状况的不同而有差别。初加工时人为地将毛皮过度延伸，亦可降低密度。不同部位的疏密度也有差异，一般臀部毛最稠密，耳后和腹部毛最稀疏。

②毛皮的长度　毛皮的长度包括针毛、绒毛和定向毛的长度。毛皮的长度也与狐、貉和水貂的种类、季节、年龄和部位有关。通过培育可以改变毛的长短。

③毛皮的弹性　毛皮的弹性是改变被毛流向后的恢复原形能力。当毛皮的弹性差时，经压折后长久不能复原，使毛皮失去灵活感；弹性过强则针毛竖立而显得过于粗糙。确定毛皮弹性方法，用手顺着毛皮轻轻抚摸，毛皮压倒后便缓缓复原，以感到柔软、灵活者为佳。

④毛皮的颜色与色调　毛皮颜色的组成取决于毛髓质中黑色素和棕色素含量以及混合程度。而色调的深浅则决定于色素的形状。颗粒形状成深色，扩散状成浅色。毛纤维，因棕色素含量的比例不同，呈黄色、棕黄色、棕色乃至黑色。黑色素使毛纤维呈现灰色或黑色。黑、棕色素混合存在时，依其中某一色素的含量程度不同，生成深浅不同的棕色或土黄色。

⑤毛皮的光泽　毛纤维表面形状是构成毛皮光泽的重要因素。毛纤维的细度对光泽亦产生一定的影响。陆生毛皮动物的毛纤维鳞片稀疏，形状规则，所以其毛皮具有良好的光泽度。毛皮的光泽常受化学物质、紫外线辐射、疾病、营养不良、粪尿污染等影响。

⑥柔软度　用手抚摸毛皮，通过感觉来确定其柔软度。毛皮的柔软度，主要取决于毛干的构造、长度、粗细度及针绒毛组成比例。毛皮柔软度大体可分柔软如棉、柔软、半柔软和粗硬等 4 种。在冬季，狐的针、绒毛比例为 1∶40，貉的针、绒毛比例为 1∶21.1，而水貂为 1∶25。

（2）**毛绒品质的评定标准**　毛皮动物的毛皮品种主要依据上述的毛皮品质的各项指标进行评定。但在狐、貉和水貂等人工饲养过程中，通常简化毛皮品质的评定标准。在我国已建立部分毛皮动物毛皮品质的判定标准，以下主要介绍银黑狐、北极狐、貉和水貂毛皮品质的评定标准。

①狐毛绒品质的评定标准　目前，在我国已建立银黑狐（表5-1）和北极狐（表5-2）的毛绒品质的鉴定标准。

表 5-1　银黑狐毛绒品质鉴定标准

检测内容	毛绒品质		
	优秀	良好	一般
银毛率（%）	75～100	50～75	25～50
银毛颜色	珍珠白色	白色	微黄
健康状况	优	良	一般
银色强度	大	中等	小
银环大小	12～16 毫米	8～12 毫米	<8 毫米或>16 毫米
“雾”	正常	重	轻
尾毛色	黑色	阴暗	暗褐色
尾端白色大小	>8 厘米	4～8 厘米	<4 厘米
尾末端的形状	宽圆柱形	中等或粗圆锥形	窄圆锥形
躯干绒毛颜色	浅蓝色	深灰色	灰色或微灰色
背带	良好	微弱	无

表 5-2　北极狐毛绒品质鉴定标准

检测内容	毛绒品质等级		
	优秀	良好	一般
躯干和尾部毛色	浅蓝	蓝色及带褐色	褐色或带白色
光泽强度	大	中等	微弱
针毛长度	正常，平齐	很长，不太平齐	短，不平齐
毛绒密度	稍密	不很稠密	稀少
毛的弹性	有弹性	柔软	粗糙
绒毛缠结	无	轻微	不大，全身都有

②貉毛皮品质的评定标准　表5-3 为目前常用的貉毛皮品质

的评定标准。

表 5-3　貉毛绒品质鉴定标准

毛的类型	检测内容	毛绒品质等级		
		1级	2级	3级
针毛	毛色	黑色	接近黑色	黑褐色
	密度	全身稠密	体侧稍稀	稀疏
	分布	均匀	欠均匀	不均匀
	平齐度	平齐	欠齐	不齐
绒毛	白针	无或极少	少	多
	长度	80～89 毫米	稍长或稍短	过长或过短
	毛色	青灰色	灰色	灰黄色
	密度	稠密	稍稀疏	稀疏
	平齐度	平齐	欠齐	不齐
	长度	50～60 毫米	稍短或稍长	过短或过长

③水貂毛绒品质的鉴定标准　根据表 5-4 毛绒的品质鉴定标准，对水貂的毛绒品质进行评定。

表 5-4　水貂毛绒品质鉴定标准

毛的类型	检测内容	毛绒的等级		
		1级	2级	3级
针毛	毛色	黑色	深褐色	褐或浅褐
	密度	全身稠密	体侧稍稀	稀疏
	分布	均匀	欠均匀	不均匀
	长度	20～23 毫米，平齐	稍长，欠齐	过长，不齐
	白针	无或极少	不多	较多
绒毛	毛色	深灰色	褐色	浅褐色
	密度	密而平齐	密，不齐	稀，不齐
	长度	12～14 毫米，平齐	稍长	过长
	背腹毛色	基本一致	差异不大	差异大
	光泽	油亮	光泽欠强	光泽差
	白斑	无或仅限唇部	腹部有小块	多，有大块

2. 狐、貉和水貂皮板的品质评定 皮板品质通过皮板的厚度、强度等的检测结果进行综合评定。

（1）*皮板的厚度* 一般情况下，皮板的厚度决定皮张的柔软度。当皮板较薄，显得毛皮轻便柔软。皮板过厚，毛皮有笨重感。皮板的厚度不仅由于动物种类、性别、年龄和取皮季节而存在差异，而且与同一个体不同的部位其厚度也不同。

（2）*皮板的强度* 皮板的强度由真皮层中胶原纤维编织和排列紧密程度决定。皮板的强度直接影响毛皮的强度与裘皮品的耐用性。毛皮成熟程度决定了毛与皮板结合的强度。据国外报道，将海龙皮和水獭皮的耐用指数评为100时，狐皮和水貂皮的耐用指数分别为100和40。

皮张的强度依动物种类、性别、年龄和取皮季节不同而存在差异。对于一个体来说，通常臀部最结实，腹部最差，顺脊背方向的纵强度远远超过横强度；在秋季毛和皮板结合得最牢固。越接近春季的毛皮，毛和皮板的结合强度越弱。另外，干燥不适当或贮藏在温暖而潮湿地方的制裘原料皮，毛和皮板的结合严重地受到破坏，因而降低毛皮品质。

3. 常见的毛皮缺陷 毛皮品质不仅受到自然因素影响，而且，还与饲养管理和初加工操作等相关。以下为在品质评定过程中常见的毛皮缺陷及其原因。

（1）*皮肤疾病* 患有疥癣、癣癞等皮肤病时，轻者毛皮杂乱，重者脱落被毛；伤口感染化脓成疮，或创口愈合后，长出新毛而呈现色泽不一，长短不齐。具有这样缺陷的皮张已失去利用价值。

（2）*咬伤和擦痒* 动物交配时相互间的恶斗而产生的伤残，可在皮板的颈部有异色牙印痕迹；由于水貂的自咬症引起的无尾尖、无尾或后肢伤残等，造成皮形不完整；由于水貂患有食毛症而引发的皮肤表面的缺失；动物擦痒、蹲坐而损伤了毛绒。具有这些缺陷的皮张使用价值已严重降低。

（3）*饲养管理不当* 由于营养不良、紫外线辐射、初加工方

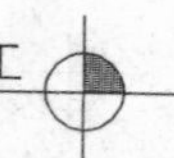

法不当等，造成针毛发育不良，针毛毛尖弯曲；缺乏选种选配，品种严重退化，或日粮中某种营养长期缺乏而引起绒毛色变白，失去毛皮原有自然色泽；严重时降低价值；由于缩脖或病弱，常引起貉的颈部毛绒零乱、稀疏的刺脖；由于患慢性疾病而引起毛绒紊乱、无光泽、皮板薄、韧性差和枯燥无油性；由于杂交或毛色基因突变而出现其他或非正常颜色；由于动物营养不平衡，导致排尿异常，使腹部毛皮尿污染；常因笼舍潮湿不清洁，或饲养管理不善，营养不良，使毛皮缠绕。由于上述原因造成毛皮缺陷均能导致毛皮品质下降，甚至丧失使用价值。

（4）*剥皮和修整不当*　在剥皮和刮油时不慎将皮割破成洞称刀洞；干燥方法不当引起皮板腐烂发酵发出异臭、脱毛、板质发黄等；高湿下烘烤皮脂未刮尽或未除油皮张时，油脂浸透皮层，板面呈紫色，有皱缩而易折断；由于刮油时操作不当，毛囊受损伤而出现透毛（飞针跳绒）；由于处死不当而导致血液淤积在皮层中，皮板伤处发硬，呈黑紫色；因初加工时操作不当，造成皮形不完整；剥皮时挑裆不当，造成背皮长腹皮短，或相反；鲜皮严重受冻，破坏了皮肤组织正常结构，皮板发白、变厚；生皮存放过久，皮板出现发黄、无油性、毛皮干燥和无光泽等。具有上述缺陷的皮张其品质下降或利用价值低。

六、狐、貉和水貂皮张的规格标准

在我国，由国家供销总社和土产畜产进出口总公司确定了毛皮动物皮张的收购规格。

（一）狐皮张的规格标准

根据狐的品种，有包括狐皮和银黑狐皮的收购规格。

1. 银黑狐皮张的规格标准

（1）*皮张的加工要求*　按季屠宰，剥皮开后裆，皮形完整，头、四肢和尾齐全，除净油脂，以统一规定的楦板上楦，板朝里毛向外，皮筒晾干。

（2）皮张的等级划分与规格　通常狐的皮张划分为三个等级，即一等、二等和三等。银黑狐皮张的等级规格标准参见表5-5。

表 5-5　银黑狐皮张的等级划分与规格标准

等级	规　格　标　准
一等	毛色深黑，银针分布均匀，带有光泽，底绒丰足，毛峰整齐，皮张完整，板质良好，皮张面积 2 111.11 厘米^2 以上
二等	毛色较黯黑或略褐，银针分布均匀，带有光亮，绒较短，毛峰略稀，具有轻微塌脖或臀部毛峰擦落，皮张较完整，刀伤或破洞不得超过两处（总长度不得超过 10 厘米，面积不超过 4.44 厘米^2）
三等	毛色暗褐欠光润，银针分布不甚均匀，绒短略薄，毛峰粗短，中脊部略带粗针，板质薄弱，皮张较完整，刀伤或破洞不超过 3 处（总长不超过 15 厘米，面积不超过 6.67 厘米^2）

（3）皮张的价格比差　皮张的等级比差是指不同等级皮张之间的相对价格差异。当一等皮张 100％时，二等和三等皮张的等级比差为 80％和 40％。

2. 北极狐皮张的规格标准

（1）皮张的加工要求　参见银黑狐皮张的加工要求。

（2）皮张的等级划分与规格　北极狐皮张的等级也划分为一等、二等和三等。各等级的规格标准参见表 5-6。

表 5-6　狐皮张的等级及其规格标准

等级	规　格　标　准
一等	毛色灰蓝光润，毛绒细软稠密，毛峰齐全，皮板完整，板质优良，无伤残，面积在 2 111.11 厘米^2 以上
二等	符合一等皮质，皮张较完整，面积在 1 222.22 厘米^2 以上，有刀伤破洞两处（长度不超过 10 厘米，面积不超过 4.44 厘米^2），皮张面积在 1 888.89厘米^2 以上
三等	毛绒空疏而短薄，具一二等毛皮质和板质，有刀伤或破洞（总面积不超过 45 厘米^2），臀部针毛摩擦较重，两肋针毛擦伤较重，腹部无毛，刺脖较重。用不符合统一规定的楦板加工

注：不符合上述要求的为等外皮。

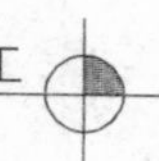

（3）皮张的价格比差　当一等皮张100％时，二等和三等皮张的等级比差为80％和60％。

（二）貉皮张的规格标准

1. 皮张的加工要求　参见银黑狐的加工要求。

2. 皮张的等级划分与规格　貉的皮张也划分为一等、二等和三等。貉皮张的等级规格标准参见表5-7。

表5-7　貉皮张的等级及其规格标准

等级	规格标准
一等	毛绒丰足，针毛齐全，色泽光润，板质良好，可带刀伤或破洞2处，总面积不超过11厘米^2，或破口长不超过6厘米
二等	毛绒略空疏或略短薄，可带一级皮伤残，具有一级皮毛质、板质，可带刀伤或破洞3处，总面积不超过16.7厘米^2，或破口长度不超过9厘米，或臀部针毛略摩擦（即蹲裆），两肋针毛尖略受摩擦（即拉撒）
三等	毛绒空疏而短薄，具一二等皮毛质、板质，可带刀伤或破洞总面积不超过45厘米^2，臀部针毛摩擦较严重，两肋针毛擦伤较重，腹部无毛，刺脖较重。用不符合统一规定的楦板加工

注：不符合上述要求的为等外皮。

3. 皮张的价格比差　一等为100％，二等为80％，三等为60％，等外皮按使用价值分为40％、20％、5％计价，低于5％无使用价值。

（三）水貂皮张的规格标准

1. 皮张的加工要求　皮张和形状完整，头、耳、须、尾和腿部的毛皮齐全，去掉前爪，抽出尾骨，除净油脂，开后裆，毛朝外，圆筒按标准撑楦晾干。

2. 皮张的等级划分与规格　通常水貂皮张划分为一等和二等2个级别，其规格标准参见表5-8。

3. 皮张的价格比差　当一等皮张为100％时，二等皮张的等级比差为75％。对于等外皮张可根据皮张缺陷程度，以等级比差50％以下确定价格。除此之外，水貂皮张还根据性别、品种和被毛的颜色确定价格比差。

表 5-8 水貂皮张的等级及其规格标准

等级	规格标准
一等	毛色黑褐、光亮，背、腹部毛绒平齐、灵活，板质良好，无伤残
二等	毛色淡黑褐，毛绒略空疏，具有一等毛、板质，次要部位略带夏毛，有不明显的轻微伤残或轻微塌脖、塌脊，有咬伤、擦伤或疮疤（面积不超过 2 厘米^2），轻微流针、飞绒或有白毛峰集中一处（面积不超过 1 厘米^2）

注：不符合上述要求的为等外皮。

（1）性别、个体和品种间的价格比差

①性别间　公水貂皮张价格为 100%时，母水貂皮张的价格比差为 80%。

②公水貂个体间　皮张长度为 77 厘米、71～77 厘米、65～71 厘米、59～65 厘米和 59 厘米以下时的价格比差分别为 130%、120%、110%、100%和 90%。

③母水貂个体间　皮张长度为 65～71 厘米、59～65 厘米、53～59 厘米、47～53 厘米和 47 厘米以下时的价格比差分别为 130%、120%、110%、100%和 90%。

④品种间的价格比差　标准色水貂皮张为 100%时，彩色水貂皮张皮的价格比差为 125%。

（2）不同被毛颜色间的价格比差

①标准水貂　标准褐色皮张的价格为 100%时，黑色、极深褐色、深褐色、中褐色和浅褐色的价格比差分别为 106%、104%、102%、98%和 96%。

②彩色水貂　彩色水貂尚无价格比差标准，可参考标准水貂的价格比差标准确定其价格比差。

七、狐、貉和水貂皮张的保存与运输

通过剥皮、刮油、上楦和干燥等处理的皮张（又称原料皮）

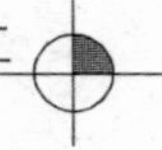

在出售或鞣制前，需要贮存一段时间，如果贮存的方法不当或运输过程中出现潮湿等情况，可造成皮张品质下降，甚至失去可利用价值。因此，对已初步加工的皮张，采用科学合理的方法对其进行保存和运输。

（一）仓库建筑及设备

仓库建筑要坚固、屋基较高，房身达到一定的高度，屋顶不能漏雨，地面为水泥抹面或木板，墙根无鼠洞和蚁洞，墙壁能隔热防潮，库内通风良好，有足够的亮度，但要避免皮张受到阳光直射，门窗玻璃以磨砂玻璃或有色玻璃为宜。

仓库内的温度，要求最低不低于5℃，最高不超过25℃，相对湿度保持在60％～65％为宜。库内应配备温度计、湿度计和通风器，若有条件，可设置吸湿器和调控器等。

（二）库房的管理

1. 入库前的检查 为了防止保存在仓库中的皮张发霉和发生虫害，入库前要进行严格的检查。严禁湿皮和生虫的原料皮存入库内。如果发现湿皮，应及时晾晒，生虫皮须经药物处理后方能入库。

2. 货垛要求 同品种皮张必须按级堆码。为了利于通风、散热、防潮和检查，垛与垛保留0.3米以上距离，垛与地面之间应15厘米高的垫板隔开，人行道宽以1.7米为宜。对于珍贵毛皮应放在木架、箱或柜内保管。不同品种毛皮的货位之间应隔开，严禁混放。

3. 防止毛皮潮湿发霉 当原料皮返潮和发霉时，皮板和毛皮上出现白色或绿色的醭，轻者有霉味，局部变色；重者皮板呈紫黑色。因此，库房内应配备通风、防潮设备，以防止皮张的返潮和发霉。

4. 防虫、防鼠 使用药物防虫灭鼠。为防止虫蛀皮张，可选用亚砷酸钠、氟硅酸钠、精萘粉等防虫药物对皮张进行淋洒。

灭鼠采用敌鼠钠盐效果较好。毒饵的配制为面粉100克、猪油 20 克、敌鼠钠盐 0.05～0.1 克，水适量。先将敌鼠钠盐用热水溶化后倒入面粉中，用油烙成饵饼，然后切成小块（2 厘米）放在鼠洞外或鼠经常活动的地方，使其采食，吃完再补，直到不吃为止。一般 4～5 天后见效，此种方法能彻底灭鼠。

（三）狐、貉和水貂皮张的包装与运输

1. 皮张的包装 制裘大毛皮，皮张较厚，毛皮有花纹，最忌摩擦、挤压和撕扯。包装时，应根据等级分别包装。将多张皮张捆成大包装时，要选择张幅大小基本相近的皮张，且应皮张的皮板对皮板、毛对毛，平顺地堆码，并撒上一定量的防虫药剂，外面用麻袋包装成大捆。

2. 皮张的运输 公路运输必须备有防雨设备，以免中途遭受雨淋。凡是长途运输的皮张，必须检疫、消毒后方能发运，以防病菌传播。

八、狐、貉和水貂的副产品及其利用

狐、貉和水貂的主产品为其优质的毛皮，此外，在获取毛皮的同时，还能对其肉、脂肪等副产物进行加工利用，以提高毛皮动物养殖效益和整治饲养这些动物过程中产生的环境污染。

（一）狐副产品的加工与利用

狐的主要副产品中，狐心、狐肺、狐肝和胆汁等具有药用价值，而狐肉不仅具有药效，而且可食用。以下介绍狐的主要副产品及其使用方法。

1. 狐心 据《本草纲目》记载，狐心具有镇静、利尿、安神、补益的功效。主治癫狂、心悸、失眠、头晕、水肿等病。使用狐心可治疗癫狂和精神失常。

（1）*治疗癫狂* 将预先研磨的 10 克甘遂和 10 克朱砂倒入狐心中，用数层湿纸包裹，然后将包好的狐心埋入火炭中烤熟。使用时，将经上述处理的狐心分两次服用。个别的患者在服用后会出现呕吐和腹泻等反应。

（2）治疗精神失常　将已研磨的5克朱砂和狐心一同用药壶或瓷锅煮熟后服用。

2. 狐肺　狐肺具有理气解毒、补肺、化痰、定喘之功效。主治肺结核、肺脓肿、慢性气管炎、肺气肿等病症。

（1）治疗各种肺病　用“八味狐肺散”，即赤狐肺半熟、甘草、葡萄、沙参和紫草各90克，紫草茸、石膏和火绒草各60克，一同研磨。每天口服3次，每次3～6克。

（2）治疗肺脓肿　用“九味狐肺散”，即狐肺1个，沙棘25克，肉豆蔻、石膏和沙参各20克，白巨胜、土沉香和葡萄各15克，人参10克，一同研磨，然后用蜂蜜调制成黄豆粒大小的丸药。日服2次，每次11～15丸，白开水送服。

（3）治疗久咳、气喘以及肺病引起的胸痛、脊背痛　用“廿五味狐肺散”，即狐肺60克，苦参30克，牛黄、檀香、石膏、藏红花、当药、瞿麦、胡连、麦冬、珍珠杆，诃子、栀子、川子、沙棘、葡萄、甘草、手参、龙胆草、远志、火绒草、土木香和白巨胜各15克，草乌叶9克，姜片1.5克，一同研磨。日服2～3次，每次1～8克，温开水送服。

（4）治疗久咳、肺脓肿等肺综合征　用“七味狐肺散”，即狐肺9克，沙参6克，沙棘3.9克，石膏3克，侧柏叶2.4克，白巨胜1.5克，一同研磨。日服2～3次，每次3～6克。

3. 狐胆　狐胆有健胃、镇静的功效。主治癫痫、心气痛、疟疾、跌打昏迷。用量为1/3～1/2个狐胆。对于跌打昏迷，可将风干研磨赤狐胆1.5～3克和跌打丸1粒，冲酒口服。

4. 狐肉

（1）治疗精神疾病　狐肉性味甘、温，具有补虚暖中、解疮毒等功效，主治虚痨、健忘、惊悸、水气黄肿、疥疮蛊毒寒热等症。赤狐肉500克煮熟，加油、盐作粥，炙食，可治惊痫、神情恍惚、语言错谬和歌笑无度等疾病。

（2）狐肉的食用　狐肉瘦肉多，肥肉少，肉质细嫩，无异味，易消化，味可口，高蛋白，低脂肪，营养丰富，食用价值高。狐肉可单独成菜，亦可与其他菜相配，制作出多种多样的野味佳肴。

①红烧狐肉　将狐肉洗净，放入沸水锅内焯一下，捞出洗去血污，切块。锅烧热，投入狐肉煸炒，加入料酒、酱油，煸炒，再加入精盐、葱、姜和适量水，烧至肉熟烂，加入味精、胡椒粉后出锅即可食用。

②狐肉汤　将狐肉洗净，去筋膜，取 1 000 克切成块，放沸水锅中焯一下，捞出洗净。锅烧热，放入少量猪油、姜片煸香，烹入料酒，放入狐肉，煮沸后捞出洗净后切成片。与此同时，将鸡肉洗净，取 100 克放沸水锅中焖一会，捞出洗净，切条。然后烧热锅，放少量猪油，将姜片、狐肉片、鸡肉条和 100 克蘑菇放入一同煸炒，烹入料酒，煸至水干。注入清鸡汤，加入盐、味精、胡椒粉、料酒，同煮至熟烂，淋上麻油，装盆即成。

5. 狐头　狐头具有软坚散结、平肝潜阳的功能。主治头晕。将 1 千克赤狐头骨捣碎后用 62～93 克酒浸泡。当浸泡一个月以上后，每天服 1 次，每次约 15 克。外用时，可将狐头骨烧存性研末后，调敷于患病部位。

6. 狐肝　狐肝具有明目和息风定痫的功能。主治目晕不明、破伤风、中风偏瘫、癫痫、心气痛。

7. 狐肠和四足　狐肠有止痛的功能。主治心胃气痛；四足有凉血止血的功能。主治痔漏下血。

8. 狐脂肪　狐胴体脂肪中不饱和脂肪酸含量 63.56%，而必需脂肪酸的含量为 14%～34%。狐脂肪或油是制造化妆品的高级原料，还可用来制造其他日用化工产品。

一年的排粪量，银黑狐是 63 千克，北极狐 73 千克。狐粪发酵后可饲养蚯蚓或作为农家肥种田。狐粪可直接饲喂鸡和作为养鱼的饲料。

利用狐牙、狐骨可制造工艺装饰品，也可制作骨粉、骨胶

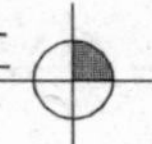

等。狐换毛时，收集脱下的针、绒毛，经洗涤处理后，制作防寒服装，既轻便又保暖，每只狐一年能收集50～80克针、绒毛。

（二）貉副产品的加工与利用

可利用的貉副产品，主要为貉肉、貉脂肪、胆汁、睾丸和貉粪等。

1. 貉肉　据《本草纲目》记载，貉肉可治五脏虚劳，女子虚惫和妇女寒症。貉肉肉质细腻，营养丰富，其蛋白质高达16.84%，而钙含量为82毫克/100克。此外貉肉中含必需氨基酸齐全，含量比例平衡，牛、羊肉相比其氨基酸无显著差异。

2. 貉脂肪、胆汁　貉脂肪可用于鸡饲料，也可作为工业用油，可作为化妆品、香皂、涂料等原料；貉胆可代替熊胆入药，滋补身体，特别是治疗胃肠疾病及小儿痫症更加有效；睾丸入药可治中风。貉皮拔下的针毛，特别是背部的刚毛和尾部的针毛，可加工制作胡刷、毛笔和相粉扑等。

3. 貉粪　由于貉每天食用大量以杂鱼为主的动物性饲料，其排出的粪便中含有大量未被吸收的营养成分。据报道，貉粪干物质中含有粗蛋白达30%～50%，同时还含有粗脂肪、粗纤维、无氮浸出物、粗灰分、水分等。此外，貉和鸡具有互吃对方粪便的习性。因此，貉粪既可作为优质的有机肥料，也可作为养鸡和养鱼的补充饲料。

（三）水貂副产品的加工与利用

水貂的主要副产品为水貂肉、脂肪、肝、心、雄性生殖器和水貂粪等。

1. 水貂肉　根据对其营养成分的测定，水貂肉中蛋白质含量高，而且含有8种人必需的氨基酸，其他氨基酸的含量与猪、牛、羊无差别。水貂肉细嫩鲜美，营养价值高，自古以来就是滋补佳品。

2. 脂肪　取皮季节的水貂存有大量的脂肪。从一只公水貂和一只母水貂中可分别获得650～700克和300～350克脂肪，分别约占活体重的35.3%和32.2%。水貂的油脂浸透力很强，易乳化，含有多价不饱和脂肪酸。在常温下比较稳定，熔点低，无黏附性，无毒、无臭，没有刺激性。因此，常作为制作高级化妆品的上等原料。此外，水貂脂肪具有治疗和预防皮肤病（湿疹、皮肤过敏等）的功效，对于燥鳞状皮肤炎具有显著的疗效。

3. 水貂心、水貂肝、水貂鞭 成年公、母水貂肝的重量（包括胆囊）分别约为55.3克和35.3克，公、母水貂心脏重量分别为12克和7.5克。以水貂心为主要配料和其他中草药制成的利心丸，对治疗风湿性心脏病和充血性心力衰竭等具有疗效；水貂肝可治疗夜盲症；公水貂的生殖器用酒浸泡后饮用，可治疗性欲低下。

4. 水貂粪 水貂的粪便是高效优质有机肥料，并有一定的灭虫作用。用此粪便作基肥或追肥时，可提高农作物的产量；经处理的水貂粪可用作猪饲料；将水貂粪便施于鱼塘，可提高水的肥力。

第二节　獭兔、海狸鼠和毛丝鼠皮张的加工

与上述的狐等相比，獭兔、海狸鼠和毛丝鼠属于小型毛皮动物，因此，与狐等产品的加工相比，其产品的加工具有自身特点。以下简要介绍獭兔、海狸鼠和毛丝鼠产品的加工方法。

一、獭兔皮张的加工

（一）獭兔的最佳取皮时期

由于獭兔具有季节性换毛和年龄性换毛的特性，因此，对于成年兔或淘汰的种兔，应在毛皮品质最佳的冬季屠宰，即秋季换毛以后和春季脱毛之前的11月至第二年和3月份。对于育肥后

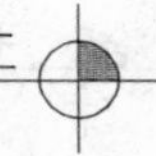

期的商品兔，则达到 5 月龄，体重在 2.5 千克以上时，即可屠宰。

（二）獭兔的宰杀与剥皮

1. 獭兔的宰杀 在取皮前一天应停止饲喂饲料和水。处死獭兔的方法有巴比妥静脉注射、一氧化碳吸入、头部击打和电击等方法。

（1）巴比妥静脉注射法 利用戊巴比妥钠等麻醉药，以麻醉量的 2～4 倍，快速注入静脉内而处死獭兔。

（2）一氧化碳吸入法 将獭兔或装有獭兔的笼子装入塑料袋中，然后导入一氧化碳使兔致死。该法处死獭兔时，不出现兴奋期。但须配备一氧化碳罐。

（3）颈椎脱臼法 左手用力握住其颈部，右手托其下颌往后扭动，因颈椎脱位而死。

（4）电击法 用 40～70 伏特的电压、0.75 安电流的电麻器触及其耳根部致死。此法操作简便且又不损伤毛皮。

上述四种处死方法，常用为颈椎脱臼法和电击法，前者适用于小规模屠宰，而后者适用于大型屠宰场。

2. 獭兔的剥皮 对于獭兔采用下列程序进行剥皮。

（1）挑裆 将左后肢用绳索吊起倒挂，然后用剥皮刀切开跗关节周围的皮肤，沿大腿内侧通过肛门平行挑开至另一侧，将四周毛皮向外剥开翻转后，采用倒扒皮法将皮脱下。抽出前肢，剪除眼睛和嘴唇周围的结缔组织等，获取完整的皮张。在剥皮时，应避免刀伤皮肤而造成破洞。

（2）放血 以利刀割断颈动脉，悬吊放血 3～4 分钟。

（3）剖腹净膛 以利刀切开耻骨联合，分离出尿生殖器官和直肠；沿腹中线切开腹腔，取出全部内脏（半净膛保留肾脏），在第一颈椎处割掉兔头，在跗关节处割掉后肢，在腕关节处割下前肢，在第一尾椎处割下尾，最后用清水清洗屠体上的血迹和污物。

（三）獭兔皮张的干燥

1. 鲜皮的预处理　将剥下的兔皮沿腹中线切开，去除皮板上残留的油脂、残肉和血迹及其他结缔组织等。

2. 皮张的干燥　獭兔皮张可通过自然干燥法或盐腌干燥法进行干燥，两种方法均能对皮张起防腐作用。

（1）自然干燥法　最常用的一种方法。先将兔皮自然伸展成长方形，毛面向里以小钉子钉在木板或硬纸箱板上（钉皮法），或趁皮张还有预热，将其伸展后，皮板向里，毛面向外，直接粘在木板和纸箱板上（热粘皮法），置于阴凉、干燥和通风处迅速晾干，切忌在阳光下暴晒。热粘皮法由于肉面向里，通风和干燥较慢，很容易受闷而发霉，因此，一旦皮张定型，要及时翻过来晾干。

（2）盐腌干燥法　以皮重30％～50％的氯化钠均匀涂布在兔皮的皮面，然后板面对板面，毛面对毛面堆叠在一起可保存1周左右。盐腌的皮张可置于阴凉、干燥和通风处进行干燥。

（四）獭兔皮张的品质鉴定

1. 皮张的加工要求　皮张和形状完整，毛皮齐全，去掉前爪，毛朝外，皮张晾干。

2. 皮张的等级划分与规格　獭兔皮张的品质依据板质、毛质和皮张的大小等进行鉴定。一等优质獭兔皮张要求板质薄厚适中、质地坚韧、板面洁净、色泽鲜艳、无斜板和破洞，毛质要求毛色纯正、富有光泽、毛长约1.6厘米、毛密度大、无断毛和脱毛，皮张大小应达到0.11米^{2}以上。达不到上述要求可判定为二等或三等。目前，尚无有关獭兔等级价格比差的标准。

3. 皮张品质鉴定方法　常用下列程序对獭兔皮张品质进行鉴定，即两手分别捏住皮的两端，察看被毛色泽、毛的粗细、板形、皮板厚度是否均匀、有无损伤、脱毛和淤血等；左手捏前部，右手捏后部并轻轻抖动，观察被毛长短、平整度及脱毛状况；手指触摸毛皮，检查被毛弹性、密度和有无伤痕和旋毛；沿

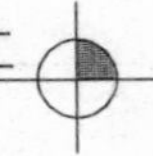

毛流的反向吹开被毛，观察是否形成漩涡，并根据露出皮板面积大小评定被毛密度；用尺测量皮张面积，以钢板尺或专用毛长测量尺插入被毛量其毛长；用游标卡尺测定背部中线处皮张的毛厚。

（五）獭兔皮张的保存

经过防腐处理的生皮，按照等级、色泽分类，以毛面对毛面、头对头和尾对尾叠置平放，每隔 2～3 张撒些萘粉，以防虫蛀。库房应卫生，保持湿度 50%～60%，最适温度为 10℃。生皮应堆放在木板上，不要直接放在水泥地面上。在贮藏过程中，定期检查，妥善保管。防止陈旧皮、烟熏皮、霉烂皮和受闷皮发生。

二、海狸鼠皮张的加工

（一）海狸鼠的最佳取皮时期

当海狸鼠达到 10 月龄以后，针毛的密度适合，绒毛正是密而长。利用该时期的毛皮制作的裘皮服饰观感和手感最佳。此外，海狸鼠在 11 月至翌年的 3 月期间毛的品质最佳。因此，10 月龄以上并经过冬季的海狸鼠可取皮。

（二）海狸鼠的宰杀与剥皮

1. 海狸鼠的宰杀　在取皮前 1 天开始停止饲喂饲料和水的同时，停止水浴，以保证毛皮的品质。通常采用下列方法处死海狸鼠。

（1）*药物致死*　肌内注射盐酸琥珀胆碱（司可林）8～10 毫克。

（2）*电击致死*　专用电击棒，自肛门插入兽体内，连接 220 伏电源，使其口或爪接触地面，数秒钟即可致死。

（3）*棒击法*　提起海狸鼠的双耳，用圆粗木棒等钝物猛击其后脑致死。

（4）*放血法*　将海狸鼠倒挂，用小刀等利器割断颈部动脉血管，放出体内血液致死。

（5）空气针法　用10毫升以上型号的兽用空针管，安上针头，在处死鼠的耳静脉血管处注入10毫升空气，使其血液产生栓塞致死。

2. 海狸鼠的剥皮　将海狸鼠处死后，清除附着于毛绒上的粪土、泥土和血污等污物，然后将海狸鼠尸体尾朝上和头朝下地挂在支架上。用剥皮刀将后肢腿肘部皮肤进行环形切开，然后从环形切口的内缘沿后肢内侧用刀挑割到肛门，然后后裆切开，尾皮弃去，用脱袜子方法从上往下将皮剥离，剥至前腿时，将两前爪从肘部切掉。剥至头部时，切除两耳，但必须保持头皮完整。剥下的鲜皮筒应及时套装在楦板上，毛皮朝里，皮板朝外，鼻端要对正，套直后稍用力拉平，但不能使劲过大，以免损伤皮板。伸拉平展后，在皮板的周围钉上小钉，使之固定。楦板形状和尺码须根据皮面大小制作两种型号。楦板应无棱角，表面平整光滑。

（三）海狸鼠皮张的刮油和干燥

1. 海狸鼠皮板的刮油　由于海狸鼠皮板的油脂较多，因此，应刮除皮张皮板上的油。与狐等动物不同，海狸鼠的皮板油是皮板上楦（毛朝里）并干燥3或4成时，即附着在皮板上的油脂和周围肉屑凝结变硬后，对于稍大块儿的油脂可用手指撕下，然后用钝刀头从臀部往头部方向刮油。刮油时，操作要细致，防止发生皮板损伤，以避免毛皮的等级和价值下降。

2. 海狸鼠皮张的干燥　对已刮去油脂的皮板进行修整后，挂在20～25℃、相对湿度30％～50％、通风良好的室内进行阴干。切不可将毛皮置于寒冷处冻干成冰板，也不可置火上烘烤或晒干。在阴干过程中，皮板上常冒出油脂，可用碎布或锯末蘸汽油或松节油擦净，然后抖掉锯末后继续阴干。当用手触摸皮板时，若无柔软潮湿感觉时，可判定皮张已干。当皮张干燥后，仍有余油，可用光滑圆木棍从臀部往下压挤，将余油挤至耳边刮

除，然后擦净。将干燥后的皮板从楦板抽出，用小圆木棍轻轻敲打皮板，使筒皮的绒毛疏松。

（四）海狸鼠皮张的品质鉴定

1. 皮张的加工要求　剥皮时应防止血液和油脂污染绒毛和皮板。剥下的皮要求皮张完整，头腿齐全，去掉尾爪，应该板面向外毛向里，圆筒皮撑展，切忌开片。

2. 皮张的等级划分与规格　通常海狸鼠皮张划分为一等、二等和等外的 3 个级别，其规格标准参见表 5-9。

表 5-9　海狸鼠皮张的等级及其规格标准

等级	规格标准
一等	底绒丰厚，背部和腹部的毛绒密度和色泽，无显著差异。板质足壮，伤残只限一处，刀伤长度不超过 3 厘米，破洞面积不超过 1 厘米^2，皮张面积在 1 833.3 厘米^{2}以上
二等	底绒稍欠丰厚，背部和腹部的毛绒密度和色泽差别较明显。板质良好，刀伤破洞不得超过两处，其刀伤总长度不超过 5 厘米或破洞总面积不超过 2.75 厘米^2，皮张面积在 1 388.3 厘米^{2}以上
等外	底绒较稀薄，背部和腹部毛绒的密度和色泽差别明显。板质薄弱，如有刀伤破洞不得超过 3 处，其刀伤总长度不超过 6.67 厘米，或破洞总面积不超过 11.11 厘米^2，皮张面积在 1 111.1 厘米^{2}以上

注：不符合上述要求的为等外皮。

（五）海狸鼠皮张的保存、包装运输

1. 海狸鼠皮张的保存　已干燥的皮张，置于 4～5℃的贮藏室进行保存。

2. 海狸鼠皮张的包装和运输　干燥好的皮张，以每两张为一小包装，皮板对皮板，中间用软纸相隔包扎后放入硬纸箱内，皮张禁折叠，也不能用袋子包装，纸箱外用牛皮纸包好并捆扎结实。装箱不满时可用纸屑充填。

运输海狸鼠的皮张时，应防止雨淋。

（六）海狸鼠的副产品

随着对海狸鼠产品的深加工，现已开发出一些高附加值产品。

1. 鼠油 海狸鼠油可制作高级化妆品。

2. 鼠血 海狸鼠血可以提取一种保健药，用于治疗胃肠道疾病，效果良好。

3. 鼠骨 海狸鼠的骨头制成的药酒对治疗风湿效果良好。

4. 鼠尾 海狸鼠的尾有滋阴壮阳之显著功效；海狸鼠尾巴里的筋科学处理后，制成可吸收蛋白缝合线用于缝合伤口，不用拆线。

三、毛丝鼠皮张的加工

（一）毛丝鼠的最佳取皮时期

1. 毛丝鼠被毛的成熟鉴定 当毛丝鼠的被毛已成熟时，被毛光亮，绒毛致密，毛绒丰厚，针毛挺立，尾毛蓬松。吹开被毛时，可见奶油色的皮肤。当鼠转动时，颈部及躯体出现一条“裂缝”。如果吹开被毛后，皮肤呈深色时，显示被毛尚未成熟。

2. 毛丝鼠的最佳取皮时间 饲养到 8～9 月龄时，毛丝鼠的被毛即可成熟，但取毛时间一般选在 10 月至翌年 3 月。

（二）毛丝鼠的宰杀与剥皮

1. 毛丝鼠的宰杀 在宰杀的前一天开始，停止饲喂饲料和水，并停止沙浴，以保证被毛的清洁。宰杀毛丝鼠时，通常采用窒息、药物注射、电击等方法进行处死。

（1）*窒息处死法* 即用二氧化碳窒息毛丝鼠，其优点是致死快、无疼痛、挣扎少、不损坏毛皮，但须小心谨慎，以防中毒。制备一个密闭型屠宰箱，长、宽、高各 30～35 厘米，顶壁可活动。在侧壁上打一直径 1.0 厘米的孔并插入相应直径大小的胶管，胶管的另一端与二氧化碳瓶口相连。将拟要处死的毛丝鼠放入密闭箱内，然后向箱内注入二氧化碳。经 5～10 分钟毛丝鼠即可死亡。

（2）*药物注射法* 向心脏或后肢肌肉中用注射器注入酸或碱

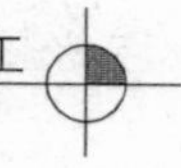

溶液，或注入琥珀乙酰胆碱 1 毫升，可处死毛丝鼠。

（3）*触电法*　用 110 伏的正、负电极，分别同时触及毛丝鼠口部和肛门，使鼠触电致死。

2. 剥皮方法　通常采用下列步骤剥取毛丝鼠的皮张。

（1）*毛丝鼠尸体的固定*　将毛丝鼠的尸体置于剥皮板上，腹部朝上，头朝前，四肢用钢夹固定。

（2）*裆部的平直切开*　用刀将后肢膝关节切开，从刀口处缓慢插入伞条，经腹部过生殖器处穿向另一肢膝关节处，然后用小刀沿伞条槽切开皮肤，使裆部的破口笔直。

（3）*腹部的矢状切开*　从切开的裆部正中，用伞条穿至口部，在下颌处切小口使伞条露出皮肤，用刀子顺伞条沟槽划破皮肤，使切割线恰在腹中线上。

（4）*剪掉指（趾）末端、尾和耳*　用剪子将两后肢剪掉 1.25 厘米，两前肢从肘关节处剪掉；再从尾巴长短毛分界处剪掉尾巴，从耳根处剪掉两耳。

（5）*剥离前肢、头和躯体的皮肤*　用手指剥离前肢的皮肤，把前肢抽出皮外，使前肢呈毛朝里的筒状皮。剥出一只前肢后，用手指继续向耳根部剥离，当剥到眼部时，出现盖住眼的白膜，待完全露出白膜时，用刀割断白膜，再继续向鼻部剥离。采用相同的方法剥离另一前肢及其头部余下的皮肤，最后剪掉附在鼻子上的皮。当结束上述操作后，继续剥离胸腹部的皮肤至腰部。

（6）*剥离后肢和后躯*　采用剥离前肢的方法剥离后肢并剥离后躯，使皮张完全与躯体分离。

3. 毛丝鼠皮张剥皮操作注意事项

①适时去污　剥皮时，经常用锯末清洁手，并适时将锯末撒在切口处，以吸附油脂和液体。

②避免拉扯被毛　剥皮时，不能用手指拉扯毛，而是用手掌拉皮边。

③操作要细致　由于毛丝鼠皮板很薄，在剥皮时应特别小心

细致，防止撕、割破皮肤。

（三）毛丝鼠皮张的整形和干燥

1. 毛丝鼠皮张的整形 将剥好的皮张，皮板朝外置于预先铺有干净纸的干燥板上。用刀切开尾内侧，用铁钉将尾部固定在干燥板上。同样用铁钉将两前肢切口处的皮板固定于颈部的两侧，然后用铁钉固定鼻。在两后肢的两端及尾根上各钉一个钉子，三个钉子应位于一条直线上；再将尾根部与后肢间的毛皮拉成一条线，并用钉子固定。最后沿着皮每隔约 2.5 厘米用铁钉固定。

当剥皮的切口不齐时，在皮张的整形过程中避免强拉硬拽，以免干燥后皮张变形。

2. 毛丝鼠皮张的干燥 将上述在干燥板上固定整形的毛丝鼠皮张，在温度 10～16℃、湿度为 55%和通气良好的室内，经 4～5 天即可干燥。干燥好的皮板应该平整而无皱褶，干燥时间不宜过长，否则皮板容易变得硬脆，影响品质。干燥过程中要防止鼠、蚊子及苍蝇的危害。

（四）毛丝鼠皮张的品质鉴定

1. 皮张的加工要求 皮形完整，留头去尾，除去四爪，按皮形标准钉成梯形片皮。

2. 皮张的等级划分与规格 通常毛丝鼠皮张划分为 2 个级别，即一等和二等，其规格标准参见表 5-10。

表 5-10 毛丝鼠皮张的等级及其规格标准

等级	规格标准
一等	毛绒细密、灵活、平齐，背、腹部毛色分明；具有本色型特征（标准色：脊背部呈深灰色，体两侧浅灰色，腹部白色），色泽光润，板质良好，无任何伤残，面积在 400 厘米^{2}以上
二等	毛绒平齐，略空疏，欠光泽，板质良好，面积与一等皮相同，允许在皮张边缘有两处伤残，总面积不超过 0.5 厘米^2。具有一级皮品质，全皮面积在 350 厘米^{2}以上

注：不符合上述要求的为等外皮。

（五）毛丝鼠皮张的保存、包装运输

1. 毛丝鼠皮张的保存　经干燥的皮张应在4～5℃贮藏室中保存。

2. 毛丝鼠皮张的包装和运输　已干燥的皮张，拔掉钉子后取下毛皮，然后用软布搓皮板，并用干硬木锯末和漂白粉（2∶1）轻轻搓毛皮，以清除皮板上的油脂或污物痕迹，最后用刷子刷掉并抖落干净。经过这样处理的毛皮，每两张为一小包装，皮板对皮板，中间用软纸相隔包扎后放入硬纸箱内，皮张禁折叠，也不许用袋子包装，纸箱外用牛皮纸包好并捆扎结实。装箱不满时可用纸屑充填。

已包装的毛丝鼠皮张可进行运输。运输时，严防被雨水弄湿或被雨水浸泡。

（宁万勇）

第六章 毛皮动物疾病的防治

和其他家畜的养殖一样，疾病防治在毛皮动物养殖业中占有重要地位。有效的疾病防治，是保证毛皮动物养殖业快速发展的前体。因此，在人工饲养毛皮动物过程中，应建立完善的防治体系，做到疾病的早预防、早发现、早治疗和早处置，保证毛皮动物养殖业的健康快速发展，以获得最大的经济效益。

第一节 毛皮动物疾病的预防

一、毛皮动物的卫生防疫

毛皮动物疾病卫生防疫措施主要包括饲料卫生、饮水卫生和管理卫生等几方面。

（一）饲料卫生

饲喂毛皮动物的饲料，不仅要具有充分的营养，而且，应严格要求清洁卫生，防止“病从口入”情况的发生。饲喂的饲料应达到以下要求。

（1）严禁从疫区采购饲料，尤其是犬瘟热、病毒性肠炎、巴氏杆菌病等传染病疫区。

（2）严禁饲喂霉烂变质的饲料，发现变质、腐烂饲料应及时、认真剔除。

（3）禁止饲喂被化学物以及鼠害污染的饲料。

（4）对采购的每一批饲料都必须进行质量、卫生检疫，确认质量可靠后方能利用。

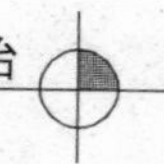

(5) 除经检疫的新鲜肉类、畜禽屠宰厂下脚料和新鲜的海产鱼类饲料可直接生喂外，对产于江河和湖泊的淡水鱼和存放时间较长的家畜禽副产品应高温蒸煮后方能饲喂。

(6) 对于能够清洗的饲料，在饲喂前应用清水彻底清洗干净后饲喂。

(二) 饮水卫生

和饲料一样，如果饮用被病菌污染的水，同样诱发疾病的发生，因此，严格按照下列的要求提供清洁的饮用水。

(1) 严防毛皮动物饮用死水和被污染的水。污水是肠道传染病和中毒性疾病的重要病因。饲养场的动物用水要达到国家规定的人饮用水标准，在无自来水的地区，可用清洁的泉水或井水。水的质量较差时，要进行纯化和消毒处理。

(2) 饮水的供给应充分，特别是繁殖季节和夏天，供水不能间断，要勤换，水盒或其他饮水用具应及时更换消毒。足够的饮水有益于动物的健康。

(三) 管理卫生

管理卫生是指饲料加工卫生、食具卫生、棚舍卫生和环境卫生等。

(1) 装修加工车间时，应选用水泥或瓷砖等材料。对饲料加工车间应及时冲刷、清洗和消毒，始终保持清洁卫生。

(2) 鲜饲料的加工器具、喂食用具等，应每次使用后彻底清洗，并定期用药物或煮沸消毒。

(3) 用于饲喂新鲜动物性饲料的食盒、食盆、食桶等应每顿清洗消毒，或蒸煮消毒，或用热碱水浸洗后用水冲净。

(4) 养殖场的粪便应及时清除，并集中堆积发酵处理。冬季和寒冷季节，笼舍内的垫草要勤更换。

(5) 棚舍内要保持清洁，场内应平整、无低洼积水。棚舍、笼舍或运动场应经常清扫和消毒。在春季和秋季要进行一次彻底清扫和消毒，其中，养殖场的地面要用20%石灰乳消毒。

(6) 在冬季注意保暖，夏季防止动物中暑。注意棚舍、笼舍的通风，防止饲养密度过大。

二、毛皮动物疾病防治措施

(一) 毛皮动物疾病的预防措施

毛皮动物的疾病防治是毛皮动物饲养业非常重要的一环。疾病防疫主要内容为预防传染病的发生和流行。传染病是指由特定病原微生物（细菌、病毒、寄生虫等）引起的一类疾病，一旦发生往往导致大群动物死亡或严重影响生产力。因此，在毛皮动物养殖业中应特别注意防疫工作。防疫工作应着重加强引起传染病发生的三个环节即传染源、传播途径和易感动物等的预防和控制。

1. 消灭病原，切断传播途径

(1) 避免养殖场办公区和生产区混杂在一起。禁止非工作人员进入养殖场，特别是到生产区参观。严禁发生畜禽疫病地区的人员接近养殖场。

(2) 禁止场外的动物（如狗、猫、野狐等）进入饲养场。此外，尽量避免多种动物混养在同一饲养场，特别是一些与某种疫病易感的动物混养。

(3) 养殖场的出入口应设立消毒槽，进场的人员和车辆要先消毒后再进场。

(4) 从国内外引进种兽，应执行国家有关规定，将种兽放置到符合隔离条件的隔离场内进行隔离，隔离期一般在30～60天。在此期间进行检疫，必要时免疫注射，证明健康后方能合群饲养。

(5) 对病死动物的剖检场地，要进行严格消毒处理，对病死兽要进行深埋、焚毁。

2. 免疫接种 免疫接种包括预防接种和紧急接种。

(1) 预防接种 预防接种是在健康兽群中为防止某些传染病

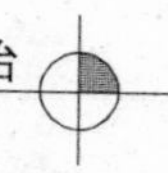

的发生，定期有计划地给健康动物进行的免疫接种。预防接种通常采用疫苗、类毒素等生物制剂，使畜禽自动免疫。经免疫的动物可获得数月至1年以上的免疫力。各养殖场可根据本场往年的发病情况及周围疫情，制定本年度的防疫计划。一些危害较大的传染病如水貂犬瘟热、病毒性肠炎，狐犬瘟热、脑炎，獭兔的巴氏杆菌病、球虫病等都应年年免疫。此外，还有临时性预防接种，例如调进调出经济动物时，为避免运输途中或到达目的地后暴发某些传染病，可采取免疫预防。

（2）紧急接种　紧急接种是在疫病快速流行过程中，对尚未发病的兽群进行的临时性免疫接种。紧急接种可直接使用免疫血清，也可采用疫苗免疫。免疫血清安全，见效快，但用量大、价格高、免疫期短，因此对有些传染病应以疫苗接种为主，如犬瘟热、狂犬病和魏氏梭菌病等。

3. 药物预防　对某些细菌性传染病，药物预防有一定效果。饲料中添加适量抗生素、磺胺类药物或呋喃类药物可控制一些传染病。但长期使用药物易产生耐药菌株，影响防治效果。最好定期进行药物预防，同时将各种有效药物交替使用，才能收到较好的效果。

（二）重大疫病发生后应采取的措施

在饲养场发现有动物患疾病时，应迅速采取隔离、封锁、消毒和治疗等综合措施。

1. 尽快诊断，上报疫情　当怀疑发生传染病时，要立即将疫情（发病时间、地点、数量、临床症状、病理解剖变化、初步诊断及采取的措施等）上报至有关部门；同时把病理材料送检，力争尽快确诊，及时采取措施。

2. 严格封锁，迅速隔离　在查明和消灭传染源的同时，必须全力切断传染途径，将患病毛皮动物、可疑患病毛皮动物、假定健康毛皮动物分群隔离饲养。各毛皮动物群的饲养工作人员不得相互走动，用具不得混用。严禁疫区内的动物跑出场外，以防疫病向邻近传播蔓延。要严格封锁现场。

3. 紧急接种，及时治疗 紧急接种疫苗是迅速控制和扑灭某些疫病的有力措施，尽管紧急接种疫苗并不十分安全，但在实际工作中，如犬瘟热、病毒性肠炎疫苗在发病期间应用，却收到了良好的效果。紧急接种量为预防量的倍量。紧急接种的同时，还应改善饲料，加强营养，提高毛皮动物的抵抗力，药物对某些并发症有一定疗效，应及时治疗。

4. 妥善处理污染物，彻底消毒 对于病兽污染的环境，必须随时消毒；进出场的医护人员以及毛皮动物的笼舍、地面、排泄物、饲具、饮具、调料室及饲料加工机械、用具、工作服（鞋）等，都必须严格消毒，因病死亡的毛皮动物尸体，应在兽医监督下做无害化焚烧处理，严禁剥皮、食用或乱扔；病兽的粪便及其污染物应放在指定场所生物发酵，做无害化处理，当疫区解除封锁前，还要进行一次全面、彻底地终末消毒，消毒药应依疫病病原体的特性进行选择，灵活掌握。待最后1只发病毛皮动物死亡或痊愈后，再观察一段时间，才能解除封锁，正常饲养管理。

三、毛皮动物的防疫技术

俗称“防重于治”。毛皮动物经济价值较高，一经有传染病发生就会造成严重的经济损失。为了杜绝传染病的发生，毛皮动物饲养场必须对不同种类的毛皮动物实行定期性预防接种和诊断性检查。以下主要介绍有关毛皮动物的防疫技术。

（一）疫（菌）苗的选择与保存

1. 疫（菌）苗的选择 疫苗是用病毒或立克次氏体，接种于动物、鸡胚或经组织培养后，加以处理而制成的生物制品。而菌苗是用各种细菌、支原体、螺旋体在培养基上生长、繁殖后加以处理而制成的生物制品。另外，还有由细菌外毒素经0.3%～0.4%甲醛减毒处理制成的类毒素。疫（菌）苗包括将病原微生

物杀死而制成的死苗和通过将病原微生物毒力降低但仍使其保持良好免疫原性的活苗。死苗的特点是安全，副作用小，无疫苗污染的危险，其抗原数量较多，但接种后无增殖的可能，其免疫力不及活苗。死苗免疫次数需多次，用量大，产生免疫力慢，维持时间也短，一般幼小动物或者初次免疫时常选用。而活苗的抗原数量较少，但接种后增殖，对机体长时间刺激，持续性产生抗体，但使用不当时易散毒，有疫苗污染的危险，保护力虽强，但副作用亦大。

（1）*选择疫苗的基本原则*　疫苗的种类很多，其适用范围和优缺点也各不相同，不可乱用或滥用。毛皮动物在选用疫苗时，应遵循以下 3 条原则。

①生产上需要接种哪些种类的疫苗，首先取决于当地流行或有可能流行的疾病种类，对当地没有威胁的疾病可以不接种，尤其是该疫苗是毒力较强的活苗或菌苗时，更不应轻率地引入到从来未发生过该病的地区进行接种。

②对已有该病流行或威胁的地区，疫苗的类型应根据在该地区疾病流行的严重程度来选择。疾病较轻的可选用比较温和型的疫苗类型，而疾病严重流行的地区，则要选用效力较强的疫苗类型。

③疫苗类型的选择还应考虑接种疫苗后是否会发生不良反应。

（2）*用于毛皮动物的主要疫苗*　在毛皮动物的生产实践中，要根据疫情、毛皮动物的实际免疫状态以及免疫程序的需要等条件，结合疫苗的特点，区别情况，选择应用。通常，毛皮动物饲养场主要使用以下几种疫（菌）苗。

①犬瘟热疫苗　适用于银黑狐、北极狐、貉和水貂。

②病毒性肠炎疫苗　适用于仔水貂及成年貉和狐等。

③沙门氏菌病疫和大肠杆菌病疫苗　适用于接种银黑狐和北极狐的母兽和仔兽。

④其他疫苗接种　根据当地流行病种类和本场往年传染病发生情况进行特异性接种，如钩端螺旋体病。

2. 疫苗的保存　疫苗作为由病原微生物制成的生物制品，其保存不同于一般的药品，应十分注意。若保存不当会导致疫苗的失效或者引起散毒，给饲养场带来严重损失，所以应做好疫苗的保存工作。

疫苗应在低温、阴暗及干燥的场所保存，需要有专门的冷藏设备。菌苗、类毒素等在2～15℃条件下保存，防止冷冻；病毒性疫苗应放在0℃以下保存。在不同温度下保存，不得超过所规定的期限，超过有效期限的疫（菌）苗不能使用。

（二）免疫方法与程序

免疫程序是指为了彻底控制和消灭动物的特异性疾病，对预防接种的疫苗种类、时间、途径及间隔期等制定的具体操作规则。每个毛皮动物饲养场都应制定出符合本场特点、切实可行的免疫程序。由于每个毛皮动物饲养场养殖的动物种类不同，所处的地区各异，因此免疫程序的制定也不尽相同。以下介绍制定免疫程序的依据、实施免疫程序的原则和免疫接种方法。

1. 制定免疫程序的依据　应根据饲养场饲养的毛皮动物的种类、该地区毛皮动物疫病流行情况和规律、引起疫病流行的病原微生物的毒型及易发季节、毛皮动物的年龄及体内抗体水平、疫苗的特点（品系、性质、免疫途径、接种产生免疫力所需时间和免疫持续期等）和毛皮动物的配套防疫措施及饲养管理水平等因素制定毛皮动物免疫程序。

2. 实施免疫程序的原则　要做到高密度，高质量，易于操作实施，既省工省时又节约费用开支。当然，即使制定出符合该场实际的免疫程序，亦不能在任何时候都死搬硬套，在一些特殊情况下，也应做出灵活变动。例如在邻近场区大规模发生某种传染病时，本场则可能会受到严重威胁，需马上采取紧急预防措施，这就导致以后的免疫程序需做出适当调整。

3. 免疫接种方法　根据免疫接种时所用免疫原（疫苗、菌苗、类毒素）的品种不同，接种方法也有所不同。包括皮下注射、肌内注射、喷雾、口服以及滴鼻等多种方法。根据毛皮动物的特点，现有疫苗主要以皮下注射和肌内注射为最常用的免疫方法。

第二节　病毒和细菌性疾病的防治

凡是由病原微生物引起，具有一定的潜伏期和临床症状，并具有传染性的疾病称为传染病。常见的毛皮动物传染病有犬瘟热和细小病毒病。

一、病毒性疾病的防治

（一）犬瘟热

1. 病原及病因　犬瘟热是由副黏病毒科、麻疹病毒属、犬瘟热病毒（Canine distemper virus）引起的以毛皮动物的眼、呼吸道、消化道黏膜炎症为特征的急性、热性、高度接触性传染病。在我国各地饲养场均有发生，动物品种涉及目前养殖的狐、水貂、貉等，它是危害毛皮动物养殖业最严重的传染病之一。

2. 主要症状　主要以急性炎症症状为主。由于动物不同，所呈现症状有所差异。

（1）水貂犬瘟热　表现典型的貂瘟热症状，多发生于流行中期。病初可见到浆液性结膜炎，继而发展为黏性乃至脓性分泌物，眼睑肿胀，严重的呈封闭状。鼻镜干燥，鼻液增加，并伴发支气管肺炎症状。精神委顿，食欲由减退转为废绝，呼吸由促迫变成困难，体温呈双相热型，可升高到41℃以上，病后期发生下痢，粪便带血、如煤焦油样。四肢趾部肿胀、增厚，严重的有水疱乃至溃疡。有的出现肛门外翻，后肢麻痹，或者拖着后肢向

前爬动，直至死亡。病程3～7天。

（2）狐犬瘟热　开始时体温升高到40～41℃，持续2～3天，食欲减退乃至废绝，有的发生呕吐。鼻镜干燥并出现龟裂，或呈现鼻肿胀。在第2～3天时出现浆液性、黏性乃至脓性结膜炎，同时发生浆液性或黏性脓性鼻炎，继而表现咳嗽、下痢和便血，北极狐常发生脱肛、后期出现抽搐、四肢完全或不全麻痹等神经症状，直至死亡。

（3）貉犬瘟热　开始时，体温升高到40～41℃，持续1～2天，间或出现短时间弛张热或稽留热。此时病貉出现头肿大，有浆黏性乃至脓性分泌物，严重的上下眼睑封闭。流鼻液，打喷嚏，歪颈，用脚抓搔鼻部。有的出现下痢便血。后期精神极度委顿，抽搐，直至死亡。慢性病例很少见，表现在皮肤和黏膜炎性症状，如被毛内有糠麸样皮屑，趾掌、肉垫肿胀，眼肿并伴有黏性分泌物。

3. 诊断　根据临床症状进行初步诊断，通过血清学检查和病毒分离可最后确诊。

4. 治疗　该病死亡率高，无特殊治疗方法。治疗主要以对症治疗为主。土霉素0.05～0.25克，每天口服2～3次；青霉素5万～20万单位，每天肌内注射2次，连续3～5天；用每毫升1万单位青霉素水溶液点眼、滴鼻；将0.1～0.25克磺胺二甲基嘧啶或新诺明混于饲料中，每天饲喂2次，连续3～5天；有神经症状者口服苯巴比妥1～4毫克；犬瘟热免疫血清10～20毫升，肌内注射。

5. 预防　每年接种犬瘟热疫苗2次：第一次在配种前，即12月份至翌年1月份进行；第2次在6～7月份，断奶幼兽与成年兽同时接种免疫；非疫区一般每年免疫1次。严格控制犬、猫和其他动物进入兽场和饲料加工、贮藏室；禁止饲喂来自疫区的饲料，特别是犬肉；对来源不明的犬肉必须煮熟后饲喂。新引进的种兽必须接种疫苗，隔离观察30天无异常者方可混群。

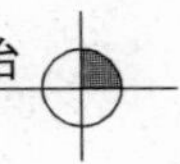

（二）细小病毒病

1. 病原及病因 细小病毒病是由感染细小病毒（Mink parvovims）引起的一种高度接触性传染病，其特征是胃肠卡他性、出血性、坏死性炎症，剧烈腹泻、下痢。狐、貉、水貂等毛皮动物均易感染，幼兽发病率和死亡率最高。发病动物和带毒动物为主要传染源。病毒经由带毒动物的粪、尿、唾液排出，污染环境、饲料和饮水，或经鼠、蝇、吸血昆虫等传播媒介传播。本病多发生于夏季。

2. 主要症状 发病初期表现精神沉郁，食欲减退乃至消失，渴欲明显增加，不愿活动，有时发生呕吐，体温升高到40℃以上。粪便稀软，含有肠黏膜、纤维蛋白和黏液组成的灰色管柱状物。发病后期出现剧烈腹泻，粪便内混有大量肠黏膜、黏液和血液，甚至呈水样便。病理变化以纤维蛋白性肠炎、出血性肠炎为特征，肠管呈红色，内容物混有血液和脱落的黏膜。

3. 诊断 根据临床症状进行初步诊断，通过血清学检查和病毒分离可最后确诊。

4. 治疗 目前对本病尚无特效疗法，主要以对症治疗为主。每隔2天肌内注射3～5毫升康复动物血清；用磺胺类药物或抗生素控制继发感染；每天2次静脉或腹腔注射10％葡萄糖液、维生素，或者根据脱水情况，注射乳酸林格氏液50～500毫升、25％葡萄糖液、盐酸山莨菪碱注射液等；腹泻严重给予黏膜保护剂。

5. 预防 加强饲养管理，保持笼舍、饲料、饮水及用具清洁。用细小病毒疫苗每年对种用毛皮动物进行1～2次免疫；防止猫、狗和禽类进入兽场，经常进行灭蝇、灭鼠工作。目前尚无有效的疗法，确诊后对有症状的病兽立即捕杀，对病貂污染的笼舍、用具、地面和饲养人员的工作服等彻底消毒，对粪便、污物和病兽尸体焚烧或消毒后深埋。对临床健康的动物马上注射疫苗预防。

（三）水貂流行性腹泻

1. 病原及病因　由冠状病毒感染引起的水貂流行性腹泻。本病在我国部分省区发生。

2. 症状　该病主要发生在9～12月份和3～4月份，以流行性腹泻、卡他性肠炎为特点。发病水貂排出混有血液、黏液的稀便，有时出现管状粪便。该病发生后，可在短短几天内导致90%以上水貂发病。该病的死亡率较低（不超过2%），以此可与水貂细小病毒病进行鉴别。

3. 诊断　根据临床症状进行初步诊断，通过血清学检查和病毒分离可最后确诊。

4. 治疗　目前尚无有效的治疗方法。皮下（多点注射）或腹腔注射5%～10%葡萄糖注射液10～15毫升，或者将葡萄糖甘氨酸溶液（葡萄糖45克，氯化钠9克，甘氨酸0.5克，柠檬酸钾0.2克，无水磷酸钾4.3克，溶解于2 000毫升水中）倒入槽内，让发病貂自饮。

5. 预防　目前尚无特效的预防方法。应注意卫生，加强饲养管理。

（四）狐传染性脑炎

1. 病原及病因　狐传染性脑炎是由犬腺病毒科、哺乳动物腺病毒属、犬腺病毒Ⅰ型的犬腺病毒感染引起的传染病。该传染病我国部分省区有发生。

2. 主要症状　临床症状以体温升高、呼吸道和肠道卡他性炎症为特征。病狐表现兴奋性增高，口吐白沫或呕吐，出现阵发性麻痹，瞳孔散大。对外界刺激反应能力降低或无反应，或出现转圈运动和视力丧失。病理变化为肝肿大、脑水肿、脑室积液和脑血管高度充血。由于与犬瘟热的临床症状极其相似，因此，需通过病理学和血清学与其鉴别。

3. 诊断　根据临床症状进行初步诊断，通过血清学检查和病毒分离可最后确诊。

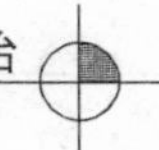

4. 治疗　发热初期可用血清进行特异性治疗，以抑制病毒繁殖，但在中后期往往注射血清无效；肌内注射维生素 B_{12}（成狐每 350～500 毫克/只，幼狐每 250～300 毫克/只），同时饲料中添加叶酸（0.5～0.6 毫克/只），连用 10～15 天。

5. 预防　预防接种是预防本病的根本措施。每半年注射一次 2 毫升狐脑炎病毒单疫苗。

（五）狂犬病

1. 病原及病因　狂犬病是由狂犬病病毒（Rabies virus）引起的以中枢神经系统高度兴奋、意识障碍、局部或全身麻痹为特征的急性、接触性传染病。

2. 主要症状　狂犬病主要侵害中枢神经系统，其临床特征是患病动物呈现狂躁不安和意识紊乱，最后发生麻痹而死亡。

3. 诊断　根据临床症状进行初步诊断，通过血清学检查和病毒分离可最后确诊。

4. 治疗　目前世界上尚无有效的方法用于治疗已发病的病例。

5. 预防　预防狂犬病的发生必须接种狂犬病疫苗。

（六）水貂阿留申病

1. 病原及病因　水貂阿留申病是由阿留申病病毒（Aleution disease virus）感染引起的一种传染病。

2. 主要症状　该病为水貂的一种慢性消耗性传染病，发生该病时，导致水貂免疫力下降，患病水貂常在秋冬季节死亡。该病的潜伏期长，通常 60～90 天，有的长达一年。病貂食欲时好时坏，渴欲增高，生长缓慢，进行性消瘦，贫血；后期麻痹，排煤焦油样粪便，多因尿毒症死亡。发病母水貂呈现不发情、空怀或流产，公水貂则配种能力降低。病理变化为肾肿大 2～3 倍，呈土黄色或淡黄色；肝、脾、淋巴结肿大。

3. 诊断　根据临床症状进行初步诊断，通过病理剖检、血清学检查和病毒分离可最后确诊。

4. 治疗　阿留申病目前尚无特异、有效的治疗方法，通常预后不良。可用多核甘酸、肝制剂、维生素 B_{12} 及抗生素等缓解症状。

5. 预防　定期对貂场用具、舍笼、食具、地面消毒；每年对留种和配种前的水貂群进行免疫学检疫，及时淘汰阳性水貂。选留双亲阴性的子代作种用；严禁从有疫情的貂场引种，引进的貂需隔离检疫，确认健康者方可混群饲养。

（七）兔瘟

1. 病原及病因　由兔瘟病毒引起的一种急性、烈性、病毒性传染病。本病流行有一定的季节性，发病时间多为春、秋两季。不同年龄、性别和品种的獭兔均易感染，但主要是 3 月龄以上的青年獭兔和成年獭兔，并以体质肥壮的獭兔、良种獭兔发病多，死亡率高为特征。未断奶獭兔一般不引起发病死亡。

2. 主要症状　主要临床症状分为急性型和亚急性型两种。急性型患兔突然死亡，死前无明显的临床症状。在 1～2 天内体温升高至 41℃以上，体温升高后 6～8 小时死亡。亚急性型患兔食欲减退，精神不振，萎缩一团，被毛光泽大减，体温升高至 41℃以上，有渴感，迅速消瘦，出现兴奋、挣扎等神经症状，病程为 1～2 天。约有 5%～10%病兔死后从鼻孔流出泡沫样血液。所以，兔瘟病又称为病毒性出血症。死后肛门松弛，肛门周围被毛有少量淡黄色黏液玷污。慢性型一般由急性转化而来，也有自然发生就呈慢性的。这种类型一般发生于 3 月龄以内的幼兔。

3. 诊断　根据临床症状进行初步诊断，通过病理剖检、血清学检查和病毒分离可最后确诊。

4. 治疗　目前，尚无行之有效的治疗方法。

5. 预防　严禁从疫区引进种獭兔，对獭兔舍要定期消毒，病死獭兔的死尸要深埋或烧毁。定期注射兔瘟灭活疫苗，每只獭兔颈部皮下注射 1 毫升，注射后 3 天开始生效，5～7 天产生免疫力，免疫期为 6 个月，每年注射两次即可达到预防效果。未经

免疫过的种母獭兔群，其仔獭兔在20～30日龄时应进行预防注射，对已免疫过的獭兔群，其初生仔獭兔在45日龄左右进行预防注射。对环境和用具消毒宜选用2%烧碱或30%草木灰，或使用火焰消毒法。如果獭兔已经感染兔瘟病毒，那么注射兔瘟疫苗后会加速它的死亡，通常注射疫苗后经3～5天仍存活者，可康复。

二、细菌性疾病的防治

（一）阴道加德纳菌病

1. 病原及病因　阴道加德纳菌病是由阴道加德纳菌引起的以狐、貉、水貂等发生阴道炎症为特点的细菌性疾病。

2. 主要症状　狐、貉、水貂的阴道加德纳菌病以空怀、流产为主要特征。各品种狐均易感，水貂、貉也感染，北极狐易感性更高，主要通过交配感染。常在妊娠的第20～45天发生流产。

3. 诊断　根据临床症状进行初步诊断，通过血清学检查和细菌分离可最后确诊。

4. 治疗　每隔12小时肌内注射氨苄青霉素（每千克体重20毫克），连用7天，然后注射疫苗。

5. 预防　每年注射1～2次阴道加德纳菌疫苗。

（二）狐化脓性子宫内膜炎

1. 病原及病因　该病是由绿脓杆菌引起的以子宫内膜炎为特征的主要发生于狐的一种细菌性疾病。

2. 主要症状　以化脓性子宫内膜炎为主要特征。临床主要在妊娠7～20天开始出现，呈现体温升高，精神沉郁，食欲废绝。阴门流出灰色、灰绿色脓性物，狐尿频，尿中带血。剖检时，子宫发生炎症的病理变化，并可观察到不同病理过程中出现炎性渗出物。

3. 诊断　根据临床症状进行初步诊断，通过血清学检查和细菌分离可最后确诊。

4. 治疗 每天用生理盐水，或添加有青霉素和链霉素的生理盐水冲洗子宫，与此同时，每隔 8 小时肌内注射庆大霉素，每千克体重 0.75～1.25 毫克，连用 7～10 天。

5. 预防 该病主要是因为人工授精时的精液受污染所致。因此，对输精器械进行彻底消毒后，再用于精液输精，以避免绿脓杆菌的人工感染。此外，也可以注射疫苗。

（三）水貂出血性肺炎

1. 病原及病因 水貂出血性肺炎是由绿脓杆菌感染引起。绿脓杆菌在自然界中广泛存在，如绿脓杆菌污染水貂饲养的环境（包括被毛、笼具、尘土等）、饲料，换毛季节污染的被毛或飞尘等，均可通过呼吸道感染。

2. 主要症状 该病多发生于夏季和秋季，尤其常发生于 9～10 月份的水貂换毛期。以出血性肺炎、脑膜炎、败血症为特征。急性型可见呼吸困难，咳血，精神不振，鼻流出血色液体。患病水貂常出现呼吸困难，或鼻流出血色液体，而其他症状尚未出现，即在 1～2 天内死亡。主要病理变化为肺呈现出血性肺炎，肺大部分呈暗红色，出血变化多在血管和支气管周围，脾、肾可观察到出血点。

3. 诊断 根据临床症状进行初步诊断，通过病理剖检、血清学检查和细菌分离可最后确诊。

4. 治疗 每隔 8 小时肌内注射每千克体重 0.75～1.25 毫克庆大霉素，连用 7～10 天。

5. 预防 注意卫生，加强饲养管理。

（四）水貂出血性败血症

1. 病原及病因 由嗜水气单胞杆菌引起，以出血性败血症为特征的传染病。水貂通常通过采食感染该菌的鱼类饲料而发病，污染的水源和鱼是本病的主要传染源。

2. 主要症状 本病多呈现急性经过，体温升高，呼吸困难，口吐白沫，有的抽搐，惊叫。病理变化为肺呈现出血性肺炎，肺

脏有大小不等的出血斑，肝、脾有出血点。

3. 诊断 根据临床症状进行初步诊断，通过病理剖检、血清学检查和细菌分离可最后确诊。

4. 治疗 每隔8小时肌内注射每千克体重0.75～1.25毫克庆大霉素，连用7～10天，或每天肌内注射每千克体重5毫克卡那霉素，连用7～10天。

5. 预防 注意饲料卫生，加强饲养管理。

（五）巴氏杆菌病

1. 病原及病因 由多杀性巴氏杆菌（Pasteurella multocida）引起的以败血症和炎性出血为特征的急性传染病。

2. 主要症状 本病多呈现急性经过，体温升高，鼻镜干燥，精神不振，食欲减退，呼吸困难，有的抽搐，惊叫，病程常为1～2天。病理变化为肺、肝、脾、肾脏出血，脾脏肿大，肝表面有坏死灶。

3. 诊断 根据临床症状进行初步诊断，通过病理剖检、血清学检查和细菌分离可最后确诊。

4. 治疗 当发现动物患有此病时，应立即隔离，并每天皮下注射5～30毫升抗巴氏杆菌病高免血清（单价或多价均可），连用2～3天；每隔8小时肌内注射5万～20万单位青霉素和2～10毫克链霉素，连用3～5天；或者，每天肌内注射2次5～25毫克卡那霉素。

5. 预防 注意增强抗病能力，平时注意饲养管理。受污染地区的动物每年用巴氏杆菌疫苗进行免疫接种。

（六）獭兔传染性鼻炎

1. 病原及病因 由巴氏杆菌引起的一种獭兔的常见病。多发生于北方地区，一般发病率达70%以上。本病无季节性，但以秋末、初春的气温多变季节易发病，冬季室内封闭养獭兔发病率也较高。獭兔群一旦患病，久治不愈就会造成严重死亡。

2. 主要症状 病獭兔鼻腔流出黏液性或脓性分泌物，呼吸困难，咳嗽，发出“呼呼”的吹风音，不时打喷嚏，体温升高，可视黏膜发绀，食欲减退或废绝。病程一般1～2周。

3. 诊断 根据临床症状进行初步诊断，通过血清学检查和细菌分离可最后确诊。

4. 治疗 对已感染但无明显症状的獭兔群：普遍用鼻炎康拌料，每天1次，每只1克，并进行巴氏杆菌或巴、波氏杆菌二联疫苗肌内注射，成獭兔1毫升/只，幼獭兔0.5毫升/只；对轻症患病獭兔，采用鼻炎康拌料，并口服磺胺二甲基嘧啶每千克体重0.1克，饮0.02%卡那霉素原粉水，每天2次，连用5天；对重症患病獭兔，用抗菌药液早、中、晚各滴鼻一次，并对成獭兔每隔8小时肌内注射20万单位青霉素和10毫克链霉素，幼獭兔减半，连用3～5天。

5. 预防 加强饲养管理，彻底清理消毒，冬天保持室内温度在12～18℃，保持充足阳光，调剂营养丰富、易消化的饲料，使獭兔保持安静休息。

（七）獭兔地方性肺炎

1. 病原及病因 由巴氏杆菌引起的以肺炎为特征的一种獭兔的传染病。

2. 主要症状 自然发病的獭兔，若症状较轻时，很少见到肺炎的临床症状。发病初期，表现食欲不振和精神沉郁，时间长后常以败血症告终。病理剖检，可见早期病例的肺呈现急性炎症反应，肺实变区内可能有出血，胸膜表面可能有纤维素覆盖。随着病情发展，如果肺炎严重，则可能有脓肿存在，脓肿进一步为纤维组织所包围，形成脓腔或整个肺小叶发生空洞是慢性病程最后常发生现象。

3. 诊断 根据临床症状进行初步诊断，通过病理剖检、血清学检查和细菌分离可最后确诊。

4. 治疗 整个兔群口服土霉素（2次/天，成獭兔1片/次，幼獭兔减半），连用3天。将50～75千克的水中溶解10克红霉素进行

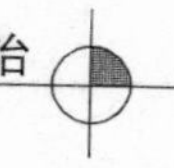

饮水，每天2次，连用5天。严重者肌内注射链霉素（每千克体重4万～5万单位，2次/天），连用5天。也可用红霉素、阿莫西林。

5. 预防 加强饲养管理，提高獭兔群的免疫力和抗病能力。对患病的獭兔，应进行隔离，在干燥、通风和暖和的舍中饲养，切忌忽冷忽热。喂给营养丰富、易消化的饲料。

（八）仔獭兔脓毒败血症

1. 病原及病因 由葡萄球菌引起的以仔獭兔出现败血症为特征的一种獭兔传染病。

2. 症状 仔獭兔生后2～3天，在多处皮肤，尤其是胸腹部、颈部、颌下和腿部内侧的皮肤引起炎症。在这些部位的表皮上出现粟粒大、白色的脓疱（内含乳白色奶油状物）。在多数病例的肺和心脏上有很多白色小脓疱。

3. 诊断 根据临床症状进行初步诊断，通过病理剖检、血清学检查和细菌分离可最后确诊。

4. 治疗 每天用5%的龙胆紫酒精溶液对体表破溃的脓灶进行涂擦，同时肌内注射青霉素进行全身治疗，每只獭兔5 000单位，2次/天，连用数天。

5. 预防 加强母獭兔的饲养管理。

（九）仔獭兔黄尿病

1. 病原及病因 仔獭兔黄尿病，又称仔獭兔急性肠炎。它是由于仔獭兔哺乳患乳房炎母獭兔的乳汁而引起的急性肠炎，一般全窝发生。病原为葡萄球菌。

2. 主要症状 仔獭兔发病后肛门四周和后肢被毛潮湿、腥臭，患獭兔昏睡，全身发软，病程2～3天，死亡率高。病理变化：患獭兔肠黏膜（尤其是小肠）充血、出血，肠腔充满黏液，膀胱极度扩张并充满淡黄色尿液。

3. 诊断 根据临床症状进行初步诊断，通过病理剖检、血清学检查和细菌分离可最后确诊。

4. 治疗 仔獭兔患病初期肌内注射链霉素，每只獭兔5 000

单位，2次/天，连用数天。

5. 预防 首先应防止母獭兔发生乳房炎，如发现母獭兔患有乳房炎，应立即将母獭兔隔离治疗，而仔獭兔给其他母獭兔代乳或人工喂养。

（十）獭兔乳房炎

1. 病原及病因 乳头或乳房的皮肤受到污染或损伤而引起金黄色葡萄球菌侵入后引起的乳房炎症。

2. 主要症状 哺乳母獭兔患病后体温稍有升高。急性乳房炎时，乳房呈紫红或蓝紫色；慢性乳房炎初期，乳头和乳房先局部变硬，逐渐增大。随着病程的发展，在乳房表面或深层形成脓肿。乳房部位的组织化脓，乳汁呈乳白色或淡黄色奶油状物。

3. 诊断 根据临床症状进行初步诊断，通过病理剖检、血清学检查和细菌分离可最后确诊。

4. 治疗 断奶前减少母獭兔的多汁饲料，若母獭兔已经发生了乳房炎，可用肌内注射青霉素（每千克体重5万～10万单位），并经口灌服磺胺嘧啶（1片/次，2次/天）。

5. 预防 妊娠母獭兔产仔前后，可根据情况适当减少优质的精料和多汁饲料，以防产仔后几天内乳汁过多、过浓。

第三节　常见寄生虫病的防治

由寄生虫所引起的疾病，称为寄生虫病。寄生虫通常呈现慢性经过，以患病动物消瘦为主要特征。由于毛皮动物的主要产品为毛皮，因此，预防皮肤寄生虫病是获取优质皮张的保证。毛皮动物的寄生虫病可分为外寄生虫病和内寄生虫病。

一、外寄生虫病的防治

（一）螨病

1. 病原及病因 螨病是由狐疹螨（*Sarcoptes vulpis*）、狼疥

螨（*S. lupi*）、犬疹螨（*S. canis*）等寄生于毛皮动物的体表引起剧痒、湿疹性皮炎、脱毛和患部逐渐向周围扩展并具有高度传染性为特征的外寄生虫病。

2. 症状 初期指（趾）掌部皮肤红肿，出现炎性浸润，逐渐蔓延至飞节及肘部，严重的扩散到头部、颈部、胸腹部、尾部以至全身。病变皮肤被毛脱落，形成结节和水疱，水疱破溃后流出渗出液，与被毛、污物形成结痂。随着病情发展，患部皮肤增厚，失去弹性，形成皱褶或痂皮。病兽烦躁不安，食欲降低，逐渐消瘦。

3. 诊断

（1）通过皮肤病变的分布和严重的瘙痒感等症状，很容易诊断。

（2）显微镜检查：为了确诊，需要检查虫体。用锐勺或者刀片刮取皮肤病变组织后置于载玻片上，滴上1～2滴氢氧化钾-二甲基亚砜液（以7∶3的比例将30％氢氧化钾溶液和二甲基亚砜溶液混合均匀）并相混合，盖上盖玻片。在显微镜下可以观察到多数的虫体及其卵。其虫体要小于犬穿孔疥癣虫。当仅检查一个部位时往往观察不到，因此，应对多个病变部位进行检查。

（3）对于耳螨病，用肉眼或用耳镜检查耳郭部皮肤被毛和外耳道时，可观察到稍发白的小螨虫；用棉签取出耳郭的痂皮或耳垢，涂到玻片后可用放大镜或显微镜镜检；当螨虫的寄生数量少的时候，仅检查一次有可能漏检，所以，当怀疑发生有本病时，应做数次检查。

4. 治疗

（1）使用外用杀螨剂：在病变部位涂抹敌百虫（0.1％～0.5％水溶液）或鱼藤酮（原液）。由于即使虫体死亡，但虫卵仍具有抵抗力，因此，在螨虫生活一世代的3周内应反复涂抹。

（2）口服杀螨剂：口服低毒性的有机磷制剂（每千克体重3～4毫克，2次/周，连用4周）很有效。

（3）注射伊维菌素：隔10天皮下注射2次伊维菌素（每千

克体重200～400微克）非常有效。

（4）应用肾上腺皮质激素：口服泼尼松龙（0.5～2毫克/千克），或皮下注射相同剂量的地塞米松可减轻瘙痒。

（5）为了清洁皮肤，进行二硫化硒浴，但应注意有时会导致患部扩散。

（6）继发病处理：对于发生继发感染的病例，应及时应用抗生素。

5. 预防 饲养舍应宽敞，干燥，透光，通风良好。保持笼舍、用具清洁，经常注意兽群中有无蹭痒、掉毛现象，及时诊断治疗。定期对全场毛皮兽进行预防性药浴，同时对动物场进行彻底清扫和消毒。

（二）蚤性皮炎

1. 病原及病因 蚤性皮炎是由跳蚤叮咬引起的过敏性皮炎，临床非常多见。在毛皮动物后躯和颈部搔痒并出现皮疹，进入慢性期后出现慢性脱毛状态。从季节上看，多在春季至夏季，而冬季却很少发生。

2. 主要症状

（1）轻度症状 主要出现单纯的搔痒，除腋下和腹股沟部的皮肤发红之外，并不出现其他症状。当对其不进行治疗时，持续发生某种程度的搔痒。

（2）中度症状 特别在尾根部沿背正中线出现特征性的红斑小丘疹和红褐色的痂皮。有时出现局部脱毛或看不到所有的被毛。其搔痒变轻。有时其病理变化通过触诊比视诊更容易发现。颈部的病变最为严重，其次为背部或腰部。这种由于跳蚤啃叮引起的皮炎，从外观上与粟粒状湿疹极为相似。

（3）慢性型 皮肤的病变部位在猫体的后半部最为明显，出现弥漫性脱毛、皮肤肥厚和皱褶、上皮崩解物形成的鳞屑及出现斑状急性湿疹性皮炎等特征性症状。有时甚至出现怀疑为内分泌障碍，脱毛部位呈对称性分布。搔痒虽然较轻，但是由于挠伤或

舌的舔伤，其症状往往出现慢性化。颈部和四肢末端不受侵害。

3. 诊断

（1）一般诊断　可通过多发生在早春至夏季、见有跳蚤寄生、通过驱虫达到治疗和预防目的及特殊的病灶分布和粟粒状分布的临床症状为一般诊断标准。

（2）组织学检查　出现嗜酸性粒细胞、中性粒细胞和巨噬细胞的浸润。据 Benjamin 所进行的皮肤反应比较，出现延迟性变化。

4. 治疗

（1）涂抹含有鱼藤酮和除虫菊酯的粉末。然后用梳子梳理，将落下的跳蚤和落屑连同报纸一起烧毁。也可以用驱跳蚤用肥皂进行洗浴，经 15 分钟后充分水洗。

（2）氢化可的松或地塞米松（1～2 片）对炎症有效，可明显减轻瘙痒。

（3）注射 1～2 次泼尼松龙（1～2 毫克），然后作为维持量连续口服 5～10 天地塞米松片（1/4 片），则可以治愈。此外对于中度炎症，则要延长用药时间。

（4）除上述用药之外，低于慢性者，可局部涂抹 1%鞣酸和 3%水杨酸的乙醇溶液，可促进治愈。

5. 预防　加强饲养管理，定期消毒灭蚤。

（三）虱性皮炎

虱性皮炎是由虱子寄生叮咬引起的毛皮动物的过敏性皮炎。

1. 病原及病因　由于虱寄生于毛皮动物皮肤上引发的皮肤炎症。当虱所寄生的数目较少时，只能引起较轻的症状，随着寄生数目增大而引起严重损害。

2. 主要症状　虱通常好寄生在颈部，但其他部位也有寄生。在寄生虱的情况下，并不出现严重的搔痒症状，也很少出现自残引起的伤害。通常出现散在性落屑，犹如椭圆形精子头部，很容易看到。可在皮肤上快速移动的是犬啮毛虱，而在皮肤表面静止不动的是犬颚虱。虱卵又称为虮，产后附着于毛上的用肉眼很容易看到。发生严重感染的病例，特别是幼小动物，往往由于出现贫血而消瘦衰竭甚至死亡。由犬颚虱感染引起的症状更严重，在寄生部位诱发湿疹，有的诱发其他感染。

3. 诊断

(1) 根据发病动物出现用牙咬、蹭等表现及其皮肤出现发红等炎症性病变等可初步诊断。

(2) 用梳子等梳理被毛后，当发现椭圆形的虱时，可确诊。

4. 治疗 利用通常的驱虫剂即能驱虫。全身用浴液清洗，然后用0.1%敌百虫液进行药浴。在局部涂抹0.5%敌百虫液。通过以上的处置可以驱除幼虫和成虫，但是，由于虫卵对杀虫剂的抵抗力较强，因此，待孵化期（10～14天）后应再次洗毛。对于发生湿疹或继发感染的病例，应预先皮下注射或肌内注射泼尼松龙（每千克体重0.5～1.0毫克）。

5. 预防 定期用驱虫剂驱虫。

二、内寄生虫病的防治

（一）蛔虫病

1. 病原及病因 毛皮动物蛔虫病是由犬弓首蛔虫（*Taxocara canis*）、猫弓首蛔虫（*Taxocara cati*）和狮弓首蛔虫（*Toxcascaris leonina*）寄生于毛皮动物胃及小肠引起的一种线虫病。

2. 主要症状 临床表现随动物年龄、体质及虫体所处的发育阶段和感染强度不同而有所差异。成年动物感染后症状不明显，一般仅表现营养不良，渐进性消瘦，经常排出虫体。出生后15天左右的仔兽或幼兽受感染时，早期表现咳嗽，体温升高。以后食欲不振，异嗜，精神委靡，逐渐消瘦，可视黏膜苍白。感染严重时，呼吸困难，呻吟，腹泻或便秘，不愿活动，腹部胀满，有时呕吐、痉挛、抽搐，常因蛔虫过多造成肠梗阻而死亡，

剖检可见肠内被蛔虫阻塞。

3. 诊断 根据临床症状和表现，结合虫卵和虫体检查进行确诊。

4. 治疗 将左旋咪唑（每千克体重 8～10 毫克）、丙硫苯咪唑（每千克体重 50 毫克）、硫苯咪唑（每千克体重 20 毫克）进行灌服或混入饲料中喂服，或者口服碘化噻唑氰胺每千克体重 6～11 毫克，连用 7～10 天；口服海群生（每次每千克体重 200 毫克），每天一次，连服 3 次。对动物定期进行检查，发现粪便蛔虫卵阳性者应及时驱虫。

5. 预防 注意环境卫生，保持饲料、饮水和笼舍清洁，粪便及时清扫并堆积发酵。定期对动物进行驱虫：幼兽断奶后驱虫一次，以后每隔 2 个月驱虫一次；或在断奶后 20～30 天及配种后 20～30 天各驱虫一次。防止家犬进入动物场，对护场的犬进行定期驱虫。

（二）绦虫病

1. 病原及病因 绦虫病是由多种绦虫主要寄生于毛皮动物肠黏膜引起的一种慢性寄生虫病。引起毛皮动物绦虫病的绦虫主要有带状属绦虫、细粒棘球绦虫、多头绦虫、中殖孔绦虫及裂头绦虫等。貂、狐、麝鼠、水獭等均易感。本病主要通过被粪便污染的饲料、饮水传播。

2. 主要症状 轻度感染一般不显临床症状。当绦虫感染强度较高时，患病动物食欲下降，精神倦怠，被毛粗乱无光泽，喜卧懒动，消化不良，腹泻或便秘，粪便中混有白色的孕卵节片，渐进性消瘦，贫血。有的患兽出现痉挛、癫痫等神经症状。幼小动物生长发育受阻，严重感染的可衰竭死亡。毛丝鼠多头绦虫蚴感染后，在头部、颈部、肩胛部周围，有时在下颌、下颌间隙发生大小不等的圆形水疱状囊肿，触诊呈游离状，有弹性而无疼痛反应。有的囊肿可发生于腹腔浆膜。

3. 诊断 根据临床症状和粪便孕卵节片检查进行确诊。

4. 治疗 在拒食条件下，每天一次口服丁萘脒（每千克体重 20～50 毫克），连用 2～3 天；每天 1～2 次口服卡麻拉（每千克体重 400 毫克）。其后不必再用泻药；口服溴化氢槟榔碱（每千克体重 1～2 毫克）。如果出现流涎、呕吐等副作用，可利用阿托品缓解。

5. 预防 加强饲养管理，搞好笼舍卫生；防止饲料、饮水被患兽及鼠、狗粪便污染；开展灭鼠工作，防止鼠类进入动物场；禁止用獭兔肉或含蚴虫的肉类饲料饲喂毛皮动物；每年定期驱虫 1～2 次。发现患兽，立即隔离，同时对全场动物进行预防性用药。

（三）钩虫病

1. 病原及病因 钩虫病是由多种线虫寄生于小肠，特别在空肠上部黏膜上引起血便和导致贫血的一种疾病。毛皮动物接触感染性幼虫，经口或皮肤进入体内，发育成成虫而致病。

2. 主要症状

（1）通过皮肤感染时，有时引起皮肤的局限性皮炎。但在自然感染时通常观察不到。

（2）主要临床症状为由成虫吸血和吸血部位所释放的抗凝血物质引起的出血而导致的贫血。

（3）急性钩虫病常发生于幼兽，由于腹痛而出现弓背姿势，并排出带有腐败恶臭的焦油样便和黏血便，可视黏膜苍白。丧失食欲，由于脱水而迅速消瘦。

（4）慢性钩虫病出现持续性消瘦，懒动，被毛无光泽。食欲和粪便没有特殊异常，但随着病程的发展，出现衰弱和恶病质，有时甚至死亡。粪便中可查到虫卵。

由于慢性失血，血液像出现小红细胞性低色素性贫血。血清铁和血红蛋白量显著降低，在末梢血液中出现有核红细胞和网织红细胞。有时出现血小板和嗜酸性粒细胞增加。

3. 诊断 从临床症状上怀疑该病时，应马上实施虫卵检查。

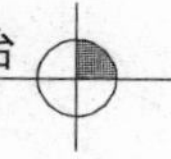

由于在高温下虫卵会很快发育成幼虫，并孵化，因此，对于新鲜粪便应尽早进行检查。

4. 治疗 对于病情较轻的病例，仅仅通过驱虫就能痊愈。而对于重症病例则需要对症治疗。对于肠炎，应用肠黏膜保护剂，口服天然硅酸铝（每千克体重0.5～1.5克）；对于肠内发生出血的病例，应用止血剂，口服、静脉或皮下注射抗血浆酸（100～250毫克/天，分2次）。

可选用甲苯唑、左咪唑、碘化噻唑氰胺、二碘硝基酚、丙硫咪唑和伊维菌素等进行治疗；口服酒石酸噻嘧啶（每千克体重10.0～12.5毫克），最好在空腹时饲喂；每天1次，强制投服或拌在食物中饲喂丁苯咪唑（每千克体重30毫克）。该药的副作用表现为食欲不振、呕吐和腹泻。

以上药物对在体内移行的幼虫效果差，因此，经2周后需要再次用药。

5. 预防 禁用带虫动物肉做饲料；可疑家畜肉及副产品经煮熟处理后方可利用；定期进行驱虫。

（四）钩端螺旋体病

1. 病原及病因 钩端螺旋体病是由钩端螺旋体（Leptospira）引起的以发热、黄疸、血尿、出血、皮肤和黏膜坏死为特征的一种传染病。

2. 主要症状 潜伏期2～12天。流行初期多为超急性经过，表现为突然拒食，呕吐，腹泻，脉搏增数，呼吸加快；体温在病初数小时升高，之后降至常温以下。多在一天内痉挛死亡。

3. 诊断 根据临床症状结合病理剖检进行诊断。

4. 治疗 发现病兽和可疑病兽，立即隔离，每隔1～2天皮下注射5～30毫升抗钩端螺旋体血清；肌内注射青链霉素。痊愈的动物隔离饲养至取皮时淘汰。健康者，及时用钩端螺旋体病多价疫苗进行紧急预防接种。

5. 预防 消除带菌排毒的各种动物（传染源）；对被污染的

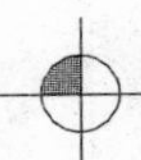

水源、饲料、笼舍、用具等进行消毒；实行预防接种，加强饲养管理，提高动物的特异性和非特异性抵抗力。开展灭鼠工作，严格检查屠宰家畜和肉类饲料，可疑者需煮熟后饲喂。

（五）弓形虫病

1. 病原及病因 弓形虫病又称弓形体病。是由龚地弓形虫引起的一种人兽共患原虫病。龚地弓形虫属真球虫目，肉孢子虫科，弓形虫属。

2. 主要症状

（1）*水貂* 幼貂呈急性，成年貂呈慢性经过。急性者兴奋性增高，狂躁不安，急速奔跑，频繁进出小室，眼球突出，呼吸困难。最后衰竭，蜷缩小室内死亡。慢性者，上下动作不协调，丧失卫生习惯，不定点排粪。有结膜炎和鼻炎，常于抽搐中死亡

（2）*狐和貉* 食欲消失，呼吸困难，眼鼻流黏液，腹泻，粪便带血。四肢麻痹，肌肉痉挛性收缩。体温升高到41～42℃，并有呕吐现象。濒死前高度兴奋，尖叫后死亡，幼龄狐症状严重，初生仔狐死亡率高。

3. 诊断 根据临床症状、虫卵检查和病理学剖检进行诊断。

4. 治疗 每隔1天口服磺胺甲氧吡嗪（每千克体重30毫克），连用3次；每天1次口服磺胺六甲氧嘧啶（每千克体重60～100毫克），每天一次，连用4天；每天口服一次磺胺嘧啶（每千克体重100毫克），连用3～4天。患兽尸体、剖杀的尸体及流产胎儿要烧毁或消毒后深埋；取皮、剖检、助产、捕捉用具及污染的笼舍要彻底消毒。

5. 预防 弓形虫病是由于摄入猫粪便中的卵囊而感染，因此，在兽场内严禁养猫，严防饲料、饮水被猫粪便和排泄物污染；经常开展灭鼠工作。禁用带虫动物肉做饲料；可疑家畜肉及副产品需冷冻或煮熟处理后方可利用。

（六）旋毛虫病

1. 病原及病因 旋毛虫病是世界性人畜共患寄生虫病之

一，涉及的动物范围很广，也是兽医公共卫生的重要内容。本病是由旋毛虫的成虫寄生于肠管和它的幼虫寄生于横纹肌所引起的肠旋毛虫病和肌旋毛虫病的总称。旋毛虫是一种很细小的线虫。

2. 主要症状　貂、狐感染旋毛虫后经过若干天，在其粪便中出现带血液的黏液，食欲不振。发病动物多躺卧，有时出现跛行，体温高出正常体温的1～2℃。寄生在小肠里的成虫吸取营养，分泌出毒素，致使动物消化紊乱，表现呕吐，下痢。寄生在肌肉里的幼虫，排出的代谢产物或毒素，刺激肌肉疼痛。

3. 诊断　动物旋毛虫病由于生前不易诊断，主要通过病理学剖检进行确诊。

4. 治疗　甲苯咪唑为广谱驱虫药，对肠内外各期旋毛虫均有效。口服甲苯咪唑，每天3次，每次每千克体重100毫克，连用5～8天。用甲苯咪唑后无副作用。

5. 预防　加强兽医卫生检验。对一些可疑的肉类饲料或来自旋毛虫多发区的动物肉必须通过高温煮沸处理，为保证肌肉深层达到100℃，在煮前应将肉切割成小块后高温处理，以彻底杀死虫体。

（七）獭兔球虫病

1. 病原及病因　球虫病是孢子虫纲真球虫目艾美耳科中的各种球虫在肠道黏膜上皮细胞内寄生所引起的排出黏液血便的一种疾病。原虫在肠管的黏膜上皮细胞内增殖，损害细胞而引起腹泻等症状。本病主要发生于3月龄以内幼兔，常引起大批死亡。死亡率可达80%～100%。此外，该病多发生于温暖潮湿多雨季节，常呈地方性流行，各品种和不同年龄的獭兔都易感染，但尤其以断奶后至3月龄幼獭兔最易感染，死亡率高。

2. 主要症状　根据临床特点和寄生部位不同，球虫病可分为肠型、肝型和混合性三种类型。潜伏期2～3天或更长。

（1）肝型　多发生于30～90日龄的幼獭兔，肝脏肿大，肝区有疼痛感。被毛失去光泽，眼球发紫，眼结膜苍白，有少数黄疸症状。病獭兔一旦出现症状，特别是下痢后很快死亡。

（2）肠型　多为急性，有的不表现任何症状很快死亡。大多侵害20～60日龄的仔獭兔。发病时突然倒下，后肢及颈、背部伸肌强直痉挛，头向后仰，发出尖叫声，死亡迅速。如果不死就转为亚急性和慢性。表现为食欲不振，腹部臌胀，鼓气、下痢，粪便污染肛门，恶臭。

（3）混合型　具有以上两种类型症状，病獭兔消瘦，下痢或便秘交替发生，尿液黄色而混浊。

3. 诊断　结合临床症状，通过病理剖检，当观察到肠黏膜或肝表面有浅黄色或灰白色球虫结节，剪取结节压片镜检，发现卵荚时即可确诊。

4. 治疗　每天口服1次磺胺二甲氧嘧啶（每千克体重50毫克），或每天口服1次甲氧苄氨嘧啶和磺胺嘧啶的合剂（每千克体重0.125毫升），连用2～4周。对出现脱水症状的病例，根据需要进行输液。此外，应用肠黏膜保护剂，如每天口服一次硅酸铝（0.5～1.5克/天）。

5. 预防　獭兔场及獭兔舍要保持清洁、干燥；建立消毒制度，定期对笼具进行消毒，病死獭兔死尸应深埋或烧毁；大小獭兔分笼饲养（成年獭兔即使是带球虫者，一般也无明显症状，大小獭兔混养，小獭兔易被感染）；合理安排母獭兔的繁殖季节，使幼獭兔断奶时避开梅雨季节；注意饲料的全价性，增强獭兔的抵抗力；药物预防：用氯苯胍以150毫克/千克比例拌料口服，连续喂服45天，可以预防球虫病的发生。

第四节　其他常见疾病的防治

在饲养毛皮动物过程中，常发生如下的普通病、皮肤疾病和咬伤、营养代谢和中毒性疾病等。

一、普通疾病的防治

（一）口内异物

1. 病因　口内异物是指由于饲喂了混有尖锐异物的食物，或者由于食物成块后其带尖部分刺入并停留在齿龈、口腔和颊部黏膜、软腭、舌、咽和齿间等部位。异物中主要为骨片（特别是骨刺）、鱼钩、针、竹签、木片等。

2. 主要症状　流涎为其主要症状，唾液常常呈血样。由于异物刺激而发生局部黏膜充血和肿胀。异物被刺在舌根部时，常出现呕吐动作；当刺入的是较大的骨片时，口不能闭合，常处于半开口状态。此外，常出现用前脚挠抓面部的狂躁动作；由于疼痛而出现吞咽困难，即使有食欲也不能采食；当病程较长时，由于在受损部位出现化脓和坏死，在唾液中掺杂有脓汁，因此，致使口腔恶臭，并出现单侧性面部肿胀。

3. 诊断　由于拒绝口腔和头部的触诊，因此事先进行全身麻醉后才能对口腔进行详细检查；对于口腔深部，要用额带探镜、喉探镜或牙科用探镜进行检查确诊。

4. 治疗　打开口腔后取出异物；消除异物后，要清洗口腔，然后涂抹碘酒液或者聚烯吡酮碘（稀释 2～3 倍）。根据需要可注射或口服抗生素。

（二）舌炎

1. 病因　舌是口腔的重要组成部分，它是水和食物等各种外界物体直接接触的部位。因此，容易受到异物或刺激物的损伤。舌有时单独发生病变，但是，一般情况下多与口腔黏膜、齿和齿龈的病变有关。病因与口炎相同。

2. 症状　发病动物拒食，精神沉郁。严重时，不能饮水，因此，出现脱水症状。从口角时常流出黏稠的带有脓汁和血液且恶臭的唾液。出现严重疼痛，拒绝口腔检查。有时可见下颌淋巴结肿胀和发热。由于唾液从头颈部流至前肢而引起皮炎。

3. 诊断 首先，开口检查口腔内部。根据口腔检查，可以确认齿的异常和异物等。此外，也应检查舌的病变程度。舌黏膜往往出现潮红，上皮发生脱落，进而出现糜烂、溃疡和坏死等病变。由于丧失舌表面的舌乳头，而有些部位变为光滑。在开口检查时，除舌以外，还要认真检查舌以外的其他口腔黏膜的变化。

4. 治疗 消除病因，如异物、齿石、异常齿等。用温水稀释的漱口液漱口。如果用 1 000 倍稀释的高锰酸钾溶液每隔 8 小时清洗病变局部，也许能够暂时缓解症状。皮下注射广谱抗生素（如氨苄青霉素）和类固醇。当拒食数天时，可以少量饲喂温牛奶和肉汁。

除物理性刺激引起的舌炎外，舌炎很难治愈。特别是水疱性和溃疡性舌炎往往复发，预后并不乐观。

（三）咽喉内异物

1. 病因 误吞的缝合针等往往刺入咽或喉；误吞的渔钩和鱼刺等有时刺入食管壁。

2. 症状 一般情况下，异物多见于喉内，出现吞咽困难、咳嗽和突发呕吐等症状；随后出现喉和声门水肿、呼吸困难、黏膜发绀和脉搏数增加等症状；数小时或数天后出现继发感染，可见咽和喉出现炎症，其周围的淋巴结出现肿胀等，有时出现体温升高；有的异物移行刺入该部的软组织内，从而缓解吞咽障碍等急性症状；由于异物引起咽和喉周围组织形成脓肿，破溃后遗留瘘管。

3. 诊断 可根据临床症状，并结合喉镜检查直接确认异物的同时，检查咽和喉部的损伤程度。为了便于操作，应对患病动物进行麻醉。

4. 治疗 在确认异物后，应用器械除去异物，并局部涂布复方碘甘油；对于继发感染，肌内注射抗生素（氨苄青霉素每千克体重 5～10 毫克）；如喉部出现水肿时，可对局部喷洒 10 000 倍稀释的肾上腺素注射液；对于持续不能采食的病兽，需要每天

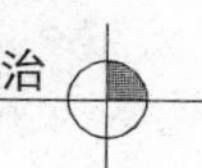

补充营养液（补充水分每千克体重 20～40 毫克）。

（四）胃肠炎

1. 病因

（1）*急性胃肠炎*　引起急性胃肠炎的病因包括病毒、细菌和寄生虫（参见上述的病毒、细菌和寄生虫病）、摄取异物（化学物质和应用药物）和饲喂难以消化的食物（过冷或变质的食物）等。

（2）*慢性胃肠炎*　引起慢性胃炎的病因包括消化道寄生虫（感染球虫、绦虫和肠贾第虫等）、经过长期感染的病例、长期使用抗生素和异物等。

2. 症状

（1）*急性胃肠炎*　腹泻为其主要症状，粪便异常；出现呕吐。多数病例出现食欲不振或废绝、脱水症状。发生感染或中毒的病例伴有发热，其中有些病例出现黄疸。出现严重呕吐和腹泻的病例，由于脱水而出现明显的衰竭，表现为无力、末梢部发凉、迟钝、嗜睡、出现抽搐症状以至死亡。

（2）*慢性胃肠炎*　伴有慢性肠炎时的主要症状为持续性或间歇性腹泻，特别是大肠炎病例，频繁地排出混有少量血液的黏液性稀便。伴有慢性胃炎的病例发生呕吐；伴有胃炎时，食欲不定或不振，而单纯肠炎病例则多数具有食欲。

3. 诊断　可根据上述临床症状进行初步诊断。但需要确诊时，还需要进行白细胞数和白细胞百分比检查、粪便的虫卵检查、消化吸收试验和粪便病原菌的分离鉴定等。

4. 治疗　消除病因和限制饮食量。对于怀疑为细菌性胃肠炎，每天口服 3 次广谱抗生素（新霉素每千克体重 20 毫克，庆大霉素每千克体重 10 毫克）；对于寄生虫性胃肠炎，有必要应用适当的驱虫剂；出现持续性腹泻病例或轻症病例应用止泻药，如口服白陶土（300～600 毫克/次）等；对于频繁出现呕吐的病例应用止吐剂，如口服盐酸氯丙嗪（每千克体重 5 毫克）等。

（五）大肠炎

1. 病因 大肠炎是指发生于大肠的炎症性疾病的总称。细菌性大肠炎主要为肠内常在大肠菌的异常增殖所致，诱发炎症的细菌有葡萄球菌、链球菌、沙门氏菌及变形杆菌等；病毒感染症的多数病例，在感染初期其病毒在肠黏膜上皮细胞内增殖，因此，常常引起重度肠炎；某些寄生虫虽然其寄生部位比较局限，但有时也引起大肠炎。

2. 症状 当发生急性大肠炎时，呈现剧烈腹泻，食欲废绝和精神沉郁。伴有肠道的痉挛性收缩时呈现步态缓慢且呈强拘样。直肠炎病例以伴有努责为其特征。通常不表现发热，出现持续性腹泻时伴发脱水症状。慢性大肠炎，不呈现明显的一般症状。以排便异常为其特征，表现为软便或便秘，粪便干稀交替出现。在粪块的周围附有黏液常为慢性大肠炎的特征。溃疡性大肠炎，粪便中反复出现血液或脓汁为其特征，呈现持续性腹部局限性压痛和腹泻。病毒感染引起的大肠炎，其腹泻仅仅是一个症状。请参照各种病毒感染症。

3. 诊断 通过上述症状，并结合血液和粪便检查进行确诊。

4. 治疗 为了抑制肠内细菌，应用非吸收性氨基葡萄糖苷系列，如每隔 6 小时口服链霉素（每千克体重 20 毫克），或者口服不易吸收性磺胺类药物，如每隔 6 小时口服酞酰磺胺噻唑（每千克体重 50 毫克）。口服吸附剂（每天将 0.3～0.5 克天然硅酸铝分 3 次口服）和收敛剂［硫酸锌片，每天 100mg（含锌量约 23mg），分 3 次服］单剂或合剂使用。也可以配合乳酸菌制剂，最好在给予抗生素后使用。

（六）感冒

1. 病原及病因 感冒是由于气温骤变，防寒保暖不善，饲养管理不当，营养不良，兽舍潮湿、卫生不良等因素引起的上呼吸道感染。因侵害部位不同，可分为急性鼻炎、急性喉炎和急性气管炎。

2. 症状 患病动物精神沉郁，食欲减退，重者拒食，不愿活动，鼻镜干燥，鼻塞，从鼻孔流出浆液性鼻涕，耳尖、四肢发凉，两眼羞明流泪，有时咳嗽，体温偏高，呼吸加快。

3. 诊断 可根据上述症状进行初步诊断，并通过药物治疗确诊。

4. 治疗 每天2次肌内注射0.5～1毫升安痛定，5万～10万单位青霉素和0.5～1.0毫升复合维生素B。必要时，可皮下注射5%～10%葡萄糖10～20毫升。每天2次将0.1克土霉素或0.3克胃蛋白酶研磨后混于饲料中饲喂；每天一次肌内注射1～4毫升柴胡注射液。

5. 预防 改善饲养管理，做好防寒保暖工作，保持笼舍干燥、卫生，喂给易消化的鱼、乳、蛋等饲料，并保证清洁饮水。

（七）气管炎

1. 病因 气管炎是由于气管内膜上皮发生炎症而引发咳嗽的一种疾病，常与喉头炎和支气管炎并发。若是原发性，则一般状态正常和预后良好。如果是由心脏疾病或肺脏疾病引起的继发性炎症，应先治疗原发病，但往往由于原发病难以治愈而转为慢性。

由气管塌陷引发的异常呼吸并转化为气管炎；由心脏疾病引起的咳嗽导致气管炎；由烟雾和刺激性气体引起气管炎；病毒或细菌感染引发气管炎。

2. 症状 可发现病兽有类似呕吐样的咳嗽。有时由于持续性咳嗽而表现痛苦。当发生细菌感染时，流出脓性鼻液。一般精神状态和食欲并不出现异常。

3. 诊断 主要根据咳嗽等上述症状的基础上，通过对分泌物进行细菌等病原体分离检查加以确诊。

4. 治疗 肌内注射林可霉素（每千克体重20毫克）、肌内注射庆大霉素（每千克体重5～10毫克）。每天口服一次美浓霉素（每千克体重5毫克）；每天皮下注射1次盐酸苯海拉明（每千克体重2毫克）和扑尔敏（每千克体重1～2毫克）；可应用抗血纤维蛋白溶酶制剂；除以上制剂以外，可用黏液溶解剂（安利维尔）和抗生素等进行喷雾治疗。

（八）支气管炎

1. 病因 在气管至支气管发生的炎症称为支气管炎。支气管炎主要由病毒和致病菌、吸入灰尘、刺激性气体等诱发。

2. 症状 发病后，食欲减退或废绝，全身疲倦，但很少出现发热。多数病例伴有流出水样鼻液和流泪，下颌淋巴结和颈部淋巴结肿胀而敏感；可见呼吸浅而促迫和咳嗽，有时咳出黏液。支气管炎通常伴发于呼吸系统传染病，因此，所表现的症状存在很大差异。

3. 诊断 主要根据上述症状进行初步诊断，在此基础上，通过血液检查和细菌学检查进行确诊。从气管内分泌物中分离细菌和对其进行的药敏试验，其对治疗重症病例和慢性病例具有重要意义。

4. 治疗 在治疗过程中，应让发病动物保持安静，并改善其生活环境（保温、换气和湿度等），可有助于提高治疗效果。可使用多种抗生素；使用酶类消化剂（胰蛋白酶0.2毫升/只，肌内注射）和免疫促进剂可促进疗效；对大多数由机械性刺激引起的单纯性支气管炎，类固醇制剂具有良好的疗效，可肌内注射泼尼松龙（每千克体重1.0毫克）。

（九）肺炎

1. 病原及病因 肺炎是肺实质发生炎症，并伴发肺泡内渗出物的剧增和呼吸机能障碍。本病多因上呼吸道感染（感冒）未能及时治疗，链球菌、葡萄球菌、肺炎双球菌等感染引起；过冷、过热、潮湿、通风不良等因素都可成为诱因；也可继发于一些传染病，如犬瘟热、巴氏杆菌病等。

2. 症状 患病动物表现精神沉郁，食欲不振或废绝，体温升高，鼻镜干燥或呈龟裂状，从鼻孔不断流出脓性鼻液，呼吸急

促，呈腹式呼吸，有时咳嗽，肺部听诊有啰音，可视黏膜潮红或发绀，心跳加快，口渴，便秘。病程5～12天。慢性者可延续数月。

3. 诊断　可根据上述症状初步诊断，在此基础上，可通过细菌分离等进行确诊。

4. 治疗　每天肌内注射3次10万～20万单位青霉素；每天肌内注射两次2万单位庆大霉素；每天口服2次0.05～0.2克土霉素；每天肌内注射一次1毫升安痛定和5～10毫克维生素B_1；每天皮下注射一次20～50毫升10%葡萄糖和10～20毫克维生素C。

5. 预防　加强御寒保温措施，严防感冒；改善饲养管理，对病兽给予新鲜易消化的全价饲料，特别是产仔期要防止动物受寒、受潮。

二、皮肤疾病和咬伤的防治

除上述的螨等寄生虫之外，外伤、咬伤等均能引起皮肤疾病，而导致毛皮品质的下降。以下主要介绍常见的皮肤疾病的防治方法。

（一）急性湿疹

1. 病因　湿疹是指经过一系列红斑、丘疹、小水疱、糜烂、鳞屑及结痂等的炎症性皮肤疾病。主要与年龄、性别、品种、气候、体质和营养状态有关。常见的病因为寄生虫或食物性的过敏。

2. 症状　身体的某一部位突然出现红斑、丘疹或水疱，并很快破溃后形成局限性糜烂。开始出现严重瘙痒，最终形成痂皮和鳞屑而治愈。舌舔引起的伤害，可诱发炎症扩散，并引起恶性循环性舌舔，导致病灶愈合延迟。

3. 诊断　通过上述症状，很容易对其诊断。

4. 治疗　尽量消除外源性和内源性的刺激因素。在患病部位涂抹肾上腺皮质激素（泼尼松龙）；肌内注射肾上腺皮质激素（泼尼松龙 0.5～1 毫克）。然后根据病程经过，作为维持量，口服肾上腺皮质激素 0.1～0.4 毫克。此外，作为维持剂量也可以口服地塞米松。如果寄生有跳蚤，则要驱虫。

（二）瘙痒症

1. 病因 瘙痒症是指在皮肤上虽然观察不到任何病变，但皮肤出现瘙痒为主要特征的疾病。其原因可能与胃肠障碍、维生素（维生素 A、B 族维生素和维生素 C）缺乏症、神经性疾病、蛔虫、钩虫和绦虫等肠道寄生虫性疾病等有关。

2. 症状 在开始时仅在局部出现痒觉，进而扩散到全身。这些几乎都是由原发性疾病而引起。痒觉的初期，通常不出现皮肤病变，但随着痒觉的持续不断出现，自己挠抓、啃咬或者磨蹭物体等，发生继发性的挠抓伤或咬伤，作为继发的多数病例出现各种皮肤变化。

3. 诊断 根据上述症状予以诊断。

4. 治疗 尽量探明原发疾病，并实施根治疗法。每天 1 次肌内注射肾上腺皮质激素（地塞米松每千克体重 0.15～0.25 毫克）的同时，局部涂抹肾上腺皮质激素（同剂量）或软膏（肤轻松油膏或软膏）；每天 1 次皮下注射抗组织胺剂（盐酸苯海拉明每千克体重 2～3 毫克）；出现严重瘙痒症状的病例，局部注射或局部涂抹麻醉剂。此外，也可以在局部涂抹鱼石脂、格利替尔和糠馏油制剂的 0.5%～1.0%软膏、1%～10%水杨酸、优乐散（10%）和甘菊环烃软膏等。

（三）单纯刺激性皮炎

1. 病因 清净剂、杀虫剂、强酸及强碱等刺激而发病，除此之外，烧伤和光线等刺激也可诱发本病。

2. 主要症状 不管刺激性物质还是过敏性物质，病变开始发生在受接触的被毛稀疏的部位，即腹部、胸部、胸侧部和腹侧部、趾（指）间、脚部、腹股沟部和眼睑等部位。刺激物为液体

时，可以渗入毛的深部。首先出现红斑和丘疹，不过偶尔也出现水疱，并进一步发生痂皮和糜烂。然后由于出现瘙痒而出现啃咬、搓蹭等引起自伤，经常导致急性湿润性皮炎和溃疡。

3. 诊断　根据上述症状予以诊断。

4. 治疗　在查找病因并消除的同时，肌内注射肾上腺皮质激素（泼尼松龙每千克体重0.5～2毫克）。此外，皮下注射抗组胺制剂（盐酸苯海拉明、苯海拉明等）。在局部可涂抹消炎水制剂，或者泼尼松龙软膏。

（四）脓皮病

1. 病因　通常将皮肤的化脓性疾病统称为脓皮病。偶有原发，但多数继发于外伤或其他皮肤病。脓肿、蜂窝织炎、爪沟炎、脓疮病及毛囊炎等急性或亚急性的细菌感染属于脓皮病。主要病因为表皮损伤构成细菌侵入的门户。此外，体表寄生虫等瘙痒性皮肤病，由于舌舔或剐蹭等引起皮肤损伤，容易引起感染。

2. 症状

（1）*脓疮病*　由红斑、丘疹发展为脓疱，不久发生破裂而形成厚而黄白色的痂皮。一般不出现瘙痒，有时出现疼痛。

（2）*毛囊炎*　毛囊一致性的丘疹和脓疱为其特征，常常出现渗出、糜烂、溃疡、痂皮及脱毛。有时毛囊破溃，发展为蜂窝织炎，或形成瘘管。由于发病部位和程度不同而呈现不同程度的疼痛、瘙痒及局部淋巴结肿胀。

3. 诊断　根据上述症状可诊断。此外，有必要进行病原菌分离和药敏试验。

4. 治疗　消除病因的同时，改善营养、清洁皮肤和提供干净的环境等。对患部被毛进行剪毛和清洗后，再涂抹软膏以缓解炎症，促使病灶干燥和促进表皮再生及治愈；根据药敏试验的结果，连用抗生素10～30天。

（五）咬伤

1. 病因　配种时，公、母兽由于发情不好、公、母兽有恶癖和择偶等而发生咬伤；此外，饲养时，相邻笼具间隔太近和断奶分窝不及时发生殴斗而发生咬伤。

2. 症状 咬伤的皮肤或肢体乃至尾巴流血或有血痕，重者皮肤撕破或咬断肢体或尾，笼内血迹斑斑，被咬伤者卧在笼内或奔走不安。

3. 诊断 根据上述症状即可诊断。

4. 治疗 消毒清理创面，涂以或撒布磺胺结晶粉（或青霉素粉）等。对于伤口较大的应进行缝合或结扎，然后涂以碘酊。创面大伤势重的，要给予全身治疗，抗菌消炎及其他对症疗法。

5. 预防 加强笼具管理，两笼之间要间隔一定距离；放对及配种时注意观察；及时断奶分窝。

（六）自咬症

1. 病因 本病病因尚不清楚。可能与营养缺乏、传染病和外寄生虫病有关。

2. 症状 水貂急性病例病程为1～20天，死亡率高达20%，患貂表现极度兴奋不安，反复发作，疯狂地啃咬自己的尾、爪及后躯各部。发作时常呈旋转式运动，并发现刺耳的尖叫声，咬断被毛，啃咬皮肤、肌肉，严重者咬掉尾尖等。

狐患自咬症时，病势也非常急剧，时常出现长时间咬着自己体躯的某些部位，有时将自己的后腿咬烂，生蛆感染死亡。急性和病势严重的病狐多数以死亡而告终。患慢性自咬症的蓝狐，患部被毛残缺不全，不发生死亡。

3. 诊断 可根据上述症状确诊。

4. 治疗 处在兴奋发作时，可肌内注射盐酸氯丙嗪和维生素B_1，剂量分别为0.5毫升和1.0毫升。局部咬伤部位，可涂碘酊。为防止继发细菌感染，可肌内注射青霉素和链霉素。

5. 预防 加强饲养管理，保证饲料质量及各种营养物质的适宜搭配，防止饲料中维生素和无机盐的供给不足，保持饲料的新鲜、稳定。

三、营养代谢病和中毒的防治

营养物质的绝对和相对缺乏或过多，以及机体受内外环境因素的影响，都可引起营养物质的平衡失调，而诱发营养代谢病。此外，当毛皮动物误食毒性物质时，可发生中毒而死亡。

（一）维生素A缺乏症

1. 病因　饲料中缺乏维生素A、饲料贮存过久、不新鲜、腐败，造成维生素A破坏等。

2. 症状　维生素A缺乏时，可引起扁胸、头盖骨和脊柱骨变形。此外，还可出现脑水肿（水头症）、耳聋、运动失调、震颤，特别是后肢和尾出现痉挛等症状；引起不孕和不发情及妊娠第50天前后出现流产等；常伴随繁殖障碍、口腔内溃疡、齿龈炎及眼病等，出现被毛干燥和粗糙、逆立，进而脱毛和形成鳞屑，容易引起细菌感染。

3. 诊断　根据症状初步诊断，可用治疗效果进行确诊。

4. 治疗　治疗开始的第一周，每天口服或肌内注射维生素A制剂（每千克体重1 000国际单位），然后以相同剂量每周给予1次，连续给予3周；饲喂含有丰富维生素A的动物肝脏、肾脏及乳制品。

（二）维生素B_1缺乏症

1. 病因　主要病因为饲料中维生素B_1缺乏。饲料配比不当、饲料不新鲜、饲料中缺乏维生素B_1和饲喂过多淡水鱼等可诱发该病的发生。

2. 症状　在发病早期，食欲减退，体重减轻、瞳孔反射迟钝和时常呕吐；在发病中期，瞳孔散大（但无视力障碍）、身体后半部虚弱、运动失调、腹部蜷缩、走路不稳、间歇性痉挛发作和感觉过敏；在晚期，角弓反张和昏睡。

3. 诊断　根据出现食欲不振、瞳孔反射迟钝、运动失调以及其他前庭失调的症状进行确诊。

4. 治疗 每天3次皮下注射或口服30～50毫克盐酸维生素B_1；由食物性原因引起的病例，应在饲料中增加维生素B_1的含量。

5. 预防 不论什么原因，当食欲不振、利尿剂连用及患各种疾病时，要及时补足维生素B_1和其他B族维生素。

（三）维生素B_2缺乏症

1. 病因 本病是由于缺乏维持正常生长和细胞功能所必需的水溶性维生素B_2而发生的一种疾病。通常在饲喂缺乏维生素B_2的食物、长期使用抗生素和肾上腺皮质激素、伴发于消化器官损伤、肝硬化和肾炎等疾病时发生该病。此外，在个体发育、妊娠、哺乳、慢性感染和饲喂高脂肪食物等均可引起体内的大量维生素B_2消耗。

2. 症状 食欲不振和体重减轻，发生口炎和舌炎，脱毛，角膜周边的血管增生和白内障及睾丸发育不全。

3. 诊断 尚无对该病的临床检查方法，当怀疑此病时，根据应用维生素B_2后的疗效加以确诊。此外，由于本病症状很像维生素B_6缺乏症，因此，当应用维生素B_2后仍不能改善症状时，可试用维生素B_6。

4. 治疗 每天2次口服0.25毫克维生素B_2，连用数周。若不能口服维生素B_2，可注射维生素B_2注射液，直至症状改善为止。

5. 预防 由于鸡蛋、牛奶、肝脏和肉中含有大量的维生素B_2，因此，可以补充这些食物。维生素B_2具有耐热特性。一般认为每100g食物中含有0.3毫克维生素B_2就足够。

（四）维生素B_6缺乏症

1. 病因 维生素B_6缺乏症是指由于在氨基酸和蛋白质代谢过程中发挥重要作用的水溶性维生素B_6缺乏而引起的，以发育不良、贫血和肾脏障碍等为主要特征的一种疾病。当饲喂缺乏维生素B_6饲料（经过高温处理的饲料）、妊娠期或饲喂高蛋白饲料

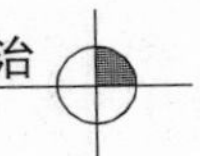

和并发消化系统疾病时，常发生此病。

2. 症状 发育延迟和体重减轻，出现痉挛，发生低色素性贫血、皮炎、舌炎和口炎。

3. 诊断 根据上述症状，结合治疗进行确诊。

4. 治疗 皮下注射5～10毫克磷酸吡哆醛的同时，口服10毫克吡哆醇，连续用药7～10天。

5. 预防 饲喂含有丰富维生素B_6的谷类、肝脏、牛奶和鸡蛋等。一般每100克饲料中添加0.2毫克的维生素B_6。

（五）维生素C缺乏症

1. 病因 饲喂缺乏维生素C和长期冻存的饲料所致。幼龄动物易发。

2. 主要症状 发病哺乳动物的四肢水肿，关节肿大，不断向前乱爬，不能吮乳，尖叫，1～3天死亡。

3. 诊断 根据易发日龄和上述症状进行诊断。

4. 治疗 每天2次皮下注射100毫克维生素C注射液和口服维生素C口服液。

5. 预防 饲料尽量全价，尤其在妊娠和哺乳期，日粮补充新鲜蔬菜并在饲料中补充维生素C；饲喂长期冻存的饲料时，应补充维生素C。

（六）佝偻病

1. 病因 饲料中含钙和磷不足和钙磷比例不当、慢性消化不良引起的钙吸收不足及紫外线照射不足时，易发生该病。

2. 主要症状 肢体以及关节变形和发育不良。

3. 诊断 根据症状初步诊断，在此基础上，应结合治疗进行确诊。

4. 治疗 口服葡萄糖酸钙或乳酸钙等钙制剂，钙的应用量为每天200～400毫克。此时钙和磷的比例接近1∶1。

5. 防治 饲料中的钙磷比例要适当，补充鱼肝油和维生素D，增加光照时间。

（七）维生素E缺乏症

1. 病因 维生素E缺乏症是动物饲料中维生素E不足或饲喂大量含不饱和脂肪酸的饲料引起的以生殖机能障碍和肌肉营养不良为主要特征的一种代谢病。

2. 症状 雌性动物出现发情周期紊乱，不孕或空怀，弱仔率增加，无吸吮能力。雄性动物的性机能降低，配种能力减弱，精子生成障碍。幼龄动物常发生黄脂病。

3. 诊断 根据上述症状初步诊断，在此基础上，通过治疗过程确诊。

4. 治疗 每天肌内注射1次维生素E（每千克体重5～10毫克）和维生素B_1（每千克体重100～250毫克），或者每天肌内注射1次维生素E（每千克体重5～10毫克）和青霉素10万～20万单位，或者每天肌内注射1次维生素E（每千克体重5～10毫克）的同时，口服土霉素（0.05～0.2克）和乳霉生（0.2～0.5克）。

5. 预防 在饲料中添加维生素E，此外，饲料中的不饱和脂肪酸的含量要适当。

（八）食盐中毒

1. 病因 食盐是不可缺少的营养物质，在日粮中过多加入或调制不当，会引起毛皮兽中毒，尤其是水貂、北极狐，对食盐十分敏感。

2. 症状 发病动物表现兴奋不安、渴欲剧增、口和鼻流出泡沫状液体、剧烈呕吐、可视黏膜发绀和瞳孔散大等症状。随后腹泻，出现全身肌肉震颤、共济失调、呼吸加快、心跳微弱和最后昏迷死亡。剖检可见肺充血、水肿，心内、外膜有点状出血，胃肠黏膜充血、出血，脑膜及脑实质血管扩张。

3. 诊断 可根据饲料中的食盐含量、发病症状和病理剖检进行确诊。

4. 治疗 发现中毒应立即洗胃，灌服牛奶，并给予大量清

洁饮水；每天将0.05克土霉素混于饲料中饲喂。

5. 预防　饲料中添加食盐要计算准确，不能超标；调拌饲料时，要将食盐搅拌均匀；腌制的鱼、肉在饲喂前要充分脱盐；平时给予充足的饮水。

（九）有机磷农药中毒

1. 病因　饲喂撒布有有机磷农药的饲料、草及蔬菜可引起毛皮动物中毒；飞溅药液被毛皮动物吸入也能中毒；使用配制此种农药的器具调制饲料，或饮用被其污染的水而发生中毒。另外，用此农药治疗毛皮动物体外寄生虫时，用量不当或浓度过高均可引起中毒。

2. 症状　出现食欲下降、流涎、易出汗、疝痛、呕吐、腹泻、尿失禁、瞳孔缩小和可视黏膜苍白等症状。此外，支气管腺分泌增加而导致呼吸急促，甚至呼吸困难，严重者可伴发肺水肿。还出现肌肉震颤、松弛无力、心跳加快、兴奋不安、体温升高、抽搐和昏睡等变化。

3. 诊断　根据症状，结合使用农药的情况进行确诊。

4. 治疗　除敌百虫中毒的其他有机磷农药中毒，用1%肥皂水或4%碳酸氢钠溶液洗刷附有农药的部位，或用2%～3%碳酸氢钠或食盐水洗胃，并灌服活性炭；然后，用胆碱酯酶复活剂（解毒磷、双解磷和双复磷）和乙酰胆碱拮抗剂（硫酸阿托品）进行特效解毒。解毒磷和氯磷定的用量一般为每千克体重15～30毫克，以生理盐水配成2.5%～5.0%溶液，每隔2～3小时剂量减半地静脉注射1次。当症状缓解后，经24～48小时再重复注射。双解磷和双复磷的剂量为解毒磷的一半，用法相同；硫酸阿托品的1次用量，随动物的种类不同而不同，水貂每千克体重0.02毫克，狐每千克体重0.03～0.08毫克，皮下或肌内注射。临床表明，阿托品与胆碱酯酶复活剂配合应用，疗效更好。

5. 防治　预防措施是认真保管好农药，喷洒过农药的蔬菜7天之内不得喂兽；严格按规定的用量使用有机磷杀虫剂治疗动物寄生虫病和灭蝇等。

（十）砷中毒

1. 病因 砷是某些灭鼠药的成分。当老鼠吃到灭鼠药后死亡。如果毛皮动物误食药死的老鼠尸体，或者误食灭鼠药后常发生砷中毒。

2. 症状 发生中毒后，不出现前期症状，死亡后才会发现，或者出现流涎、呕吐（呕吐物散发蒜味）、严重腹痛、衰竭、虚脱等症状，以至死亡，或者表现为沉郁、食欲废绝、运动失调、后躯不全麻痹、震颤、意识模糊、四肢厥冷和虚脱等，并能活几天。慢性中毒，除由于骨髓出现障碍而发生贫血外，还出现因关节和四肢疼痛及四肢肌力下降而出现步态异常、行走障碍，伴有肌萎缩和麻痹的肌微颤或颤动。

3. 诊断 根据症状并结合近期是否使用灭鼠药等情况进行诊断。

4. 治疗 在发现误食砷化合物的早期，要及时洗胃（1%～2%碳酸氢钠溶液 150～250 毫升），作为解毒中和剂口服 10%氧化镁（30～50 毫升）或者活性炭（5～20 克），作为泻剂口服硫酸钠（每千克体重 1 克），作为催吐剂肌内注射盐酸阿扑吗啡（每千克体重 0.05 毫克）。

当毒物已经被吸收时，每隔 8 小时反复肌内注射二巯基丙醇（每千克体重 4～6 毫克）。对于脱水的应补液。出现疼痛时，皮下注射盐酸哌替啶（每千克体重 10 毫克）。

5. 预防 在灭鼠时，应选择合适的灭鼠方法；严禁动物接触灭鼠药；灭鼠后应经常观察饲养房舍是否有死老鼠。

（刘培源）

参 考 文 献

安铁洙，谭建华，张乃生．2010．猫病学．北京：中国农业出版社．
白秀娟，付晶，王星．2009．狐养殖技术问答．哈尔滨：东北林业大学出版社．
白秀娟，宁方勇，张敏，等．2007．养貉手册．北京：中国农业大学出版社．
白秀娟，宁方勇，张敏，等．2007．养狐手册．北京：中国农业大学出版社．
奔翔．2000．麝鼠养殖．北京：科学技术文献出版社．
丁修宇．1999．水貂科学饲养新技术．北京：北京出版社．
高本刚，高松．2001．毛皮动物养殖与加工．北京：化学工业出版社．
高文玉，任东波，王春强．2008．经济动物学．北京：中国农业科学技术出版社．
高玉鹏，任战军，杜忍让．2005．毛皮与药用动物养殖大全．北京：中国农业出版社．
高作信．2001．兽医学．北京：中国农业出版社．
谷子林．2002．现代獭兔生产．石家庄：河北科学技术出版社．
华盛，华树芳．2009．毛皮动物高效健康养殖关键技术．北京：化学工业出版社．
李世良，金爱莲，许庆翔．1998．科学养麝鼠．哈尔滨：黑龙江人民出版社．
刘晓颖，程世鹏，李光玉．2008．水貂养殖新技术．北京：中国农业出版社．
倪弘．2005．貉养殖．北京：科学技术文献出版社．
朴厚坤，王树志，丁群山．2002．实用养狐技术．北京：中国农业出版社．
任战军．1998．毛皮动物饲养200问．北京：中国农业出版社．

滕春波，安铁洙．2007. 实验动物配子与胚胎实验操作技术．哈尔滨：东北林业大学出版社．

佟煜人，钱国成．1990. 中国毛皮兽饲养技术大全．北京：中国农业科学技术出版社．

汪恩强，金东航，黄会岭．2003. 毛皮动物标准化生产技术．北京：中国农业大学出版社．

杨福合，高秀华，程世鹏，等．2000. 毛皮动物饲养技术手册．北京：中国农业出版社．

杨光，杨宏军，于新元．2005. 水貂标准化饲养新技术．北京：中国农业出版社．

杨正．1999. 现代养兔．北京：中国农业出版社．

张恒业．2004. 新编毛皮动物饲养技术手册．郑州：中原农民出版社．

张玉，时丽华，陈伟．2001. 特种毛皮动物养殖．北京：中国农业大学出版社．

张志明，许和平，刘毅男．2001. 实用水貂养殖技术．北京：金盾出版社．

赵世臻，华树芳，孟庆江，等．1999. 狐的人工授精与饲养．北京：金盾出版社．

中国土产畜产进出口公司．1980. 水貂．北京：科学出版社．

周元军．2001. 獭兔饲养简明图说．北京：中国农业出版社．

图书在版编目（CIP）数据

毛皮动物生产配套技术手册/安铁洙，宁方勇，刘培源编著．—北京：中国农业出版社，2013.11
（新编农技员丛书）
ISBN 978-7-109-17520-4

Ⅰ.①毛… Ⅱ.①安…②宁…③刘… Ⅲ.①毛皮动物－饲养管理－技术手册②毛皮加工－技术手册 Ⅳ.①S865.2-62②TS55-62

中国版本图书馆 CIP 数据核字（2013）第 209429 号

中国农业出版社出版
（北京市朝阳区农展馆北路 2 号）
（邮政编码 100125）
责任编辑 肖 邦 黄向阳

北京中兴印刷有限公司印刷 新华书店北京发行所发行
2013 年11月第 1 版 2013 年11月北京第 1 次印刷

开本：850mm×1168mm 1/32 印张：8.625
字数：215 千字
定价：18.00 元